"十三五"国家重点研发计划资助项目
（批准号：2016YFC0700201）

基于资源与环境综合效益的绿色建筑技术评价

李纪伟　王立雄　著

中国建筑工业出版社

图书在版编目（CIP）数据

基于资源与环境综合效益的绿色建筑技术评价 / 李纪伟，
王立雄著．－北京：中国建筑工业出版社，2019.8
　ISBN 978-7-112-23902-3

Ⅰ．①基… Ⅱ．①李… ②王… Ⅲ．①生态建筑－建筑工程－
评价 Ⅳ．① TU-023

中国版本图书馆 CIP 数据核字（2019）第 129399 号

　　本书通过对建筑在生命周期内的资源消耗和环境影响进行分析，提炼出12种主要的资源、环境要素作为研究对象，并将这12种资源环境要素归纳为大气、水体、土地及非生物物质资源4大类环境影响因素，最终构建出了基于资源环境综合效益的绿色建筑技术评价体系，编制了相应的评价工具并予以应用。该评价体系能够清晰地反映出不同建筑技术的资源、环境影响，比较出不同技术的绿色化程度，有利于设计人员在建筑设计过程中选取资源、环境综合效益更高的绿色技术，使绿色建筑更加接近资源、环境效益最大化的本质要求。

　　本书可供绿色建筑设计、绿色建筑评价、生态环境分析、绿色建材等领域的研究者及有关专业师生参考。

责任编辑：许顺法
责任校对：赵昕雨

基于资源与环境综合效益的绿色建筑技术评价

李纪伟　王立雄　著
*
中国建筑工业出版社出版、发行（北京海淀三里河路9号）
各地新华书店、建筑书店经销
北京光大印艺文化发展有限公司制版
大厂回族自治县正兴印务有限公司印刷
*
开本：787×1092毫米 1/16　印张：19¾　字数：371千字
2019年9月第一版　2019年9月第一次印刷
定价：87.00元
ISBN 978-7-112-23902-3
（34191）

前　言

人类的活动正在改变大气、地质、水文、生物等地球的生态环境系统，其中最显著的变化有全球变暖、水体富营养化、资源耗竭等影响。绿色建筑是人类针对这种环境变化提出的一种技术手段，但什么是绿色建筑，如何做好绿色建筑一直是个难题。国家重点研发计划"目标和效果导向的绿色建筑设计新方法及工具"从绿色建筑的本质出发，要重点解决这一问题，本书内容是研发计划的基础研究部分。本书从建筑技术－资源环境－绿色性能的基础理论出发，研究能够客观反映建筑技术资源与环境综合效益的评价体系，以期能够优选出环境友好、绿色化程度较高的技术，指导绿色建筑设计，推动绿色建筑的进步。

本书通过对建筑活动在生命周期时间段的资源消耗和环境影响进行分析，提炼出12种主要的资源、环境要素作为研究对象，以系统动力学分析方法为技术手段，以维持可持续发展为目标，以国家统计局、联合国环境总署等机构发布的统计数据为基础，综合考虑经济发展对于资源、环境的影响，以及不同资源、环境要素在自然界的作用机理，分析为了维持可持续发展每种要素所需要的环境成本和总体投入，以此作为量化基础。将12种资源环境要素归纳为大气、水体、土地及非生物质资源4大类环境影响，通过序关系法确定类别权重，选取加权欧式距离法作为综合评价方法，确定技术的绿色化程度，最终提出了基于资源环境综合效益的绿色建筑技术评价方法。该评价方法能够清晰地反映出不同技术的资源、环境影响，比较出不同技术的绿色化程度，并能够与现行评价标准进行嵌套，使评价得分更为客观准确。

基于资源、环境综合效益的绿色建筑技术评价方法可以更为客观地对绿色建筑技术进行评价，弥补了传统评价方法不能反映技术本身的资源、环境影响，只能根据功能效果阶梯式评价、跳跃式得分的弊端，有利于设计人员在建筑设计过程中选取资源、环境综合效益更高的绿色技术，为今后制定更为客观的绿色建筑评价标准奠定理论基础，使绿色建筑更加趋于资源、环境效益最大化的本质要求。本书可作为建筑学、建筑技术科学、生态环境等相关专业的教材使用，也可为绿色建筑设计、绿色建筑评价、生态环境分析、绿色建材领域的研究者和从业者提供参考。

目 录　CATALOG

第 1 章　绪论

当我们每晚透过弥漫在有毒水面上的雾霾看着夕阳缓缓沉下时，我们应扪心自问，是否真的希望在未来另一个星球上的宇宙历史学家这样评价我们："尽管他们有着横溢的才华和精湛的技巧，他们的空气、食物、水、远见和理念却最终枯竭了。"

——联合国第三任秘书长（U Thant）

1.1　研究背景

1.1.1　人类活动对地球生态的影响

地球是由物理、化学、生物和人类几个部分组成的，在一定程度上能够自我调节的系统。而人类活动的影响已经遍布全球。这使得科学家们不得不重新定义一个新的地质时代——人类纪，人类的生产生活已经改变了地质状态、大气环境、水文环境、生物系统以及其他地球系统，最主要的影响包括全球变暖、水体富营养化、动物栖息地改变，地球的自我调节能力受到了挑战[1]。

自工业革命以来，人类的活动已经对全球的生态造成了严重的影响[2]，尤其是第二次世界大战以来，人类社会得到了稳定的发展，随之而来的是，人口的爆发性增长，物质的使用由生物质物质主导转向了矿物质主导。Krausmann[3] 等人以物质流核算的概念和方法论为基础，对 20 世纪以来全球物质使用的量进行了一次评估。这份评估报告针对 1900—2005 年全球每年开采的建筑矿石、工业矿石、金属矿、化石燃料和生物质能进行了估算。目前各类物质使用的总量已经接近 600 亿 t，接近全球绿色植物能够生产的物质总量，并且使用速度还在增加。资源的日益枯竭，将会引发对资源的掠夺与战争，约40%的国内武装冲突与竞争自然资源直接相关[4]，如果不对资源进行可持续化管理，最终将引起局部资源战争，甚至最终引发世界战争。

1.1.2　资源、环境的界定

环境的概念存在着广义和狭义上的区别，焦点集中在如何处理环境与资源这一对概念的关系上。

从广义上来看，作为人类生活于其中的自然存在，环境的概念包括了资源，环境提供了人类和其他生物生存所需要的一切条件，包含着若干功能。第一是资源功能，包括矿产资源等能够通过经济作用进行转化的物质。第二是受纳功能，环境像一个容器，接收了人类社会生产活动所产生的副产品，包括废水、废气等。第三是生态服务功能，主要为地球上生物提供用于生存的空气、水和栖息地等[5]。

从狭义上来看，环境可以与资源进行并列处理，通常需要将两者作为不同的专题考虑。其中，资源主要考虑的是在人类经济生活中的物质来源与转化过程，主要考虑的是数量的耗减；而环境则主要考虑污染物和经济活动对生态所带来的影响，关注的是环境质量退化的问题，本研究即采用这种分开考虑的处理方式。

1.1.3　人类建设活动对资源、环境的影响

人类的建设活动在极大地消耗资源、改变环境，根据世界观察研究所统计数据，建筑消耗世界上40%的原石、砾石和沙子，还消耗40%的能源，10%的水资源[6]。每年拆解旧建筑会产生大量的固体垃圾，建筑在生产和使用过程中会产生多种污染。建筑对于环境的负面影响来源于建筑施工以及改造过程。原材料的开采通常会导致资源的枯竭和生物多样性的损失，建筑产品的生产和运输过程会消耗能源，导致全球变暖、酸化效应等，影响人类的生存与健康。在此背景下绿色建筑的概念被提出，总体来说绿色建筑的最终目的是实现建筑对资源、环境综合效益的最大化[7]。

然而真正实现资源、环境综合效益最大化并不是一件简单的事情，这依赖于相关评价来进行控制。如今的绿色建筑评价方法大多基于相应的评价标准，这些标准对资源、环境都有相应的条款要求和评价方法，然而这些评价方法仅能针对技术本身的功能效果进行评分，如节能率、节水率、节材率等。但是，往往有多种技术手段能够达到相同的功能效果，而不同技术手段自身的资源消耗和环境影响也有很大差异，评价得分并不能清晰地反映出被评对象自身的资源、环境效益[8]，也不能真正地与其绿色

性能对应[9]，体现不出选用不同的技术手段与措施在资源消耗和环境影响上的差异。正是基于这一问题，本研究从资源、环境综合效益角度出发，考虑技术自身的资源、环境影响，寻求一种能够真实反映绿色建筑技术资源、环境综合效益的评价方法，切实减少建筑的资源、环境问题。

1.2 研究目的

目前的绿色建筑技术评价通常只能根据功能效果进行判断，对于绿色建筑技术本身的资源、环境影响考虑较少，缺乏较为成熟、客观的综合定量评价工具，使设计人员很难对不同技术手段的最终绿色效果和性能做出准确判断，从而难以形成有利于绿色建筑设计的最终决策。针对这一问题，本书将从绿色建筑的本质要求出发，构建新的绿色建筑技术评价方法，建立一套能够客观量化并评价绿色建筑技术资源、环境综合效益的评价体系，能够体现出不同技术手段的资源、环境效果，明确不同技术的绿色性能，增强评价结果的导向性，使设计人员在进行技术选择时更加容易做出决策，选择资源、环境效益更好的建筑技术。

1.3 研究内容

针对以上要求，研究从建筑生命周期这一时间段内的资源消耗与环境影响入手，分析材料准备阶段、建筑建造阶段、建筑运行阶段以及废弃拆除阶段的资源与环境影响，结合国内外对资源、环境研究的成果凝练出温室效应影响、水体富营养化、酸化影响、烟粉尘污染、水资源消耗、化石能源消耗等 12 种资源、环境要素。通过系统动力学分析方法，综合考虑经济发展与资源环境关系，结合不同资源环境要素在自然界运行原理，对选取的 12 种资源、环境要素在未来一个建筑设计寿命周期内的总体影响，以及为了维持可持续发展需要进行的总体投入进行了分析预测。

将资源环境要素归纳为 4 个类别指标，采用序关系法根据不同类别的环境影响和总体投入计算出相应的权重，选取加权欧式距离法作为综合评价方法，构建出基于资源、环境综合效益的评价体系。以 EXCEL VBA 数据处理程序为基础，开发出一套快速评价工具，并通过对文献、统计数据、公报等进行基础数据的搜集整理，构建出了铜、铝、钢、水泥、玻璃、EPS、岩棉、保温砂浆、玻璃纤维等十几种常用的建筑材料资源环境数据库以及电力、热力、运输、机械加工等非建筑材料类资源环境数据库。最后，以天津地区某住宅为例进行分析，对不同功能的建筑技术方案进行了绿色性能评价，找出优选方案，并与《绿色建筑评价标准》进行了嵌套。研究解决了传统评价客观性不强，只能针对功能效果进行评价，不能综合考虑技术本身的资源环境影响的弊端。

第2章 国内外绿色建筑技术评价方法研究

发展绿色建筑的主要目标是降低环境影响，减少资源消耗。绿色建筑技术的应用可以增强生态系统活力，避免生物多样性损失，改善大气环境和水体环境，减少废弃物，减缓全球变暖速度，但这需要有相应的方法对绿色建筑技术进行评价。而对绿色建筑技术的性能进行评估是评价的一个关键任务，不同的评价系统往往对绿色技术的绿色性能的关注点有所不同，有的评价侧重于环境性能，有的侧重于经济性能，有的侧重于能源效率，有的侧重于资源效益。因此，需要对国内外的绿色建筑技术评价方法和相关研究进行一定的梳理。目前，对于建筑技术环境性能评价应用比较多是全寿命周期评价理论以及各种建筑产品评价工具，如美国的 BEES、加拿大的 Athena、英国的 IMPACT，此外各国的绿色建筑评价标准中也有针对绿色建筑技术的评价方法。本章将对这些评价方法和理论进行分析，找到目前评价方法的优势与不足，为后续研究奠定基础。

2.1 生命周期评价理论

生命周期理论于20世纪60年代提出，包括生命周期评估（LCA，Life Cycle Assessment）和生命周期成本核算（LCC，Life Cycle Cost）两种常用的评估方法[10-12]。美国和欧洲的学者将生命周期研究应用于包装领域和废弃物方面，后来由于环境问题日趋严重，生命周期理论得到了进一步的发展，提出了生命周期评价的概念，主要用于评价各种产品的环境性能[13]。20世纪80年代左右生命周期理论开始应用于建筑行业，Bekker[14]在1982年论述了自然资源和不可再生资源对于建筑行业的影响，总结了生命周期评价的基本流程。20世纪90年代后，国际标准化进程加速，开始出现相关学术论文和手册[15]，此后国际环境毒理学会和化学学会（SETAC，Society of Environmental Toxicology and Chemistry）开始发挥领导作用，将不同行业的环境影响研究统一到一个框架当中，并加入国际标准化组织（ISO，International Organization for Standardization），编制了 ISO 14040 系列标准。

进入 21 世纪后，学者对 LCA 研究的兴趣一直在迅速增长，联合国环境规划署（UNEP，United Nations Environment Programme）和 SETAC 启动了生命周期研究计划。其后还开发出来环境产品声明，是一套基于 LCA 标准（ISO 14040 系列）的具有预设参数的产品环境量化数据，使设计人员更容易选择环保产品或材料[16]。之后，Buyle[17]等人开始较为全面地考虑建筑物生命周期内的材料、施工、生活用水、用能等环境要素，并针对案例进行了分析。目前，各个国家提出了促进生命周期评价应用的相关法案，国内外很多学者也将这种评价方法应用于建筑的环境效益评估。

2.1.1 生命周期评估方法

为了分析产品在整个生命周期中的环境负担，必须进行四个步骤，以便对不同的研究对象进行比较：确定目标和范围、列出生命周期清单、生命周期影响评估和解释[18]。

第一步，确定目标和范围，定义研究目的，评价目标，功能单位和系统界限。LCA 的主要优点是根据其功能而不是其特定的物理特性来定义被调查的产品和过程。这样就可以对功能类似，但是本质不同的产品进行比较，例如对爆米花和泡沫同时作为运输填充物时进行比较。第二步，收集、描述和检验所有相关的整个生命周期的物质输入、污染物排放等的数据，进行库存分析。第三步，环境影响评估和资源量化，此步骤还包含两个可选步骤：归一化和加权。归一化是相对于一些参考信息的类别指标结果的大小来说的，例如城镇居民在一年的平均环境影响。加权是通过使用价值选择来确定数值因子，例如基于政策目标、货币化或面板权重，将不同影响类别的指标结果转化为单一数值的过程。第四步，对评价结果进行解释。

虽然 ISO14040 提出了 LCA 的框架，但是没有提到具体计算环境影响的技术和方法，这就要求根据研究的性质选择不同的研究方法。研究环境机制时的估值因子选择，是不同的 LCA 评价的主要区别，由于环境机制的复杂性，需要根据评价目的确定不同的环境因子及赋值方法[17]。

在工业产品的研究中，LCA 的应用比较广泛，主要用于评估产品和生产工艺对于环境的影响[19]。但是建筑是一种特殊的工业产品，由于建筑通常要使用 50~100 年[20]，使得在进行 LCA 研究时遇到的状况变得比较复杂，比如不同构件的使用寿命不同，使用的材料种类多样，每个建筑都有自己的特殊性，构件的运输距离不同，后期的维修改造等，这些因素都使得不确定性变量增多，可预测性降低，从而进一步影响评价结果的准确性[21]，因此对建筑进行生命周期评价的难度较高。目前常用的研究方法，主要是根据品类的规模，从材料到构件，最后到建筑，逐步深入[22]。

LCA 的评价方法目前仍然存在着一些缺点，主要是在考虑不同环境影响时可能会产生不同的结果，例如单纯研究碳足迹影响时可能会忽略臭氧耗竭或者光化学烟雾的环境影响[23]。即便是在研究汇总考虑了多种环境指标，因为不同研究人员对环境指标的重要程度在认识上会有差异，造成权重赋值的不同，不能客观地定量判断出研究对象的可持续性。此外 LCA 还缺乏对地域性环境影响的考虑[24]，目前的评价均是建立在考虑全球范围内环境影响条件下的，因此需要针对地域性开展相应的研究。

2.1.2　生命周期成本分析方法

LCC 的历史比 LCA 还要长一些，在 20 世纪 30 年代美国政府为了达到武器采购成本效益最高的目的开始应用这一技术。当时研究认为，一种典型的武器系统，主要成本将花在后期的维护和运行中，大约会占到总成本的 70%，因此采购价格最低的产品可能并不是全寿命周期成本最低的。由于建筑后期的维护和运行费用同样在总成本中占有很高的比例，因此，从 1961 年开始在建筑中引入了全寿命周期成本分析的方法[25]，此后 LCC 越来受到使用者的青睐，有研究表明近些年英国约有 60% 的建筑在招标阶段使用 LCC 进行决策[26]。

建筑业 LCC 核算通常采用净现值法（NPV，Net Present Value），由于涉及对未来成本效益的估算，通常使用不同的成本估算方法，如通过工程程序估算，通过分类进行估算，或者通过统计参数估算等[27]。LCC 的主要步骤主要包括以下几步[28]：①根据研究的目的确定研究目标和研究对象；②提出几个可供选择的研究方案；③根据研究要求选择合适的方法，建立模型；④计算可供选择方案的 LCC；⑤进行优选。

LCC 的方法能够在决策中系统地考虑成本，并能够找出整个生命周期内对成本影响最大的因素，对不同方案进行优选。但是这要求在全寿命周期进行成本估算时必须考虑全面，参数也必须准确。而 LCC 存在的主要问题是目前缺少准确的内部成本数据，尤其是建筑和能源行业的运行阶段；此外，成本估算方法的选择和专家的判断也会对结果造成非常大的影响。

2.1.3　LCA 与 LCC 的评价方法比较

LCA 和 LCC 都可以作为决策工具来进行使用，一种是对环境影响进行分析，一种是对经济效益进行分析，表 2-1 列出了两者之间的关系[29]。

总体来说 LCA 的方法能够对环境的影响进行评估，但是需要较为详细的清单数据，且不同环境影响由于最终的作用对象不同很难进行统一，如何平衡不同环境影响是一个难点。LCC 的方法采用货币作为统一单位，评价结果清晰明了，产品效益优劣能够直观体现，但是不能反映出不同产品的环境影响，对环境可持续发展的作用效果不明显。

LCA 与 LCC 比较 表 2-1

	生命周期评估（LCA）	生命周期成本分析（LCC）
目标	比较满足相同最终用途功能的替代方案的相对环境性能	确定符合相同最终用途或功能的不同替代方案的成本效益
作用	社会效益	经济决策
范围	建筑物生命周期内的全部影响	与建筑有直接经济关系的过程
清单分析	资源、材料、能源、废物、污染	货币流
单位	物理单位	货币单位
资料要求	所有上游清单都需要收集和汇总	不需要上游流程的详细成本核算

2.2　建筑产品环境性能评价工具

为了能够清晰比较不同建筑产品的环境性能，很多国家都根据自身情况开发出了一些环境影响评价工具，如美国的 BEES（Building for Environmental and Economic Sustainability）、日本的 CASBEE-LCCO₂、加拿大的 Athena、英国的 IMPACT 等，下面对这些工具进行分析解读，为研究奠定基础。

2.2.1　美国的 BEES

BEES 是由美国国家标准与技术研究院开发的一款针对设计师、开发商和产品制造商的建筑产品环境性能分析工具[30]。于 1998 年发布第一版 BEES 1.0，这一版奠定了 BEES 的评价方法和基础理论，其后进行了数次更新，最新版本是 2010 年发布的 BEES Online[31]，2014 年进行了更新，包含 230 多种建筑产品和材料的环境数据[10]。

BEES 主要包括环境性能和经济性能两部分评价内容，环境绩效部分采用 ISO 14040 系列标准中规定的生命周期评估方法来测量建筑产品的环境性能，经济绩效部分使用 ASTM 标准的生命周期成本法来衡量，之后将两部分以各占 50% 的比例进行综合。BEES 在环境评价方面考虑比较全面，包括温室效应影响、光化学烟雾影响、动物栖息地改变、化石能源消耗等十多个因素，但是在不同环境影响要素权重制定方面策略相对比较灵活，包括同等权重、科学顾问小组权重、BEES 利益相关者权重，另外使用者还可以自定义权重。权重的确定主要是通过对科学顾问小组或利益相关方进行调研，之后通过层次分析法获取。BEES 有较为全面的建筑产品与材料数据库，包括结构、装修、家具、管材、各种类型的水泥、纤维板材等。

BEES 的权重系统虽然采用了层次分析法进行确定，但是仍然不可避免研究人员的主观影响，科学顾问小组和 BEES 利益相关者给出的权重是完全不同的，这也影响了评价结果的客观性。BEES 采用的是美国的环境基础数据，虽然有学者已经开始在我国进行全寿命周期评价应用 [32]，但是与我国具体情况还有一定差距，因此需要根据环境情况建立适应我国国情的建筑环境性能评价工具。

2.2.2　加拿大的 Athena

Athena 建筑环境影响评估工具是由加拿大雅典娜可持续材料研究所开发的一款全寿命周期环境影响评估工具。它能够为建筑师、工程师和研究者在建筑的初步设计阶段对整个建筑进行全寿命周期的环境影响评估 [33]。

Athena 有 Eco Calculator 和 Impact Estimator 两种评估工具 [34]，Eco Calculator 将各种结构组件（柱和梁、地板等）数据固定到 Excel 的工作表选项卡中，可以根据建筑建造情况进行选取。Impact Estimator 是独立运行软件，最新版本是 2016 年 12 月修订的 Impact Estimator for Buildings v.5，可以对建筑物环境影响进行详细、准确的估算。Athena 建立较为详细的建筑构件环境数据库包括：混凝土、粉煤灰混凝土、石膏板、乳胶漆、柱、梁、外墙、锚栓、装饰材料等，一共约 90 种结构与材料 [35]。

Athena 能对不同的构件以及最终的建筑进行全寿命周期的环境影响分析，能够看出每种要素的影响程度，但是由于没有对不同的环境影响设定权重，它并不能够将这些影响结果进行综合分析，只能以单列的形式出现，这影响了它最终的评估效果，也在一定程度上对设计人员的应用产生障碍。

2.2.3　日本的 CASBEE-LCCO$_2$

CASBEE-LCCO$_2$ 是嵌套在 CASBEE 评价系统中的温室效应评估工具，最早应用于 CASBEE 2008 版本中，由于温室效应的加剧，日本政府制定的减排目标提高，在 2010 版本中增加了 $LCCO_2$ 的评价基准。

所谓的 $LCCO_2$ 评价是指建筑或构件在全寿命周期内的温室效应影响，以全寿命周期的 CO_2 排放为基础指标[36]。CASBEE-$LCCO_2$ 的评价设置在基地外部环境指标类别中，要求收集建筑建造、运行、维护以及拆除阶段的 CO_2 排放信息，进行计算后与参照建筑进行对比，根据与参照值的对比结果确定评价分值，当排放量超过参照建筑 25% 得 1 分，与参照建筑相同得 3 分，比参照建筑低 75% 时得 5 分，中间分值通过差值法确定[37]。

CASBEE-$LCCO_2$ 从建材的生产阶段就开始对 CO_2 排放情况进行统计；到运行阶段需要计算冷热负荷、设备能耗等 CO_2 排放情况，以及自然能源利用所减少的 CO_2 排放情况；到维护和拆除阶段还考虑材料循环使用所带来的 CO_2 排放减少。考虑比较全面，但是对于延长建筑寿命所带来的 CO_2 排放减少还未进行考虑。作为一个嵌套在评价系统中的建筑环境性能评价工具 CASBEE-$LCCO_2$ 在对 CO_2 排放问题上的考虑相对比较全面，但是由于考虑因素较为单一，对其他环境影响有所忽视，可能带来次生环境危害。

2.2.4 英国的 IMPACT

IMPACT 是由英国 BRE 集团（BRE，Building Research Establishment）开发的一款全寿命周期建筑规范化数据库，主要为软件开发商提供数据支持，能够统一和规范不同软件在全寿命周期的环境影响，避免了评价方法和基础数据不一致对评价结果的影响[38]。

IMPACT 从建筑数据模型中获取信息，将信息和数据库中的环境影响结合分析出选定部分的环境影响，通过分析结果判断环境影响，并通过平台软件进一步优化[39]。IMPACT 主要考虑的环境影响包括温室效应、生态毒性、臭氧层耗竭、酸化影响等多个环境指标，一部分以全球环境影响为基础，一部分以英国地区环境影响为基础，每个指标可以单独报告，也可以综合成 BRE Ecopoint 的单一值。IMPACT 本身不具有评价功能，主要依靠嵌套在其他 BIM 软件和评价工具中进行计算和评价[40]，如 IES-VE、eTooL CD、One Click 等软件以及 BREEAM 评价工具。

IMPACT 采用欧洲标准化委员会 CEN / TC 350 的方法进行建筑的整体性评估，对于独立的建筑构件和建筑技术可用性较低，此外采用英国地区的数据也不利于在其他国家和地区进行推广。

2.2.5　其他评估工具

还有很多学者研究和开发了一些环境影响评价方法和工具[41]，不同国家的不同机构也开发出了很多建筑环境性能评估工具[30]，如表 2-2 所示。

从表中可以看出，目前的评估环境评估工具以欧美地区为主，虽然有些评价工具允许在世界范围内使用，但是环境影响的参数仍然以当地为基础，缺乏适应我国环境状况的评估工具。由于地域上的差异，同一问题采用不同的评估工具进行评价时可能带来完全不同的结果[10]，因此需要根据我国环境情况，建立一套适应我国国情的评价工具。

世界建筑环境性能评估工具汇总　　　　　表 2-2

名称	开发机构	国家
ATHENA™ 环境影响评估	ATHENA 可持续材料研究所	加拿大
BEAT 2002	丹麦建筑研究所（SBI）	丹麦
BeCost	VTT	芬兰
BEES 4.0	美国国家标准技术研究院（NIST）	美国
EcoEffect	瑞典皇家理工学院（KTH）	瑞典
EcoProfile	挪威建筑研究所（NBI）	挪威
Eco-Quantum	荷兰 IVAM	荷兰
Envest 2	英国建筑研究所（BRE）	英国
Environmental Status Model	瑞典建筑物环境状况协会	瑞典
ESCALE	CTSB 和法国萨瓦大学	法国
LEGEP	德国卡尔斯鲁厄大学	德国
PAPOOSE	法国 TRIBU	法国
TEAM	法国 Ecobilan	法国

2.3 绿色建筑评价体系

2.3.1 英国的 BREEAM

1. BREEAM 概况

英国的 BREEAM（The British Building Research Establishment Environmental Assessment Method）于 1990 年在英国开始推广使用，截至 2016 年全球大约有 70 多个国家和地区使用了该评价方法，获得认证的建筑超过 53 万栋[42]。最新的版本是 BREEAM International for New Construction 2016。

2. 评价体系与技术评价方法

BREEAM 的评价指标一共有 10 类，具体包括：管理、健康与幸福、能源、交通运输、节水、节材、废弃物、土地利用与生态、污染以及创新。权重是通过各方协商确定的，如表 2-3 所示。

BREEAM 在每类大指标下面设置了若干小指标，比如在土地与生态环境大类指标下设置了 6 个小指标，包括建筑位置、场地生态价值与生态特色保护、强化现场生态、生物多样性长期影响、建筑足迹。每个小指标对应一个分值，根据完成情况确定得分，将小指标得分求和就是大类指标的得分。BREEAM 的大类分值之间可以进行均衡调整，增加了评价的灵活性，但是为了保证建筑能够满足基本的可持续性，对一些关键性指标设置了最低标准。

BREEAM 的权重系统[43]　　　　　　　　　表 2-3

类别	权重（%）
Management（管理）	12
Health and Wellbeing（健康与幸福）	15
Energy（能源）	19
Transport（交通）	10
Water（节水）	5
Materials（节材）	13.5
Waste（废弃物）	7.5
Land Use and Ecology（土地与生态环境）	10
Pollution（污染）	8
Innovation（创新）	10

3. 小结

BREEAM 结合了生命周期理论，以能源、环境、资源作为主要的考查对象，制定了涵盖环境、社会、经济等不同领域的绿色建筑评价体系，充分考虑了环境的可持续性。虽然 BREEAM 在欧洲地区应用较为广泛，但是在其他国家和地区推广时还有地域性局限，此外评价过程较为烦琐，需要受过专门培训的注册人员参与完成，也限制了它的推广应用。对于绿色建筑技术的评价也是以功能效果为主导，进行简单的判断活动得分。

2.3.2 美国的 LEED

1. LEED 概况

美国绿色建筑委员会（USGBC）在 1998 年开始推出能源和环境领导先锋（LEED，Leadership in Energy and Environmental Design）评价体系[43]，是目前世界上受欢迎的绿色建筑评价系统。最新更新的版本是 2014 年的 LEED version 4 for New Construction (NC)。LEED 本身针对不同建筑具有不同的评价导则，主要包括 LEED-NC、LEED-Home、LEED-School，分别针对新建建筑、住宅和学校进行评价，应用最广泛的是 LEED-Home 与 LEED-NC。

2. 评价体系与评价方法

早期版本的 LEED 评价依靠评价人员进行专业的判断来确定得分情况，2009 年引入了权重系统，使评价结果趋于稳定客观。LEED V4 在这一基础上又进行了一次改进，增加了社会、环境、经济的目标，并对权重类别进行了改进。LEED V4 确定了 7 个环境影响类别作为系统目标。这 7 个环境影响类别指标都有一个相应的比重，如表 2-4 所示。

LEED 环境影响类别的权重[44]　　　　　　　表 2-4

类别	权重（%）
Climate Change（全球气候变化）	35
Human Health and Well-Being（人类健康与幸福）	20
Water Resources（水资源）	15
Biodiversity（生态多样性）	10
Material Resources（资源再生）	10

类别	权重（%）
Greener Economy（绿色经济）	5
Community（社区环境	5

LEED V4 将这些影响类别进一步细分指标，每一大类指标下面又有若干分指标，根据这些最终目标及评价条款和目标的相关性，设置评价分值。以保护和恢复水资源为例，下面设置 3 项小指标，分别是减少用水量、水质保护、恢复水系统和自然水文循环，根据这些目标对冷却塔用水、室内外用水量、清洗设备、厨卫设备等最终评价条款设置评价分值。具体评分指标分为 7 类[45]，如表 2-5 所示。

LEED 评价类别的分值　　　　　　　　　　表 2-5

类别	分值
选址与交通	16
可持续场址	10
节水	11
能源与大气	33
材料与资源	13
室内环境质量	16
设计创新地方优先	10

3. 小结

LEED 经过几代的发展已经逐步意识到绿色建筑的评价应该以最终的环境影响为目标，为此进行了多次的调整和修正，目前已经发展成为一种较为有效的环境评估工具。但是目前 LEED 还不能够对技术指标进行具体的、精确的量化评价，需要进一步对环境数据进行更新，才能完成这个目标，另外也缺乏适应其他国家需求的地域性指标数据。

2.3.3 多国的 SB-Tool

1. SB-Tool 概况

SB-Tool 是由可持续建筑挑战组织（SBC，Sustainable Building Challenge）开发的

一款可持续性能评价工具，是由 GB Tool 发展而来的，主要目标是开发一种系统化的评价工具为建筑设计服务，在不同的可持续度之间找到平衡，同时具有灵活性、透明性和适用性，目前为欧洲各国广泛使用 [46]。SB-Tool 可以对既有建筑、新建建筑、旧建筑改造进行可持续性方面的综合评价。

2. 评价体系与评价方法

SB-Tool 一共包括 C_1 至 C_9 共 9 个可持续类别, 9 个可持续类别归纳为环境、社会、经济 3 种影响。以葡萄牙的 SB-Tool PT 为例，每个类别的权重如表 2-6 所示 [47]。

SB-Tool PT 类别与权重　　　　表 2-6

绩效	类别	权重
Environment 环境	C_1 – Climate change and outdoor air quality（气候变化和室外空气质量）	13
	C_2 – Land use and biodiversity （土地利用和生物多样性）	20
	C_3 – Energy efficiency （能源效率）	32
	C_4 – Materials and waste management （材料和废物管理）	29
	C_5 – Water efficiency （水效率）	6
Society 社会	C_6 – Occupant's health and comfort （人类健康和舒适）	60
	C_7 – Accessibilities （可达性）	30
	C_8 – Education and awareness of sustainability （可持续意识）	10
Economy 经济	C_9 – Life-cycle costs （生命周期成本）	100

每个类别下面有若干三级指标，如 C_2 土地利用和生物多样性类别就包括：城市密度、场地透水性、使用预先开发的土地、使用当地植物以及热岛效应。通过分析环境问题对于人类和其他物种生存的重要性，可持续发展目标，以及学术专家、建设利益相关者和建筑用户的意见，环境绩效、社会绩效、经济绩效的分配比例为 40%、30%、30%。

3. 小结

GB-Tool 从环境、社会、经济三种可持续维度进行考虑，致力于可持续发展的同时，希望能做到三者的平衡，指标系统非常完备。环境系统评价以材料或产品的 LCA 环境性能为基础，能较好地体现出建筑的环境影响；权重系统能够根据不同地区的情况进行调整，适应性较强。但是自由调整的程度过大，影响不同国家地区之间的相互比较；评价操作过于复杂，影响进一步推广和应用。

2.3.4 日本的 CASBEE

1. CASBEE 概况

2001 年由学术界、工商界和地方政府共同成立了日本可持续建筑联合会，根据"京都议定书"的要求开发了 CASBEE（Comprehensive Assessment system for Built Environment Efficiency）评价系统[48]。包括设计、既有、改造、新建 4 个核心评价工具，已经陆续开发出 15 种评价工具，涵盖从住宅到街区乃至城市的评价，目前最新的版本是 CASBEE for Cities – Pilot version for worldwide use (2015)。

2. 评价体系与评价方法

CASBEE 的评价主要是对综合性能进行评价，包括自身环境品质 Q（Quality）和外部环境负荷 L（Load）两部分，建筑自身环境品质越高越好，而外部环境负荷越低越好。以 CASBEE 住宅为例，其权重系数是通过德尔菲法确定的[49]，具体权重如表 2-7 所示。

CASBEE 住宅类别与权重[50]　　　　表 2-7

绩效	类别	权重
Quality 自身环境品质	Q_1 室内环境的舒适与健康	0.45
	Q_2 长期使用效果	0.3
	Q_3 街区布局及生态系统丰富多样	0.25
Load 外部环境负荷	L_1 减少能源和水的使用	0.35
	L_2 珍惜资源，减少垃圾	0.35
	L_3 考虑地域与全球环境	0.3

指标权重通过专家打分的方法确定，将评价结果由三级向二级汇总，最后按 Q 和 L 进行汇总，汇总后得分通过下面公式计算环境效率（BEE）的得分：

$$BEE = \frac{Q}{L}$$

3. 小结

CASBEE 通过环境效率的概念来界定绿色建筑，考虑建筑全寿命周期的环境影响，使绿色建筑更加接近可持续发展的目的，评价结果通过 BEE 值以图形的方式表现出来，使结果更加简单明了，有助于绿色建筑的推广。但是 CASBEE 评价工具种类过多，灵活性较低，不利于更新和补充新的评价内容，评价的准备工作量较大，认证周期也比较长。

2.3.5　中国的绿色建筑评价标准

1. 评价概况

《绿色建筑评价标准》由住房和城乡建设部编制并批准实施，主要目的是促进我国绿色建筑的发展，建立适应我国国情的绿色建筑评价方法[51]。新版《绿色建筑评价标准》在 2006 版的基础上将评价范围进行了扩大，并在评价条文的定量评价上进行了改进[52]。

2. 评价体系与评价方法

《绿色建筑评价标准》一共包括 8 类大指标，具体指标及权重如表 2-8 所示。

绿色建筑评价标准类别与权重　　　　　　　　表 2-8

类别	设计评价		运行评价	
	居住建筑	公共建筑	居住建筑	公共建筑
节地与室外环境	0.21	0.16	0.17	0.13
节能与能源利用	0.24	0.28	0.19	0.23
节水与水资源利用	0.20	0.18	0.16	0.14
节材与材料资源利用	0.17	0.19	0.14	0.15
室内环境质量	0.18	0.19	0.14	0.15
施工管理	—	—	0.10	0.10
运营管理	—	—	0.10	0.10

公共建筑和住宅建筑在不同类别上的权重不同，主要是由于不同类型的建筑对于

环境的影响侧重不同，根据满足评分项条款的情况获得一定的分数。每类评价条款的总分为 100 分。对绿色建筑技术的评价主要是根据功能效果判断，达到一定的功能效果后得到一定的分值，根据每类条款获得分数与权重系数相乘得到最终的分数。

3. 小结

《绿色建筑评价标准》以"四节一环保"为核心，构建了一套适合我国绿色建筑发展的评价体系。评价过程中对地域、气候、环境等因素进行了综合考量，也从设计到施工运行、拆除做了全面的要求。但是在具体评价绿色建筑技术时考虑还不够全面，只从技术措施选择上做了相应的规定，但是对技术措施本身的全寿命周期环境影响缺乏更为细致的要求。绿色建筑技术措施选择时只要求了最终的效果，技术自身资源环境的综合影响考虑还不够全面。

总体来说，不同的评价体系都会根据自身特点进行指标的选取和权重的赋值，但是在对绿色建筑技术进行评价时，通常以功能的实现效果为评分依据，采用阶梯式评价，跳跃式得分。而同一功能效果可以通过不同技术手段来实现，如节能 5% 这一评价要求，可以由很多技术手段来实现，但是目前的评价手段没有能力对这些技术方法的资源、环境综合性能进行判断，造成选型困难，某些方法虽然能够达到评价要求，但资源、环境综合效益可能并不理想，甚至可能带来次生危害。

2.4　本章小结

通过以上研究可以发现，目前的绿色建筑技术评价方法在一定程度上能够反映出被评对象的绿色性能[53]，但是由于在制定评价权重或确定评价分值时都有一定的主观性，而且使用不同评价工具最终得分也有很大不同[54-55]，不同评价工具指标和权重的制定科学依据仍然不够充分[56-57]，评价结果并不能完全反映绿色建筑技术的资源、环境综合性能[58-59]，具体表现在以下几点：

（1）目前的评价体系权重的确定，基本上是采用德尔菲法或层次分析法。这两种方法都需要根据专家的经验进行判断，在进行量化时难免会受到专家背景知识和主观认识影响，造成量化结果的不稳定，影响评价结果的客观性。

（2）在对绿色建筑技术进行评价时，通常只针对功能效果进行评价，不能反映出建筑技术自身的资源、环境影响。如《绿色建筑评价标准》针对节能技术规定：围护结构热工性能比现行规范提高可以获得一定分数。而能够实现围护结构热工性能提高的技术手段很多，每种手段的资源消耗和环境影响均不相同。因此，目前的评价方法很难真正反映出不同绿色技术手段的资源、环境综合性能，评价结果导向性不强。

（3）在对绿色建筑技术进行分值确定时，往往采用阶梯形式评价，跳跃式得分，在一定的指标范围内得分相同。在很多评价系统中，对于技术得分的判断是功能效果每增加一个梯度，会得到更高一级的分数，这种跳跃式得分不利于反映绿色技术的真实水平。

（4）全寿命周期评价理论虽然相对客观，但是评价过程相对复杂，以针对单因子或建筑材料的评价居多，对于绿色建筑技术的资源、环境效益较难进行权衡，综合评价效果不理想，评价结果不直观，不利于设计师进行直观判断选择。

因此，有必要开发一种更为客观便捷的评价方法，用于快速准确地评价绿色建筑技术的资源、环境效果，根据综合效益判断其绿色程度，方便设计师在确定技术方案时选取使用。研究将针对这些问题，考虑绿色建筑技术评价的需求，从绿色建筑的本质入手，分析未来一段时间内我国资源、环境总体情况，以维持可持续发展为目标，对未来我国在应对资源耗竭和处理环境问题方面的总体投入进行分析计算，以此为基础完成资源、环境要素的量化，提取评价指标，构建出一套新的绿色建筑技术评价体系。

第3章 建筑在生命周期阶段的资源消耗与环境影响

建筑是由多种建筑技术措施组合构造而成的，要研究建筑技术的资源、环境影响需要从人类建筑的建设活动角度出发，展开分析。人类的建筑建设活动经历着从原材料到建筑产品、建筑构件、建筑建造、运营使用、废弃拆除等多个环节，每个环节对于环境的影响和资源的消耗都有各自的特点，研究将在全寿命周期的框架体系下分析建筑不同阶段的资源消耗和环境影响，提炼出建筑在生命周期内的资源、环境影响因子。

本章将通过研究相关文献、规范、报告等资料，分析在建筑活动生命周期内的资源消耗情况和环境影响情况，凝练出需要量化的资源、环境要素，确定研究对象，为客观量化资源、环境影响奠定基础。

3.1 建筑建设活动的阶段划分

建筑是由不同的建筑构件和技术措施组成的，建筑构件或建筑技术措施在整个建筑活动生命期内大约经过 4 个阶段，分别是材料生产、制造安装或建造、建成后运行、拆解回收，具体过程如图 3-1 所示。

第一个阶段是建筑材料的生产阶段，主要是指将矿产原料通过一定形式的处理，加工成能够供现场作业或生产成品部件的阶段。建筑材料生产所需要的矿产原料通常包括铁矿石、石灰岩、玻璃硅质原料、铝土矿、煤炭、石油等矿产资源，这些原料经过加工生产出钢材、玻璃等基本建筑材料。

第二阶段是建筑产品部件的生产阶段和建筑建设安装阶段。这个阶段主要是将基本的建筑材料加工成建筑构配件，生成建筑的阶段。

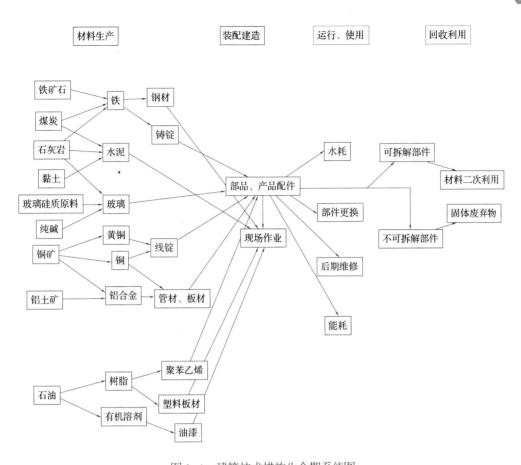

图 3-1 建筑技术措施生命期系统图

第三阶段是运行使用阶段。建筑建成后，需要通过能源、资源的输入维持建筑的正常使用，此阶段需要考虑部件的老化或损坏带来的影响。

第四个阶段是废弃回收利用阶段。随着使用时间的增加，建筑的使用寿命达到报废的期限，有些构配件或材料可以回收使用，其他材料需要丢弃处理。

在这几个阶段中，都会消耗大量的资源，并将一些污染物输入到环境中，对环境产生影响，下面将对这几个阶段的资源消耗和环境影响进行较为详细的分析，提炼出研究要素。

3.2 建筑材料生产阶段资源环境影响分析

组成建筑的基本材料包括水泥、钢材、铝材、塑料等[60]，需要对材料生产过程中的资源消耗和环境影响进行分析，提取研究需要的资源环境要素。

3.2.1 水泥生产的资源消耗和环境影响

作为最主要的建筑材料之一，水泥是目前建设过程中不可替代的材料。据统计，2016 年我国水泥产量约为 24 亿 t，比 2015 年增长了 2.6%[61]，在水泥生产中消耗大量的能源和非金属矿产资源。

水泥在生产过程中主要的输入物质为煤炭、石油、电力、水泥灰质岩、黏土、石膏等，输出物质包括水泥以及粉尘、NO_x、CO_2、SO_2 等环境污染物。

根据资料统计，每吨水泥消耗石灰岩约为 1.3t，此外还会消耗生铁粉、煤等原料，具体情况如表 3-1 所示[62]。

生产 1t 水泥的资源消耗 表 3-1

输入或输出物质	石灰石	标准煤	生铁粉	电耗	水
数量	1300 kg	199 kg	31 kg	100 kW·h	0.359 m³
资源影响	矿产资源	化石能源	矿产资源	化石能源	水资源

水泥在生产过程中会释放大量 CO_2，主要来源为两个方面，能源消耗产生的 CO_2 和石灰石煅烧产生的 CO_2。此外，由于燃料和物料中含有 N 和 S，会释放 NO_x、SO_2 等物质，在原材料开采和后续的煅烧加工过程中还会产生大量烟粉尘污染，具体排放如表 3-2 所示[63-67]。

生产 1t 水泥污染物排放与环境影响 表 3-2

输出物质	SO_2	NO_x	CO_2	烟粉尘
数量	0.6 kg	1.2 kg	890 kg	2 kg
环境影响	酸化效应	光化学烟雾富营养化	温室效应	烟粉尘污染

在水泥生产过程中还会排放一些重金属，单位水泥重金属排放量见表 3-3[68-69]。

生产 1t 水泥重金属排放与环境影响 表 3-3

输出物质	Pb	Hg	Cu	Cd
数量	11598 mg	65.33 mg	8845.35 mg	484.43 mg
环境影响	生态毒性	生态毒性	生态毒性	生态毒性

总体来说，在水泥生产过程中，会消耗石灰石、生铁粉等非生物质矿产资源，消

耗煤炭等化石能源，同时产生大量有害物质。而 CO_2 是温室效应的主要元凶，SO_2 则会产生酸化效应，NO_x 会产生光化学烟雾效应和富营养化效应，重金属物质会产生生态毒性，可见水泥的生产会对资源和环境造成多种影响。

3.2.2　玻璃生产的资源消耗和环境污染

玻璃是另外一种常见的非金属建筑材料，在建筑中主要用作采光和装饰，随着技术的进步，建筑玻璃的功能也朝着多样化发展。我国是玻璃生产大国同时也是玻璃消耗大国，2015 年我国玻璃产量为 7.87 亿重量箱，约占全球总量的 50%[70]。每生产单位重量箱玻璃消耗原料如表 3-4 所示 [71-72]。

生产单位重量箱玻璃物质消耗与环境影响　　　　表 3-4

输入物质	玻璃硅质原料	纯碱	石灰类原料	能耗（标准煤）
数量	38.08 kg	11.92 kg	12.65 kg	15.6 kg
资源影响	矿产资源	矿产资源	矿产资源	化石能源

玻璃生产过程主要包括配料、融化、成型三个过程。配料过程主要是将原料粉碎，混合，过程中会产生大量的粉尘；融化主要是通过高温熔炉将物料融化分解，在这个过程中主要产出 CO_2、SO_2、NO_x、烟粉尘等污染物；成型过程相对污染较小 [73]。我国单位重量箱玻璃生产过程中的污染排放量如表 3-5 所示。

生产单位重量箱玻璃污染物排放与环境影响表 [74]　　　　表 3-5

输出物质	SO_2	NO_x	CO_2	烟粉尘
数量	0.2 kg	0.175 kg	52.46 kg	0.015 kg
环境影响	酸化效应	光化学烟雾、富营养化	温室效应	烟粉尘污染

总体来说，在玻璃生产过程中，会消耗石灰石、玻璃硅质原料、纯碱等非生物质矿产资源，消耗煤炭等化石能源，同时产生大量的 CO_2、SO_2、NO_x、烟粉尘等有害物质。

3.2.3　钢材生产过程中的资源消耗和环境影响

钢材是建筑中应用量最大的金属材料。我国的钢铁产量位居世界第一，2016 年钢材产量为 11.4 亿 t[75]。随着我国城市化进程的加速，许多重大交通基础设施开工建设，未来钢材的消费还会不断增加。

钢材是生铁经过二次冶炼、铸锭、轧制等工艺生产出来的，具有结构强度高、塑性韧性好的特点。在钢材过程中具体消耗情况如表 3-6 所示[81-83]。

吨钢生产物质消耗与环境影响 [76-78]　　　　　　表 3-6

输入物质	铁矿石	石灰石	水	燃料（标准煤）	电能
数量	1600 kg	234 kg	6.9 m³	580 kg	213.44 kW·h
资源影响	矿产资源	矿产资源	水资源	化石能源	化石能源

钢铁的能耗和污染相对比较大，整个钢材生产过程中 1t 钢产品会释放 2309kg CO_2，烟粉尘排放量为 648.08g，此外还会产生固体废弃物 428kg，具体如表 3-7 所示[79-80]。

根据我国钢铁工业的一般要求每吨钢外排废水量约为 1.8m³，排放的污水中含有大量污染物，具体排放量如表 3-8 所示[81]。

另外在铁矿采选阶段也会消耗大量的水并排放大量污染物，每吨铁矿石会排放 2m³ 污水，即每吨钢材在选矿阶段会产生 3.2m³ 污水[82]。

在钢铁生产过程中，会排放大量污水，污水中的氮磷会造成水体的富营养化。而 CO_2 是温室效应的主要元凶，SO_2 则会产生酸化效应，重金属、氰化物会产生生态毒性。

生产吨钢污染物排放量与环境影响　　　　　　表 3-7

输出物质	SO_2	NO_x	CO_2	烟粉尘	固体废弃物
数量	1.034 kg	0.815 kg	2309 kg	0.648 kg	428 kg
环境影响	酸化效应	光化学烟雾富营养化	温室效应	烟粉尘污染	土地资源

生产吨钢废水中污染物排放与环境影响　　　　　　表 3-8

输出物质	氨氮	总氮	总磷	挥发酚	氰化物
数量	9000 mg	27000 mg	900 mg	1000 mg	900 mg
环境影响	富营养化	富营养化	富营养化	生态毒性	生态毒性
输出物质	总铜	总砷	六价铬	总铬	总铅
数量	900 mg	900 mg	900 mg	2700 mg	900 mg
环境影响	生态毒性	生态毒性	生态毒性	生态毒性	生态毒性

3.2.4　铝材生产过程中资源消耗和环境影响

铝合金材料目前在建筑中广泛使用，是继钢材后建筑中使用的第二大金属材料，其主要成分为金属铝。我国 2015 年铝产量为 3141 万 t[83]，位居世界第一。由于铝材的性能在很多方面比钢材更有优势，未来对于铝的需求将不断提高。

铝材的生产主要包括三个步骤：首先是从矿山中开采、筛选、转运；之后进入氧化铝厂，通过烧成窑烧成熟料，接着在氢氧化铝焙烧炉中进行焙烧；之后进入电解铝厂，通过电解的方式生成铝。在电解的过程中会消耗大量的铝用碳素，铝用碳素需要经过阳极焙烧、阴极焙烧、石油焦煅烧、沥青融化、生阳极制造、阳极组装等多个步骤，在生产铝用碳素过程中也会消耗大量物质，产生巨大污染。生产 1t 铝的物质消耗如表 3-9 所示。

生产 1t 铝的物质消耗　　　　　　表 3-9

输入物质	铝原矿	石灰石	水	燃料（标准煤）	电能
数量	4640 kg	280 kg	10.06 m³	941.9 kg	13800 kW·h
资源影响	矿产资源	矿产资源	水资源	化石能源	化石能源

此外在铝土矿的开采、金属铝的冶炼过程中会产生烟粉尘、SO_2 等污染物，并产生赤泥等固体废弃物，具体排放情况如表 3-10 所示[84-85]。

生产 1t 铝污染物排放量与环境影响　　　　　　表 3-10

输出物质	氟化氢	SO_2	烟粉尘	CO_2	固体废弃物
数量	0.58 kg	6 kg	2.78 kg	8169 kg	2320 kg
环境影响	酸化效应	酸化效应	烟粉尘	温室效应	土地资源

根据我国铝工业行业排放标准规定[86]，每吨铝在洗矿阶段排放污水 0.2m³，在氧化铝阶段排放 0.5m³，在电解铝阶段排放 1.5m³，在铝用碳素厂排放 2.0m³，总共排放废水 4.2m³，生产 1t 铝材在污水中排放的污染物总量如表 3-11 所示。

生产 1t 铝材废水中污染物排放量与环境影响　　　　　　表 3-11

输出物质	氨氮	总氮	总磷	挥发酚	石油类
数量	10.5 g	126.0 g	8.4 g	2.1 g	12.6 g
环境影响	水体富营养化			生态毒性	

总体来说，在铝材生产过程中，会消耗大量水资源和电力资源，同时产生大量的

CO_2、SO_2、氟化物等有害物质。生产过程中的污水含有氮磷、挥发酚等物质会造成水体的富营养化，CO_2 会引起温室效应，SO_2 则会产生酸化效应，挥发酚等会产生生态毒性，烟粉尘会污染空气。

3.2.5 合成树脂生产过程中的环境影响

建筑塑料是建筑中使用的第四大建筑材料，合成树脂是塑料的主要成分，与一些助剂共同决定塑料的理化性质和实际功能。

合成树脂是一种高分子化合物，主要以石油和天然气等化石能源物质为主要原料。通过裂解等反应将石油类物质变为单体，再通过聚合反应生成大分子聚合物。在生产过程中会排放多种空气污染物，并排放大量污水，污水中含有苯、氨氮、苯酚、甲苯、氯氟烃等有机污染物，同时含有铅、镉、砷、汞等重金属污染物[87]，根据行业标准，具体排放情况如表 3-12 所示。在进行合成树脂生产时会消耗大量的水，合成树脂的单位基准排水量如表 3-13 所示。在裂解聚合物单体时，需要对石油进行炼制，在石油炼制过程中也会产生二氧化硫、甲苯等大气污染物，具体排放情况如表 3-14 所示[88]。

常用合成树脂生产过程排放污水中污染物与环境影响（单位：mg/L）表 3-12

污染物	排放浓度	环境影响
总氮	40	富营养化
总磷	1	富营养化
总铅	1	生态毒性
总镉	0.1	生态毒性
总砷	0.5	生态毒性
总镍	1	生态毒性

合成树脂单位基准排水量（m^3/t 产品）　　　　表 3-13

合成树脂类型	单位产品基准排水量
悬浮法聚苯乙烯树脂	3.5
ABS 树脂	4.5（7.0）
环氧树脂	4.0（6.0）
酚醛树脂	3

合成树脂类型	单位产品基准排水量
不饱和聚酯树脂	3.5
氨基树脂	3.5

石油炼制过程中大气污染物与环境影响（单位：mg/m³）　　表 3-14

污染物项目	排放浓度	环境影响
颗粒物	50	烟粉尘污染
二氧化硫	400	酸化效应
氮氧化物	200	光化学烟雾
氯氟烃	30	臭氧耗竭
沥青烟	20	光化学烟雾
苯并 (a) 芘	0.0003	生态毒性
甲苯	15	生态毒性
非甲烷总烃	120	温室效应

在进行具体排放总量计算时，需要根据单位产品气体排放量进行计算。

此外在原油加工中还会产生含有污染物的污水，加工单位原油的污水中污染物具体含量如表 3-15 所示。

石油炼制过程中污水中污染物与环境影响（单位：mg/L）　　表 3-15

污染物	含量	环境影响
氨氮	8	富营养化
总氮	40	
总磷	1	
石油类	20	生态毒性
硫化物	1	酸化效应
挥发酚	0.5	
苯	0.2	
苯并 (a) 芘	0.00003	生态毒性
总铅	1	

续表

污染物	含量	环境影响
总砷	0.5	
总镍	1	生态毒性
总汞	0.05	

总体来说，在树脂类材料生产过程中，污染物以有机物为主，同时消耗大量水资源，产生苯并(a)芘、铅、汞等生态毒性物质，排放氮、磷等引起水体富营养化的物质以及引起臭氧耗竭的氯氟烃，引起温室效应的非甲烷总烃，引起光化学烟雾的沥青烟和氮氧化物。

3.2.6 其他建筑原材料生产过程中的资源消耗和环境影响

在建筑中还有一些建筑材料，如铜、橡胶、玻璃纤维等物质，可以根据历年能源统计年鉴和环境年鉴进行计算，如表 3-16 所示[89]。其他材料由于用量比较小，在文中不再详细论述，需要时可以通过相关年鉴或文献进行计算。

单位常用建筑材料资源环境影响　　　　　　表 3-16

环境清单	铜	塑料	橡胶	玻璃纤维	胶粘剂
总能耗（kg 标准煤 /t）	300	3918.175	1518.954	764.7657	1517.111
电力（kW · h/t）	1050	60.06166	11.63462	8.022926	29.07277
化石燃料（kg 标准煤 /t）	1410.14	3769.507	1490.155	744.907	1445.149
VOCs（kg/t）	0.155	1.116	6.143	0.133	0.335
CO（kg/t）	1.889	6.653	2.661	1.807	0.938
NO_x（kg/t）	6.718	12.276	6.958	14.771	5.44
颗粒物（kg/t）	3.931	6.747	6.666	1.578	1.965
SO_2（kg/t）	14.915	3.347	6.932	13.453	9.431
CH_4（kg/t）	13.526	43.545	9.63	3.562	15.912
N_2O（kg/t）	0.057	0.244	0.026	0.017	0.056
CO_2（kg/t）	3670	6478	3951	2027	3339
GHG（kg/t）	4025	7648	4200	2122	3754

3.2.7　小结

可见，在建筑材料生产过程中会消耗大量能源、资源、水，产生 CO_2 等温室气体、水体富营养化物质，酸化效应物质，光化学烟雾物质，生态毒性物质，悬浮颗粒物，烟粉尘等污染物质，引起臭氧耗竭的氯氟烃等物质，产生工业垃圾等固体废弃物。这些都会给地球的资源环境带来很大的压力。

3.3　建筑建设阶段环境影响分析

建筑的建设阶段主要包括构配件生产、原材料运输、现场施工与安装几个过程。

3.3.1　构配件生产阶段

构配件生产阶段主要是指将建筑原材料通过机械加工等手段生产为成品构配件的阶段，这个阶段的环境影响主要是工厂的生产环节所产生的，不同的产品生产环节不同，生产工艺不同，一般来说包括物料搬运、焊接、涂装以及工厂的运营影响，需要根据具体的构件来进行分析。

3.3.2　原材料运输阶段

交通运输的能耗为我国第二大能耗[90]，交通运输业油耗约占我国总油耗的 70%。汽油、柴油等燃油在运输过程中会产生多种污染物，目前我国大部分建筑材料采用的都是陆运，通常运输车辆为重型货车。以重型货车为例进行分析，14t 载重量的货车 100km 油耗约为 31.8L[91]，具体环境影响情况如表 3-17 所示。

建材运输过程中的环境影响 [92]　　　　　　　　表 3-17

项目	化石能源（标准煤）	NO_x	PM2.5	VOCs	SO_2	CH_4	CO_2
数量	2.81	0.046 kg/（t·100km）	0.0005 kg/（t·100km）	0.001 kg/（t·100km）	0.006 kg/（t·100km）	0.009 kg/（t·100km）	5.98 kg/（t·100km）
环境影响	化石能源	光化学烟雾	烟粉尘污染	光化学烟雾	酸化效应	温室效应	温室效应

在建材运输过程中会消耗能源，产生 CO_2、CH_4 等温室气体，VOCs 类光化学烟雾气体，SO_2 类酸化效应气体，PM2.5 烟粉尘类物质等污染物。

3.3.3　现场施工与安装阶段

施工现场作业主要包括湿作业和干作业两种类型，传统建筑建设以湿作业为主，尤其是混凝土结构和砌筑结构，需要现场拌制混凝土和砂浆，会产生大量的粉尘污染和水资源浪费，以混凝土为例，每生产1t C50混凝土需要消耗的原料如表3-18所示[93]。

1t 混凝土的资源消耗（单位：kg）　　　　　　表 3-18

水泥	河砂	碎石	水
220.4082	267.3469	436.7347	75.5102

在施工期间还需要使用设备机器进行现场作业，现场作业主要是施工机械所消耗的电力、化石燃料等带来的污染。对于施工机械的环境影响可以通过班台机械的能源消耗量以及能源消耗带来的环境影响来体现，所谓班台即1台机械工作8小时为1个班台。施工机械大多消耗汽油、柴油等化石能源，不同施工机械每个班台所消耗的燃料总量有所不同，此处给出消耗燃料的环境影响。施工机械所消耗燃料的单位环境影响如表3-19所示。

燃油类单位环境影响（单位：g/kg）[94]　　　　表 3-19

项目	化石燃料（标准煤）	SO_2	CO	NO_x	CO_2
汽油	1470	0.38	218.91	27.33	3150
柴油	1450	3.86	32.14	52.86	3060
环境影响	化石能源	酸化效应	温室效应	光化学烟雾	温室效应

3.3.4　小结

在建筑建设阶段主要消耗汽油、柴油等能源类物质，消耗水以及砂石等资源，产生CO_2类温室气体，NO_x、VOCs类光化学烟雾气体，SO_2类酸化效应气体，PM2.5烟粉尘类物质等污染物。

3.4 建筑运行阶段环境影响分析

3.4.1 土地用途改变

建筑在建设完成后会占用相应的土地，原有土地用途会发生变化，由原来的林地、草地或滩涂等转换为建设用地，不同用地的生境质量指数是不同的，土地用途的改变对于动植物的繁衍生息会造成较大的影响，不同用地的生境质量指数如表 3-20 所示[95]。

生境质量生境类型权重 　　　　　　　　 表 3-20

类型	林地	草地	水域湿地	耕地	建设用地	其他
权重	0.35	0.21	0.28	0.11	0.04	0.01

从表 3-20 中可以看出生境质量指数最高的是林地，建设用地的生境质量指数较低，从其他用地方式变为建设用地都会降低土地的生境质量指数。

3.4.2 电力消耗

建筑在运行阶段的照明、空调等会消耗大量的电能，随着技术的进步，智能建筑、建筑物联网技术的发展，建筑的电力消耗会进一步增加。根据《中国电力统计年鉴 2016》[96] 的数据，可以得到我国电力的能源结构，如表 3-21 所示。

我国电力能源结构 　　　　　　　　 表 3-21

项目	总发电量	水电	火电	其中			核电	风电	太阳能
				燃煤	燃气	燃油			
亿 kW·h	57399	11127	42307	38977	1669	420	1714	1856	395
占比 (%)	100	19	74	92	4	1	3	3	1

从表中可以看出我国能源仍以火电为主，占到发电总量的 74%，而火电以燃煤为主，占比 92%，煤炭的燃烧会产生 CO_2、NO_x、SO_2 等大气污染物。根据国家统计数据可以计算出我国 1kW·h 的电力煤耗为 0.319kg，耗水量为 1.6kg，综合考虑开采、运输等过程。污染物排放量及环境影响如表 3-22 所示。

我国单位电力污染物排放量与环境影响（单位：kg/kW·h）[97]　表 3-22

项目	SO_2	NO_x	CO_2	烟粉尘	固体废物
排放量	0.0014	0.0011	0.645	0.00035	0.291
环境影响	酸化效应	光化学烟雾	温室效应	烟粉尘污染	土地资源

电力生产会消耗大量化石能源，产生 CO_2 类温室气体、NO_x 类光化学烟雾气体、SO_2 类酸化效应气体、工业烟粉尘类物质等污染物，还会产生工业固体废弃物。

3.4.3　水资源消耗

在建筑运行过程中，水资源消耗主要是生活用水，并会排放出相应的污水，2015年我国生活用水为 793.5 亿 m^3，为工业用水量的 60%，废水排放量为 535.2 亿 m^3，接近工业用水的 3 倍。城市生活废水中含有大量的磷、氮等能够引起水体富营养化的物质，也有铅、汞等生态毒性物质[98]。

3.4.4　化石能源消耗

由于冬季采暖需求，在建筑运行过程中会消耗大量的化石能源。国外采暖通常为燃气或燃油采暖，由于我国的能源结构，目前我国采暖方式仍以燃煤为主[99]。无论是燃煤还是燃气都会带来资源的消耗和环境的污染，单位热量的环境影响如表 3-23 所示。

单位供热量环境影响（单位：kg/MJ）[100-101]　　　　表 3-23

能源类别	资源消耗	CO_2	SO_2	NO_x	烟粉尘
标准煤	0.034	0.085	0.0001	0.00003	0.0014
天然气	0.020	0.057	0.000005	0.000007	0.000002

从表中可以看出天然气与煤炭在单位热量的环境影响方面，除了 CO_2 排放量相差不多外，SO_2、NO_x 以及烟粉尘排放都有较大的优势。

3.4.5　建筑构配件的更新与维修

在建筑运行过程中，会有一部分构配件损坏，另外一些构配件使用寿命较建筑设计寿命短，也会进行更换。

一般用替换系数（Ri）来计算由于构配件更换或维修带来的环境影响。

$$Ri = \frac{建筑使用年限}{构配件使用年限} + 0.5 \tag{3-1}$$

建筑构配件替换系数需要四舍五入取整数值。

3.4.6　小结

在建筑运营维护阶段，建筑会改变土地用途，消耗土地资源，在建筑的使用过程中也会消耗大量电力、水和非生物质化石能源，产生生活垃圾等固体废弃物。电力和热力的生产会产生 CO_2 等温室气体、NO_x 等光化学烟雾物质、SO_2 等酸化效应物质，以及工业烟粉尘，同时消耗大量的水资源。

3.5　建筑拆除阶段环境影响分析

3.5.1　建筑拆除阶段的环境影响

建筑达到设计使用寿命后为了保证安全性一般需要拆除或进行大规模的维修，在建筑的拆除过程中不同的建筑构配件所带来的环境影响很难进行区分，因此认为拆除时所造成的环境影响相同。

但是拆解后不同的建材可利用率有所不同，不同的复用率会造成不同的环境影响，可回收利用比率如表 3-24 所示。

建筑材料可回收比率[100]　　　　　　　　　　　　　　表 3-24

建材	钢	有色金属	混凝土	玻璃	砖石
回收率	0.95	0.9	0.6	0.8	0.6

从表 3-24 可以看出金属类材料回收比率较高，但是这些数据是理想状态，在我国的建筑实践中废旧建材的弃用率还比较高，这些建材通常采用填埋的方式进行处理，会对土地用途造成一定程度的冲击。

3.5.2　建筑材料再生的环境影响

在对砖石、混凝土等废料进行处理时，目前较为常用的手段是将材料进行破碎处理，代替砂、石等材料，作为混凝土骨料或填充材料用于制作砂浆或混凝土垫层，另外还可以制作成道砖、花砖等材料。

对于金属类材料，则进行再生处理，将废旧金属加工成为新的可用金属[84]，在这个过程中也会消耗一定的资源，产生一些环境污染[102]，但相对于重新生产来说能够很大限度地降低对环境的影响。

3.6 建筑生命周期阶段的资源环境影响分类

前面对建筑生命周期阶段内资源消耗情况和环境影响情况进行了详细的分析，发现引起资源环境问题的具体物质较多，引起的环境影响也比较多，接下来需要对资源和环境的影响进行分类分析，提炼出本书的主要研究对象。

3.6.1 国内外资源、环境影响分类研究

国内外相关研究机构及学者对资源、环境影响都进行了较为深入的研究，J.Rockström 等人[103] 在 Nature 杂志中发表学术文章，指出地球上的资源与环境具有一定的边界性，如果超出这个边界将会影响人类社会的可持续发展。他们提出了9个地球系统的组成部分：生物多样性损失、气候变化、平流层臭氧层的耗竭、生物地球化学循环的破坏、海洋酸化、土地利用变化、淡水消耗、大气层中气溶胶负荷，以及化学污染。根据国际环境毒理与环境化学学会的研究[104]，资源环境的影响主要包括：全球变暖潜力、酸化潜力、富营养化潜力、资源耗竭潜力、室内空气质量和废弃物影响。

美国环保署办公室开发的用于评估化学和其他环境影响的工具 TRACI（Tool for the Reduction and Assessment of Chemical and other environmental Impacts）中提到了10种资源环境的影响因素[105-107]：温室效应影响、酸化影响、富营养化影响、化石燃料及矿产消耗、动物栖息地变化、烟粉尘污染、光化学烟雾、臭氧消耗、生态毒性，以及水资源耗竭[108]。

不同的学者或研究机构所提出的环境影响因素有所不同，但也有部分是相同的，在这些影响因素中既包括资源因素，也包括环境因素，但两者对于地球生态系统的影响原理是不同的，需要将这些因素分开考虑。资源因素主要考虑的是消耗的影响，环境因素主要考虑的是排放的影响，根据这个原则将国内外学者的研究成果进行分类与对应，结果如表 3-25 所示。

资源、环境因素分类表 表 3-25

研究者	SETAC	Rockström J	TRACI
环境因素	全球变暖潜力	气候变化	全球变暖潜力
	酸化潜力	海洋酸化	酸化潜力
	富营养化潜力	生物地球化学循环的破坏	富营养化潜力
	室内空气质量	平流层臭氧层的耗竭	臭氧消耗
		大气层中气溶胶负荷	光化学烟雾
			烟粉尘污染
	固体废弃物的影响	化学污染	生态毒性
资源因素	资源耗竭潜力	生物多样性损失	化石燃料及矿产消耗
		土地利用变化	动物栖息地变化
		淡水消耗	水资源耗竭

从表 3-25 可以看出虽然不同学者或机构对于资源、环境要素的研究结果略有不同，但是大部分影响因素是相互包容甚至是相同的，因此在繁多的生态环境系统要素中，可以提取出主要的资源和环境影响因素，为后期深入研究奠定基础。

3.6.2 建筑全寿命周期资源与环境影响要素提取

通过前面的分析可以总结出建筑在生命周期内会消耗化石能源，铁、铝、铜等金属资源，也会消耗石灰石、玻璃硅质原料等非金属矿产资源；同时在建筑材料的生产和运行阶段也会产生 SO_2、CO_2、NO_x 等气体污染，也会产生总氮，总磷等水体污染物，还有重金属，固体废弃物等对土壤产生污染的物质，这些污染物种类众多，环境影响特征不同，需要根据国际通用的特征化分类方法进行分类便于后续研究工作的开展。将整个建筑生命周期的环境影响进行统计，并系统化分类，与前一节的资源环境影响要素进行整合，可以得到图 3-2。

从图 3-2 中可以看出虽然在建筑全寿命周期内资源要素和环境要素很多，但是通过特征化分析可以将它们的影响归结为：化石能源消耗、矿产资源消耗、水资源消耗、土地用途（动物栖息地）改变等 4 种资源因子，温室效应影响、平流层臭氧耗竭、光化学烟雾影响、固体废弃物、富营养化影响、酸化影响、生态毒性、烟粉尘污染等 8 种环境因子，一共 12 种资源环境因子。

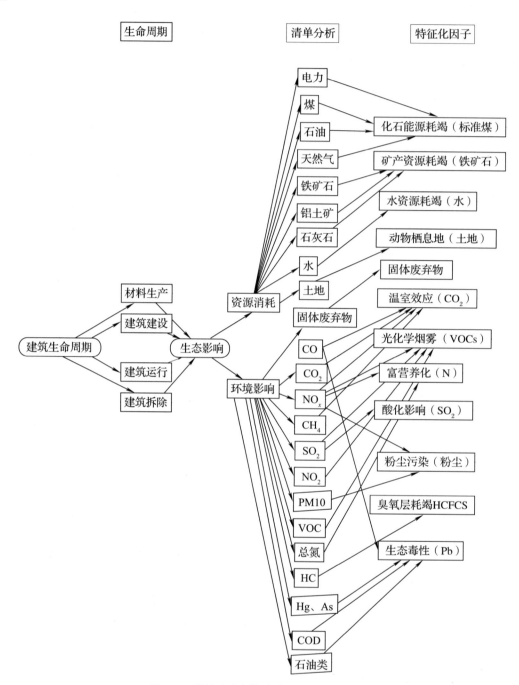

图 3-2　建筑生命周期内资源环境影响分类

3.6.3　资源环境要素的影响范围和最终作用对象

在现有的地球系统中资源环境要素总体作用于岩土圈与水圈、大气圈、生物圈[109]，不同资源环境的表征影响、影响范围和最终作用对象都是不同的，总体来说人类生产的环境包括大气、水体、土地以及必要的非生物质资源，不同的资源环境要素最终都会影响到这几方面，将提炼出的资源环境要素进行分析和总结可以得到表 3-26。

主要资源环境要素的环境效益影响总结   表 3-26

影响要素	表征影响	影响范围	最终影响	终端影响
温室效应	辐射强迫增强、全球温度升高	全球	疾病，海平面升高，动植物灭绝	大气
平流层臭氧层损耗	臭氧层浓度降低、臭氧空洞	全球	皮肤癌、白内障，农作物损害，动植物免疫系统破坏	大气
酸化影响	干湿酸性沉降	国家	植物、动物和生态系统破坏，建筑物的损坏	土地
富营养化	水体富营养物质含量提高	国家	水生动植物灭绝，水体污染严重	水体
光化学烟雾	空气中污染物浓度升高	国家	人类死亡率升高，哮喘效应，动植物健康	大气
重金属毒性	有害物质在环境中累积	国家	动植物死亡，人类健康威胁	土地
粉尘污染	灰霾天气增加	国家	肺癌，农作物损害，动植物免疫系统破坏	大气
固体废弃物	占用土地	国家	可用国土面积减少	土地
化石燃料	供应量减少	国家	导致对替代能源需求增加，引起未知环境问题	非生物质资源
土地资源	占用量增加	国家	动物栖息地发生变化，物种灭绝	土地
矿产资源	供应量减少	国家	导致对替代资源需求增加，增加环境风险	非生物质资源
水资源	需求量增加	国家	人类及动植物潜在威胁	水体

从表 3-26 中可以看出不同资源环境因子的终端影响对象可以分为 4 大类，即大气、土地、水体、非生物质资源，将这些环境影响因素进行系统化归类分析可以得到资源环境影响分类关系，如图 3-3 所示。

从图 3-3 中可以看出，资源环境要素最终可以归结为 4 大类 12 小类。不同的资源环境要素很难在一起进行比较分析，传统研究只能采用专家系统进行量化统一，但是这种方法客观性较差，指标的稳定性也不高。因此，需要采用一种新的方法将不同的资源环境要素统一起来，才能进行量化比较，评价出建筑技术的资源环境综合效益，真实地反映出建筑技术的绿色性能。

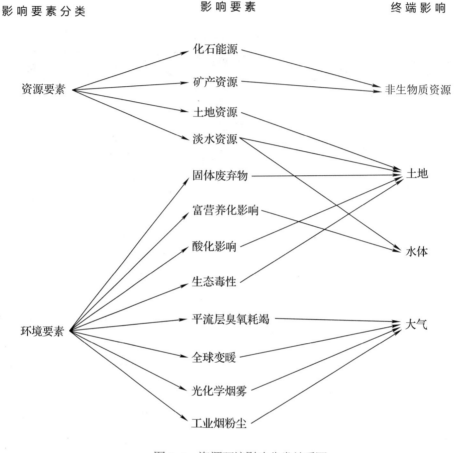

图 3-3　资源环境影响分类关系图

3.7　本章小结

本章从建筑活动的材料生产、建设施工、运营维护、废弃拆除这 4 个阶段对建筑的资源消耗和环境影响进行了分析。结合国内外对于资源环境要素的分类研究，一共提取出 12 种资源环境要素，并将它们归结为大气、水体、土地、资源 4 大类影响。其中，大气类环境影响包括温室效应影响、光化学烟雾影响、烟粉尘污染以及平流层臭氧耗竭，水体类环境影响包括富营养化影响和水资源耗竭，土地类的影响包括土地资源消耗、生态毒性、固体废弃物、酸化效应影响，非生物质资源影响包括化石能源消耗和矿产资源消耗，如表 3-27 所示。

建筑生命周期阶段资源环境影响要素与分类　　　表 3-27

类别	大气		水体	土地		非生物质资源
要素	温室效应	臭氧耗竭	富营养化	土地资源	酸化效应	化石能源
	光化学烟雾	烟粉尘污染	水资源	生态毒性	固体废弃物	矿产资源

　　接下来，需要提取这 12 种资源环境影响要素进行逐一研究，分析在未来一段时间内我国这些资源要素的消耗情况和环境要素的影响情况，以及为了应对这些问题，维持资源环境的可持续发展所需要的投入，以这些投入为基础，对资源环境影响进行量化，确定不同资源环境影响的重要性程度，为建立科学客观的评价体系奠定基础。

第4章 基于系统动力学分析的资源环境影响量化

在进行绿色建筑或技术评价时需要确定不同资源、环境要素的重要性程度即权重，传统的评价系统中，权重因子往往依靠德尔菲法、层次分析法等方法完成，很难避免专家的主观影响，研究希望能够客观量化出资源、环境的影响，以此为基础来确定不同资源、环境类别要素的重要性。因此，需要对未来我国资源、环境的状况进行预测。找到为了维持资源、环境可持续发展，在不同的资源、环境要素上进行的总体投入，以此作为量化研究的基础。

我国的资源、环境、经济之间存在着长期稳定的协调关系，研究将针对这种协调关系，通过系统动力学分析方法，根据不同资源、环境要素的作用机理建立经济与资源、环境的关联性模型。以这些模型为基础，对12种资源、环境要素在未来的影响情况进行预测，计算出为了维持资源、环境可持续发展所需要的投入，为资源、环境要素的量化奠定基础。

4.1 基于评价要求的资源环境影响量化研究及评价方法选取

4.1.1 现有评价系统量化方法分析

为了在评价中能够更为客观地反映出资源环境的影响，需要对不同资源、环境要素进行量化，由于资源、环境要素的类别不同、量纲也不同，在传统的绿色建筑技术评价方法中，通常通过德尔菲法或AHP法（层次分析法）确定指标权重系数，来完成量化。

1. 德尔菲法

德尔菲法，也称专家调研法，经过多轮调整与反馈，专家们的意见逐步集中，最终获得具有统计学意义的判断结果，德尔菲法广泛地应用于指标的建立与确定[110]。但是，德尔菲法的研究结果最终也只是专家意见在统计学上的分布，而专家的意见本身仅是主观的看法，并没有进行严格的考证，因此往往不稳定、不集中，结论也取决于专家本身的知识背景，不同专家的信息来源和分析角度往往不尽相同，可能会影响研究结果的准确性[111]，而且德尔菲法还缺乏严格的实施标准[112]，只能凭借研究者对于方法的理解来进行，同样会造成结果的偏差。

2. AHP 法

层次分析法（AHP 法）是一种多目标决策分析方法，在应用过程中需要将被评价对象各种相互作用的关系进行有序梳理，划分隶属关系，构建阶梯层次结构，根据一定的客观现实的主观判断对上下层中的要素进行两两比较，通过数学计算，获得要素的权重值。AHP 法和德尔菲法也常常综合使用。

但是，AHP 法在对评价因素进行两两比较时，会不可避免地存在组织者和专家的主观影响，带有一定的主观性和盲目性，影响分析结果的客观性，可能导致预测结果偏离实际。

3. 小结

无论是德尔菲法还是 AHP 法，指标权重的赋值依赖于专家的知识背景与个人偏好，科学性和稳定性较差。以 BEES 评价方法为例，BEES 是综合 AHP 法和德尔菲法进行指标和权重确定的，在 BEES 中就有三种权重系统，分别由美国环保署科学顾问委员会确定，建筑经济、环境可持续研究小组确定以及均权权重。对于温室效应这个环境影响因素，三种不同的权重系数分别为 29、16 和 9，权重系数相差巨大，显然，采用不同的权重系数，会带来截然不同的结果，说明依靠传统的德尔菲法和 AHP 法对资源环境影响进行量化评价，具有较强的不确定性。

因此需要找到一种不依赖主观判断，更为客观的方法，对资源环境的影响要素重要性程度进行量化处理，以期得到一个更为准确稳定的结果，真正从客观角度对资源、环境影响进行量化。

4.1.2　客观量化资源环境影响的基本要求

为了客观量化资源、环境影响，需要从资源、环境在未来的影响总量上开始入手。分析为了应对资源枯竭需要付出的投入，以及为了处理超出环境容量的环境污染物，需要付出的投入，即为了维持可持续发展未来需要在资源、环境方面所进行的投入。以此为基础将资源、环境影响进行统一，客观地量化资源、环境影响要素。

为了研究维持可持续发展在资源、环境方面进行的努力和投入，需要研究未来较长一段时间内环境污染总量，以及由于资源耗竭所带来的影响。因此需要以宏观的统计数据为基础对未来的资源、环境状况进行预测，本书选择的时间段为一个建筑设计寿命周期（50年），以2016年为预测模拟的起始年。下一步将根据这个要求从宏观层面来对未来我国资源消耗情况和环境影响状况进行分析。

4.1.3　资源环境影响预测方法的选取

目前，有很多相对客观的预测分析方法，如类比推理法、趋势外推法、成本效益分析法等，这些方法都可以对未来不确定问题进行预测研究，但是这些方法都适合于单一问题的研究与解答。资源、环境的问题涉及经济、自然、社会等多个方面，在进行预测时需要将这些因素综合考虑，属于动态非线性问题，而系统动力学研究的方法对于处理长期性和周期性的社会问题、环境问题、经济问题具有较强的优势，尤其是擅长处理数据较少且精度相对要求不高的环境影响预测分析，该方法与研究需求非常契合。

系统动力的研究模型基于现实系统的作用关系建立，与现实世界吻合度较高，能够反映出现实世界的系统运行规律；系统动力研究方法还擅长通过调整模型中的参数或政策变量，来对现实世界进行模拟，对对象的发展趋势进行较为准确的预测；而且，系统动力学模型来源于真实世界中的系统要素，软化了对数据的要求，使研究者能够对现实系统进行定量研究；此外，系统动力学研究方法虽然模型简单，但是对于多重反馈和非线性问题以及有复杂时变和延迟的系统问题能够进行较为准确的模拟[113]。总体来说系统动力学研究方法具有以下几个特点：

（1）系统的复杂性。一方面是在整个系统中会包含有多种影响因素，这些因素既包含着系统内部要素，同时也包含着可以作用于内部系统的外部环境要素；另一方面是各系统要素之间具有较为复杂的联系，通过这些复杂联系，构成系统的多个反馈回路。

（2）系统行为的动态性。由于系统是运动变化的，且不同要素可以互相作用反馈，因此系统具有动态性，且要素、行为都会随时间变化而变化。

（3）要素之间的非线性。系统中不同要素的关系往往是非线性的关系，最终产生的系统行为也是非线性的结果。

（4）要素作用的时滞性。由于有正负反馈机制的存在，所以要素在相互作用时会反映出一定的时滞性，也反映出在客观世界，事物在状态发生变化时需要一定时间的特点，例如一项环境政策制定后，需要一段时间才能在环境指标上表现出来。

可以发现，系统动力学的研究方法与本书要解决的问题非常吻合，所以，研究选用系统动力分析方法，并建立系统动力模型对未来资源消耗和环境影响进行量化预测是合理的。

4.2　系统动力学研究方法概述

4.2.1　系统动力学的起源与理论基础

20 世纪以来，笛卡儿经典分析理论受到相对论、控制论、系统论的挑战，并逐步被取代，原有的单一要素的分析方法被系统分析方法取代。系统分析理论认为世界上的事物和要素之间存在着复杂的非线性关系，事物由内在的层次结构相互作用形成系统，要素之间相互作用演化发展。

麻省理工大学的 Forrester 教授基于上述理论创立了系统动力学的研究方法[114]，主要目的是将现实中的系统通过模型表达出来，并对其动态发展进行研究。20 世纪 90 年代末期 Richmond 的研究指出，系统动力学可对物理和非物理系统的复杂性系统建立非线性的反馈结构[115]。应用系统动力学可以更好地理解系统的发展行为与决策规则之间的关系，促进决策行为[116]。进入 21 世纪以后，随着系统动力学应用的日益广泛，模型越来越能够接近实验或现实环境，可以更好地对假定的情景和政策进行模拟，使政策或策略的制定越来越准确[117]。资源和环境与社会活动及经济活动密切相关，这些因素作用在一起形成系统。本书量化资源要素和环境要素的影响，采用系统动力学的分析方法，对经济、环境、资源建立模型并通过模型模拟，得到较为准确的量化结果。

4.2.2　系统动力学分析软件的选取

目前市场上系统动力学分析软件较多，包括 Powersim、STELLA、Vensim、Simile 等。

Powersim 由挪威的 Powersim Software 公司开发，可以用于工程管理、电气管理、机械加工等方面，主要倾向于解决工程性系统问题，最新的版本是 Powersim Studio 10。

STELLA 是由美国 Iseesystems 公司开发，擅长处理生态族群、河流水体、自然资源等问题[118]，目前最新的版本为 STELLA 10.0。STELLA 的飞行模拟器能实现实时数据调整，数据可视化效果较为理想。

Vensim 软件（图 4-1）擅长处理生态、环境、经济等系统类问题，能够实现政策优化，支持汉语输入，因此研究选用该软件作为建模和分析工具。

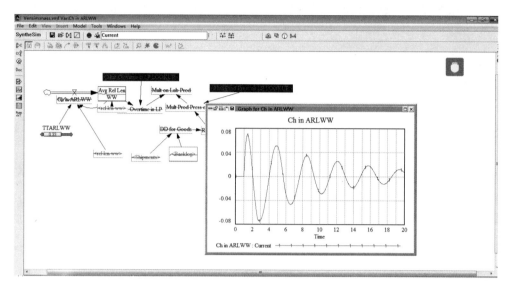

图 4-1　Vensim 软件操作界面

4.2.3　系统动力学模型建立与分析流程

在进行模型构建时首先要找到关键问题，抓住主要矛盾，提炼出主导系统，分层次、分步骤建立模型[119]。具体步骤如下：

（1）确定研究目标。在系统中建立模型前首先要对所研究的问题进行分析，找到解决问题的关键与目标，根据目标确定研究范围，寻找参变量和主变量，分析变量之间的关系。

（2）构建系统结构图。将各种变量分解到不同的子系统中，根据变量的相互关系构建系统结构模型图。

（3）定义变量。建立模型结构图后，确定模型中的存量与流量，对模型中不同的变量赋值，找到相互之间的函数关系，完成模型的初始化。

（4）仿真运行。对模型进行仿真运行，看是否能够反映实际问题，根据解决问题的需要调整模型参数，设置不同的条件和方法，继续运行，直到寻找到合适的解决方案。

4.3 资源、环境影响量化的基础理论与方法

4.3.1 物质守恒原理

从热力学观点来看，可以将整个地球生态看成为一个封闭的系统，系统中的物质总量维持不变。以此理论为基础，可以运用系统动力学的方法来对资源环境的影响建立数学模型，并通过模型预测环境变化情况和资源消耗情况。

4.3.2 经济发展与资源环境的关系

我国的资源、环境、经济之间存在着长期稳定的协调关系[120]，通过分析经济发展情况，可以找到经济与资源、环境的协调关系。以这种协调关系为基础，根据系统动力学原理可以建立经济与资源、环境关联性模型，进而对我国未来的资源、环境状况进行预测。

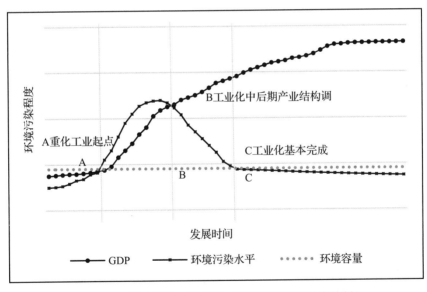

图 4-2 经济发展与环境关系（根据库兹涅茨效应绘制）

从图 4-2 可以看出，经济发展与环境的关系。在工业化之前，GDP 发展较为缓慢，环境污染水平低于环境容量；随着重工业化的开始，GDP 开始快速增长，而与此同时污染也开始超过环境容量，环境问题日趋严重；当发展到工业化中后期时，开始重视环境问题，在保持经济继续增长的同时，环境污染水平开始下降；工业化完成后，环境污染下降到环境容量以下，实现可持续发展。本书将从可持续发展的角度出发，分析

环境污染与经济发展的关系，并对环境污染进行预测，计算出超出环境容量的污染物，以现有技术处理这些污染物所产生的费用对污染物进行量化，为计算不同污染物环境影响提供依据。

4.3.3　系统的界定

研究构建的模型需要包括环境、资源、经济等要素，在考虑可持续发展的背景下，模型从资源、环境、经济等多个子系统的角度进行耦合，具体子系统关系如图4-3所示。子系统之间相互作用，对最终结果产生影响，这是一个异常复杂的系统，但是系统动力学具有解决这些问题的优势[121]。

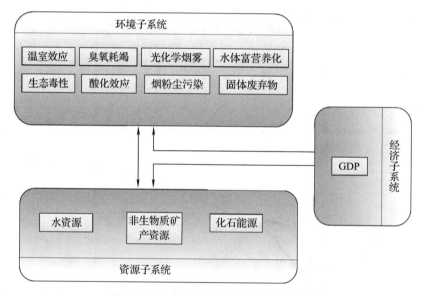

图4-3　经济、资源、环境关系示意图

研究将从一个较长的时间段进行分析，以经济子系统为驱动，以经济发展与环境污染及资源消耗的关系为反馈，以环境容量和资源耗竭指数为基准，分析未来我国的资源、环境状况，对一个建筑设计周期内（50年）我国的资源消耗和环境影响进行量化，将量化结果作为绿色建筑技术评价体系构建的依据。每个子系统的要素如下：

1. 经济子系统

经济增长是指在一段相对较长的时间里，国家的收入不断上升，一般以 GDP 来衡量。本书中的经济子系统，主要是根据经济合作与发展组织（OECD）对 1980 年以来全球 GDP 增长情况进行的统计[122]，以及对未来进行的预测为基础进行构建的，如图4-4所示。

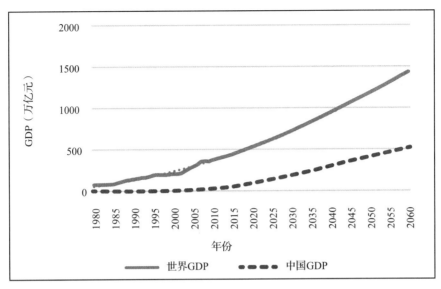

图 4-4　我国及世界 1980 年以来 GDP 发展情况统计及未来预测

数据来源：经济合作与发展组织（OECD）公布数据

从图 4-4 中可以看出全球 GDP 将一直处于增长状态，从 1980 年的 21 万亿元到 2015 年增长至 442.5 万亿元，增长了约 20 倍，预计到 2060 年将增长至 1438 万亿元，增长近 70 倍。中国 GDP 也处于持续增长状态，从 1980 年的 4588 亿元到 2060 年将增长至 5164052 亿元，增长近千倍。根据 OECD 的预测，通过回归分析可以得出我国 GDP 和世界 GDP 总量的模型：

$$W_{\mathrm{GDP}} = 1418.2\Delta t^2 + 58638\Delta t + 516629 , R^2 = 0.99 \tag{4-1}$$

$$C_{\mathrm{GDP}} = 1057.7\Delta t^2 - 18441\Delta t + 39981 , R^2 = 0.99 \tag{4-2}$$

式中　W_{GDP}——世界 GDP 总量，亿元；

C_{GDP}——中国 GDP 总量，亿元；

Δt——计算时间与 1980 年的差值。

2. 环境系统

通过前一章对建筑生命周期阶段内的资源、环境影响的分析可以发现，建筑影响到的环境因素主要包括温室效应、臭氧耗竭、烟粉尘污染、光化学烟雾、富营养化、生态毒性、环境酸化、固体废弃物等，因此环境系统将以这 8 个要素作为研究对象。而且这些污染物进入到环境中会对农作物产量、生态系统以及大气增暖和冷却都有多重影响[1]。因此有必要研究不同资源、环境要素对生态环境造成影响的作用机理，并建立相应的子系统模型，结合经济发展研究具体污染物的排放强度，确定每种污染物的环境容量，对超出环境容量的污染物治理需要的总体投入进行分析，最终完成对每种环境因素的量化。

3. 资源系统

本书所研究的资源系统主要分为三类：水资源子系统、化石能源子系统、非生物质矿产资源子系统。水资源具有一定的再生性，但是按照目前经济发展情况，水资源的使用量远高于再生量，水资源子系统主要从水资源消耗和再生角度进行量化。化石能源主要包括三类：煤炭、石油、天然气。化石能源具有互补性，即能源之间可以相互补充，可再生能源也可以作为化石能源的补充。非生物质矿产资源子系统主要包括铁矿、铜矿、铝土矿、硅酸盐矿等，这些资源都是不可再生的，研究主要根据枯竭指数来量化其环境影响。

4.3.4 研究的方法

本书以近年来的统计数据为基础，从宏观的角度对这些子系统进行分析，期望能够更为客观地对不同的资源、环境要素进行量化。由于不同资源、环境的影响对象不同，污染物和消耗物质也不同，很难进行量纲的统一，因此本书借助可持续成本的概念进行量纲的统一。以经济发展为驱动变量，研究经济发展模式下的环境污染物排放情况和资源耗竭情况，分析为了维持环境可持续发展和应对资源耗竭需要进行的投入（即可持续成本），将这些投入作为量化不同资源、环境影响重要性的数据基础。

4.4 基于系统动力学的环境要素影响预测与量化

通过前面分析，可以知道目前主要的环境影响要素包括：温室效应、光化学烟雾、烟粉尘污染、水体富营养化等。每种环境要素的作用对象和影响范围各不相同，为了能够将它们最终放在一起进行对比，需要在同一标准下进行量化，研究以国家统计局和其他官方组织公布的统计数据为基础，在统一考虑经济发展和技术进步的前提下，综合不同资源、环境要素的影响，构建系统模型，计算出为了维持可持续发展，每种要素所需付出的总体投入即环境成本，将这些环境成本作为量化的基础。

为了量化不同环境要素影响，需要从每种环境因子在未来的排放总量和允许排放量入手，分析未来一段时间内需要减排的总量，计算出未来维持可持续发展需要进行减排的总体投入，作为量化依据。具体步骤如图4-5所示。

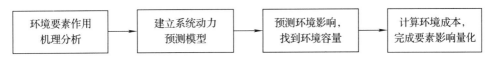

图 4-5　环境要素量化分析步骤

从图 4-5 中可以看出，针对每种环境影响，大约都需要 4 个步骤来完成：第一步，针对不同环境要素的作用机理展开研究，分析环境影响；第二步，根据环境要素作用机理以及其与经济发展的关系，通过系统动力学的方法建立系统模型；第三步，开展研究，分析预测出环境要素在未来的影响总量，找到相应的环境容量；第四步，根据预测总量和环境容量，计算出为了维持可持续发展，未来一段时间内需要进行的总体投入，完成环境影响要素的量化。接下来将根据这个原则，对选取的 8 种环境要素逐一进行分析。

4.4.1　温室效应

温室效应是目前人类最关心的环境问题之一，降低碳排放，减缓温室效应已经成为全世界的共识，目前世界各国已经签订多个气候协定用于减缓温室效应。1997 年 149 个国家通过了《京都议定书》，协议提出在 21 世纪末平均气温上升幅度低于 2℃的目标[123]；2015 年 12 月 12 日，《巴黎协定》规定控制全球气温较工业化之前升高幅度控制在 2℃之内[124]，在 21 世纪下半叶实现温室气体净零排放[125]。人为的 CO_2 当量的浓度不应超过 450ppm，工业革命前这一数值仅为 280ppm[126]。多种研究结果表明，如果要在概率高于 66% 的情况下将 21 世纪末人类造成的温升幅度总量控制在 2℃，则需要将自 1870 年以来所有人为来源的 CO_2 累积排放量控制在约 2900Gt CO_2 以下，到 2011 年已经排放了大约 1900Gt CO_2[127]。2015 年中国提交了"国家自主贡献"的文件，基于责任方案条件下中国未来累积碳排放配额占全球比例在 35% 左右，并在 2030 年达到排放峰值[128]。

1. 碳循环与温室效应机理

温室效应是由于人类近年来飞速发展，排放大量温室气体而造成的自然现象。目前控制温室效应的主要措施是控制碳的排放量，近些年 CO_2 对于大气辐射强迫的贡献为 84%[129]，因此需要对全球碳循环模型进行研究。全球碳循环模型主要有动力学模拟方法和统计学方法，统计学的方法主要是统计历年的数据资料，分析得到碳循环的系统规律，直接建立模型，这种方法比较简单，可以直观地观察过去和未来发展趋势，但是物理学意义不明显，无法说明碳循环对于气候变化的系统动力行为，资料的来源和完整程度也限制了模型的精度，如果能与动力学模型结合，可以得到更好的效果；动力学模拟方法又包括：辐射对流、能量平衡、大气环流三种模式[130]。下面对这些方法进行分析，选取适合本书的方法。

辐射对流模式：通过研究年平均情况下，温室气体对太阳辐射对地表与大气系统的辐射能量的影响，考查不同温室气体对变暖的潜在贡献的大小，分析达到辐射平衡时的大气轮廓线，建立温室效应模型。该方法将大气看作是一个柱体来考虑，物理意义清晰，计算简单，由于没有考虑大气环流的影响，对生物圈的考虑不足，不能用于评估大范围的碳循环效应。

大气环流模式：主要通过考察全球变暖时海洋、大气、陆地生物圈的碳循环规律，考虑海洋的水分、热量、化学效应以及陆地植被光合作用、土壤的呼吸作用共同完成碳的循环。该方法可以较为详细的描述碳在大气中循环的物理过程，适合于研究积分时间长，覆盖范围大的问题，研究结果精度高，但是由于数据规模大，计算相对复杂，引入误差几率较高。

能量平衡模式：主要通过能量平衡模型，根据能量守恒定律建立模型，能量平衡公式如下：

$$C\frac{\mathrm{d}T}{\mathrm{d}t} = R\downarrow - R\uparrow \tag{4-3}$$

式中　C——陆地、海洋、大气的热惯性；

　　　$R\downarrow$——入射辐射；

　　　$R\uparrow$——出射辐射。

　　　进一步变为：

$$C\frac{\partial T}{\partial t} = Q(1-\alpha) - \Delta I - dvi(F) \tag{4-4}$$

式中　Q——太阳辐射，

　　　α——反射率，

　　　ΔI——出射的长波辐射，

$dvi(F)$——沿纬度圈的净能通量。

该方法将碳循环系统引入，考虑生物圈对大气增温的影响，方法简单，能够较为明确地反映物理过程，可以分析出不同因子对气候变化的敏感性。本书将利用能量平衡模型，综合大气循环模式建立温室效应的系统动力学模型。

2. 温室效应系统动力学结构模型

大气中的温室气体主要来源是人为排放、动植物的呼吸作用、冻土层溶解的释放，而吸收主要包括海洋的溶解、植物的光合作用，如图 4-6 所示。

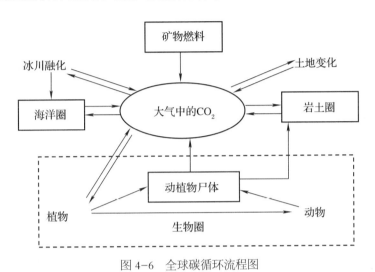

图 4-6　全球碳循环流程图

从图 4-6 中可以看出，由于人类的生产生活需要消耗矿物燃料，由此产生的大量 CO_2 被排放到大气中去，大气中的 CO_2 通过大气环流一部分溶解到海水中，通过化学作用变成碳酸盐积累下来；一部分 CO_2 被通过光合作用固定到植物中，随后一部分会固定到动物体内，动植物死亡后，会释放出一部分 CO_2，另一部分会累积到土层中，长时间作用后变为岩石；不能够被固定的碳会在大气中积累，由于 CO_2 的温室效应，大气温度会升高，造成冰川消融、冻土层解冻，累积在冰川和冻土中 CO_2 会被释放出来，进一步加强温室效应。大气中的 CO_2 平衡方程如下[131]：

$$\frac{dn_a}{dt} = p_{fos} + p_{bio} + k_{ma}(N_m + \xi_{nm}) - k_{am}(N_a + n_a) + F_{bi,a} + F_{a,bi} + F_{h,a} \quad (4-5)$$

式中　p_{fos}——化石燃料的 CO_2 释放速率；

　　　p_{bio}——土地利用变化导致的 CO_2 生态释放速率；

　　　k_{ma}——海洋大气交换系数；

　　　k_{am}——大气海洋交换系数；

　　　N_m——海洋中总碳量；

　　　N_a——大气中总碳量；

　　　n_a——大气碳增量；

　　　ξ_{nm}——海洋缓冲因子；

$F_{bi,a}$——陆地与大气 CO_2 交换通量；

$F_{a,bi}$——大气与陆地 CO_2 交换通量；

$F_{h,a}$——土壤腐殖层与大气 CO_2 交换通量。

1）CO_2 排放情况预测

根据碳循环的原理在 Vensim 中建立研究模型。首先构建经济发展与 CO_2 排放量模型，将预测年度作为水平变量，GDP 总量和单位 GDP 排放系数作为速率变量，CO_2 排放量作为预测结果，初步构建预测 CO_2 排放量的系统动力学模型，如图 4-7 所示，模型方程与参数详见附录 A1。

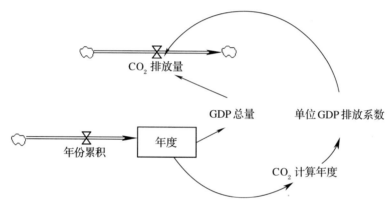

图 4-7　CO_2 排放量系统动力预测模型

模型中年度为水平累积变量，是年份累积的积分函数，GDP 总量和单位 GDP 排放系数需要通过进一步分析得到相应函数。模型中 GDP 总量以经济合作与发展组织（OECD）对世界经济情况进行的统计和预测为基础，前面已经推导出公式 4-1，将公式带入模型，模型中的单位 GDP 排放系数仍然是未知数，需要进一步求解。

进一步分析单位 GDP 排放量与年度的关系，如图 4-8 所示，全球 CO_2 排放量从 1980 年的 19Gt 到 2015 年增长至 36Gt，增长了约 2 倍[132]，2010 年以后增长速度趋缓，但是由于 CO_2 在大气中的寿命很长，且会累积，形势仍然不容乐观。

以 1980 年以来的世界 GDP 和二氧化碳排放量 CO_2 两个时间序列为基础，分析它们之间的相关性。

首先对各要素取自然对数，$lnGDP$、$lnCO_2$ 以消除数据可能的异方差，并提高回归精度，整理得到图 4-9。从图中可以看出 GDP 和 CO_2 排放量增长趋势一致，可以用相关系数进行量化。相关系数的公式为[133-134]：

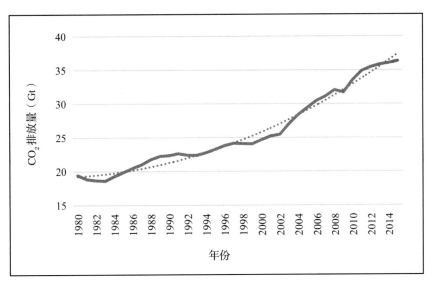

图 4-8　1980—2015 年 CO_2 排放情况

数据来源：世界银行

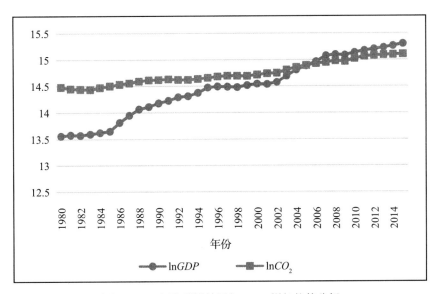

图 4-9　二氧化碳排放量与 GDP 增长趋势分析

$$\rho(X,Y) = \frac{Cov(X,Y)}{\sigma X \times \sigma Y} \qquad (4\text{-}6)$$

式中　$\rho(X,Y)$——X、Y 的相关系数；

$Cov(X,Y)$——两者的协方差；

σX，σY——X，Y 的标准差。

设 X 为 GDP 的自然对数 $\ln GDP$，Y 为年 CO_2 排放量的自然对数 $\ln CO_2$，可以得到

CO_2 排放量与 GDP 的相关系数公式。

$$\rho\left(\ln \text{GDP}, \ln \text{CO}_2\right)=\frac{Cov\left(\ln \text{GDP}, \ln \text{CO}_2\right)}{\sigma \ln \text{GDP} \times \sigma \ln \text{CO}_2} \qquad (4-7)$$

通过计算可以得到：

$$\rho\left(\ln \text{GDP}, \ln \text{CO}_2\right)=0.98$$

CO_2 排放量 CO_2 与 GDP 的相关性为 0.98，证明 CO_2 排放量与 GDP 发展存在着强相关性，从指标适用性角度而言，单位 GDP 排放强度是最能反映经济结构调整、经济发展方式、经济与环保之间关系的指标，根据 CO_2 排放量与 GDP 的相关性，构建单位 GDP 的 CO_2 排放模型。

如图 4-10 所示，单位 GDP 的 CO_2 排放量呈明显的下降趋势，从 1980 年的 2.5 万 t/ 亿元下降至 2015 年的 0.82 万 t/ 亿元，进行回归分析，得到单位 GDP 的 CO_2 排放公式：

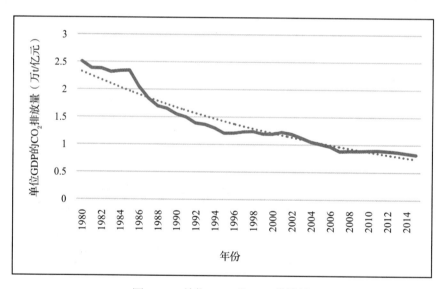

图 4-10　单位 GDP 的 CO_2 排放量

$$m_{\text{CO}_2}=2.3988e^{-0.033\Delta t}, R^2=0.94 \qquad (4-8)$$

式中：m_{CO_2}——单位 GDP 的 CO_2 排放量，万 t/ 亿元；

$\quad\quad \Delta t$——计算年与 1980 年的差值。

将 GDP 函数与单位 GDP 的 CO_2 排放函数输入到系统动力模型中，以 50 年为边界进行模拟分析，可以对未来 CO_2 排放情况进行预测。

在软件中对未来 CO_2 排放量进行预测，得到图 4-11，从图中可以看出在未来 10 年全球 CO_2 排放量仍处于缓慢增长状态，最终达到峰值 37Gt，其后受到技术提升与规模效应的影响，开始缓慢下降，50 年后排放量大约降至 25Gt 左右，但由于 CO_2 的累积效应，大气中的 CO_2 浓度仍然会持续上升，需要进一步进行环境系统模拟。

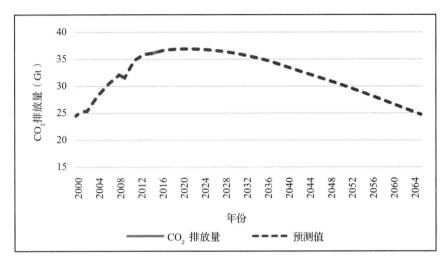

图 4-11　CO_2 人为排放量及预测

2）碳循环与温室效应系统动力模型

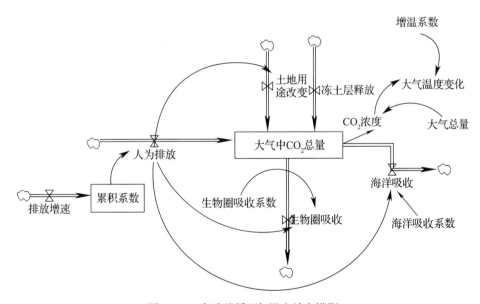

图 4-12　全球碳循环与温室效应模型

人为排放情况已经完成了预测，下面需要根据全球温室效应原理建立系统模型。将大气中的 CO_2 总量作为水平变量，人为排放、冻土层释放、生物圈吸收、海洋吸收等为速率变量，生物圈吸收系数、海洋吸收系数等为辅助变量，在 Vinsim 软件中建立出碳循环与温室效应模型，如图 4-12 所示，模型方程与参数详见附录 A2。其中人为排放已经完成了预测，生物圈吸收系数、海洋吸收系数、增温系数、冻土层释放量等还没有赋值，需要查阅文献，或根据历年数据进行整理后输入模型。

根据文献和统计资料对模型中数据进行核算。2011 年大气中 CO_2 含量为 1900Gt，大气中的 CO_2 浓度为 390.9ppm[135]，据此换算大气总量为 4860578 Gt。联合国环境规划总署的报告显示，2015 年的 CO_2 浓度为 400.21ppm，大气中 CO_2 含量为 1965Gt，2015 年全球人为 CO_2 排放量为 36.3Gt，根据世界银行的统计数据测算，CO_2 的近几年排放增速为每年 0.82%[136]。由于土地用途的改变产生的 CO_2 约为人为排放的 9.47%[137]，而全球冻土层每年释放的 CO_2 当量约为 1.84Gt，海洋每年吸收大约 35% 人为排放的 CO_2，生物圈吸收 20%[138]，CO_2 浓度与温度增长关系需要进一步构建相关函数。

目前的研究表明，大气中 CO_2 浓度与大气温度升高具有较强的相关性，根据美国国家航天局（NASA）戈达德空间研究所提供的地球平均温度统计数据整理，得到图 4-13，从图中可以看出自 1958 年以来，地球平均温度逐年上升，截至 2015 年温度已经升高 1℃，根据回归分析得到温度增长（ΔT）的公式。

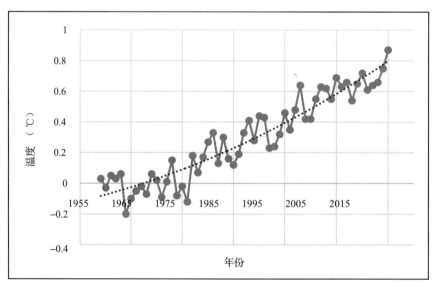

图 4-13 1958 年后年均增温变化曲线

数据来源：戈达德空间研究所

$$\Delta T = 0.0001Y^2 + 0.0086Y - 0.0914, \quad R^2 = 0.89 \tag{4-9}$$

式中 Y——计算年与 1958 年的差值。

根据公式可以计算出在不进行人为干预的情况下，21 世纪末的温度增加值将达到 3.15°C，远超《京都议定书》的理想值。

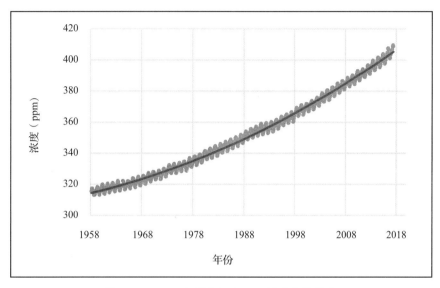

图 4-14　1958 年后大气中 CO_2 浓度变化曲线

数据来源：美国地球系统研究实验室

根据美国地球系统研究实验室的环境监测数据整理得到图 4-14。该图显示了 1958 年以来大气中 CO_2 浓度的变化情况，大气中 CO_2 浓度已经由 1958 年的 315ppm 增长到目前的 406ppm，距离 450ppm 的界限仅剩 44ppm 的余量。

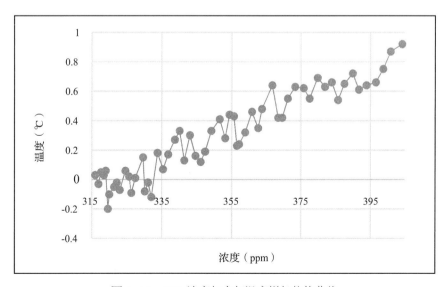

图 4-15　CO_2 浓度与大气温度增长趋势曲线

数据来源：美国地球系统研究实验室

将 CO_2 浓度与大气增温趋势进行拟合，得到 CO_2 浓度对于大气温度增加的影响曲线，如图 4-15 所示，通过回归分析得到 CO_2 浓度（C_{CO_2}）与大气温度增长幅度（ΔT）的关系式：

$$\Delta T = 8 \times 10^{-5} C_{CO_2}^2 - 0.0472 C_{CO_2} + 6.777, R^2 = 0.97 \tag{4-10}$$

将上述计算数据带入到系统模型中进行进一步模拟分析。

3）温室效应系统动力模拟分析

模型中所有未知量计算完成后，就可以开始模拟工作。对未来 50 年大气中累积的 CO_2 总量进行模拟，得到图 4-16，从图中可以看出大气中 CO_2 总量持续增加，从 2015 年的 1964Gt 最终增加到 3105Gt，总体增加了 1141Gt，增幅 58%。

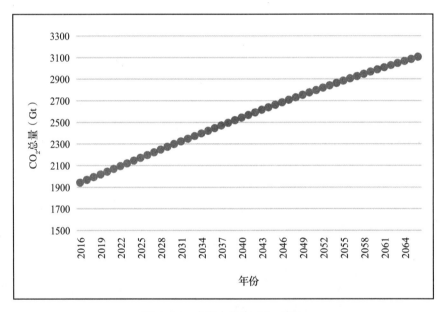

图 4-16　未来大气中 CO_2 总量

对未来 50 年大气中 CO_2 的浓度进行模拟，得到图 4-17，CO_2 浓度从 404ppm，在第 10 年时就已经达到 450ppm 的警戒线，到第 50 年增加至 639.09ppm 远远超过了 450ppm 的警戒线。

3. 温室效应环境影响总量分析

人为排放量主要是由排放增速来决定的，通过调整排放增速可以发现排放增速对大气指标的影响程度，较为快速地找到合理排放量，制定排放目标和减排措施。

调整模型中的排放增速变量，设定以 0.005 的递减增速进行调整，如图 4-18 所示，

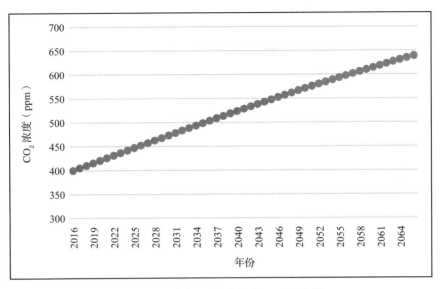

图 4-17 未来 50 年大气中 CO_2 的浓度

可以看到随着排放增速的减少，人为 CO_2 排放量曲线开始向下倾斜，当排放增速下降至 -0.02 时，在 50 年的时候人为排放量为 0，随着排放增速的持续减小，零碳排放的年限逐步提前，当排放增速为 -0.04 时零碳排放的时间提前至 24 年左右。但是排放量的降低幅度越大代表投入越多，带来技术难度就越大，因此需要选择合理的负增长值。

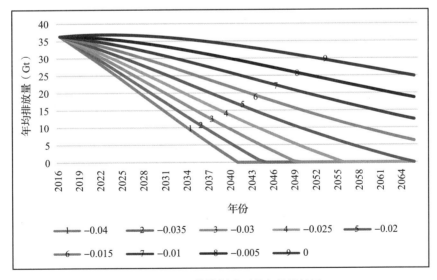

图 4-18 不同排放增速下的年均排放量

继续对模型进行模拟，分析增长速度改变对大气平均温度的影响，整理得到图 4-19，从图中可以看出按目前排放增速发展，大气温度变化曲线呈指数型增长模式，这将造成严重的后果，当排放增速降到 -0.01 时这一现象发生改变，大气平均升温曲线开始变为倒 U 形，当增速降到 -0.03 时，升温最高峰值为 2.02℃，当增速降到 -0.04 时，升温最高峰值为 1.472℃。

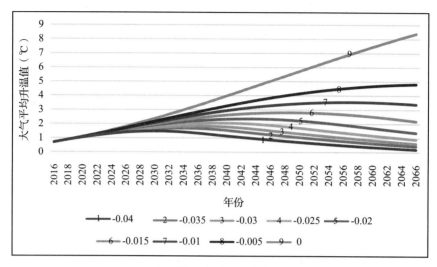

图 4-19　不同排放增速下的大气平均升温值

进一步对模型进行模拟，计算出不同增速下的大气中 CO_2 浓度曲线，整理得到图 4-20，从图中可以看出大气中 CO_2 浓度曲线从最初的线性增长模式逐步变为倒 U 形增长，并开始出现峰值，随着负增长值的提高，峰值逐步下降，当增长系数为 -0.035 时将在第 20 年出现峰值，为 454.19ppm，当增长系数为 -0.04 时将在第 17 年出现峰值，为 447.94ppm，此后逐年下降，可见最佳增长系数介于 -0.04~-0.035 之间，进一步模拟发现当增速为 -0.038 时 CO_2 的峰值浓度为 450.23，峰值出现在第 19 年，计算结果与应对气候变化国家自主贡献文件（INDC）结果较为相符，如图 4-21 所示。

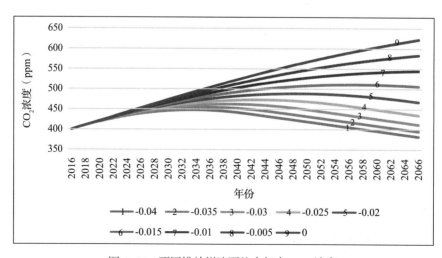

图 4-20　不同排放增速下的大气中 CO_2 浓度

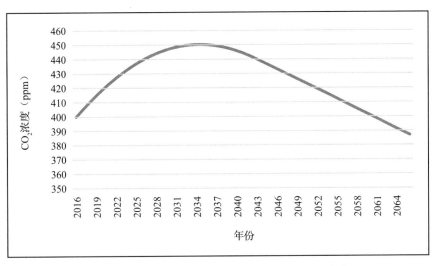

图 4-21 排放增速为 −0.038 时 CO_2 未来 50 年浓度曲线

接下来根据减排增速计算减排量，得到减排曲线如图 4-22 所示，可以发现在第 26 年时出现拐点，这与《巴黎协定》制定的目标较为一致。在未来 50 年内全球减排量需要从最初的 1.4Gt 增长到峰值的 33Gt，总减排量 1168Gt，根据责任要求，中国需要担负着其中的 35%，大约 408.8Gt。

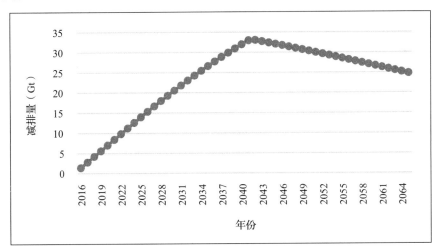

图 4-22 全球未来 50 年 CO_2 减排量曲线

相关学者的研究表明，CO_2 的经济封存成本约为 23 美元，折合人民币 149.5 元[139]，由此计算出世界未来减排投入额，如图 4-23 所示。从图中可以看出全球需要在未来 50 年持续增加减排投入，投入将最终增加到每年 4.94 万亿元，全球在 CO_2 减排上的投入总额应该达到 174.63 万亿元。

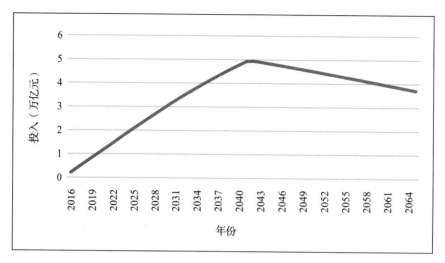

图 4-23　全球未来 50 年减排投入曲线

根据责任要求，中国的投入按照世界 35% 的比例计算，通过计算得到中国未来 50 年的减排投入，整理得到图 4-24。从图中可以看出为了应对气候变化，中国需要在未来 50 年持续增加减排，年均投入从最初的 0.073 万亿元将最终增加到最高 1.73 万亿元，中国在 CO_2 减排上的投入总额应该达到 61.12 万亿元，减排总量达到 408.8Gt，单位减排成本为 149.5 元 /t。

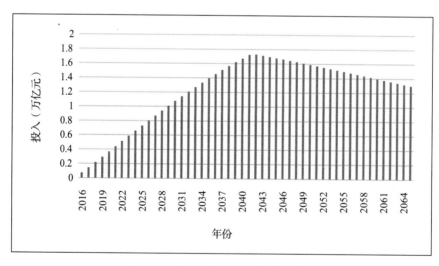

图 4-24　中国未来 50 年减排投入曲线

4. 小结

本小节采用系统动力学分析方法，通过综合考虑经济发展和温室效应作用机理，对我国未来的 CO_2 排放情况和减排情况进行了预测，并对未来我国在应对温室效应方

第 4 章　基于系统动力学分析的资源环境影响量化

063

面的投入进行了分析。通过计算可以知道，在未来 50 年我国需要减排 CO_2 408.8Gt，CO_2 当量环境成本约为 149.5 元 /t，在应对温室效应方面的环境成本约为 61.12 万亿元。

4.4.2　光化学烟雾

光化学烟雾是指工业生产、汽车尾气等产生的氮氧化物（NO_x）、挥发性有机物 (Volatile Organic Compounds，VOCs) 等一次污染物，在紫外光作用下发生化学反应，形成二次污染的环境现象，臭氧（O_3）的浓度升高是光化学烟雾污染的标志[140]。

1. 光化学烟雾的作用机理

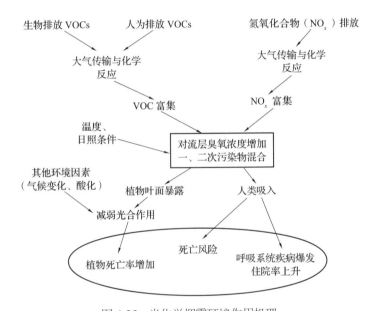

图 4-25　光化学烟雾环境作用机理

来源：根据 The Tool for the Reduction and Assessment of Chemical and Other Environmental Impacts 绘制

臭氧是地球大气中自然产生的一种氧化剂，产生速率受到 NO_x、VOCs 浓度影响，有大约超过 100 种 VOCs 被排放到大气中[141]。对流层的臭氧产生与平流层的臭氧消耗是两个完全不同的问题，前者会对人类健康及动植物生长造成不利影响。

如图 4-25 所示，生物排放的 VOCs 及人为排放的 VOCs、NO_x 等物质，通过大气传输及化学作用大量富集，在温度、日照等自然条件作用下产生臭氧等二次污染物，与 VOCs、NO_x 等物质混合，导致一、二次污染物浓度增加，被人类吸入后导致呼吸系统疾病的增加，甚至造成人类死亡，作用于植物后会减弱植物的光合作用，同样有可能造成植物死亡。

大量的学者对对流层臭氧的产生规律进行研究，发现 VOCs 和 NO_x 是臭氧的重要前驱物[142]，臭氧的生成受 VOCs、NO_x 浓度的影响，被 NO_x 主导的成为 NO_x 控制区，被 VOCs 主导的称为 VOCs 控制区。我国大部分城市的平流层臭氧生成处于 VOCs 控制区[143]，高浓度臭氧污染事件与人为排放的 VOCs 总量有着密切的关联，因此对 VOCs 排放特征进行研究并采取有效的控制措施减少 VOCs 的排放，对于控制对流层臭氧降低光化学烟雾事件频率具有重要的意义[144]。由于 VOCs 也是 PM2.5 的重要前驱物，降低 VOCs 排放量对于控制 PM2.5 污染的发生同样具有重要意义。因此，我国在制定"十三五"规划时着重对 VOCs 的排放量进行了控制。

2. 光化学烟雾系统动力模型

1）光化学烟雾系统动力结构模型

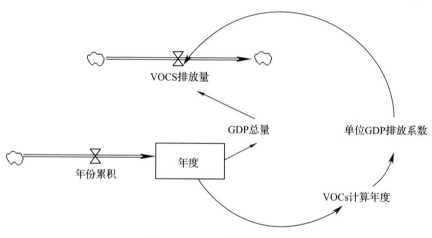

图 4-26　VOCs 排放量系统模型

一般的 VOCs 组成物质在大气中寿命较短，最长几十天，因此不会造成大气中的累积效应，通过控制年均排放量即可控制臭氧的生成，阻止光化学烟雾事件的发生。根据这个原理搭建系统动力学模型，如图 4-26 所示，模型方程与参数见附录 A3。模型中年度为水平累积变量，是年份累积的积分函数。模型中 GDP 总量以经济合作与发展组织（OECD）对我国经济情况进行的统计和预测为基础，前面已经推导出公式 4-2，可以直接将公式代入模型。模型中单位 GDP 排放系数需要进一步分析才能得到相应数据。

2）VOCs 的排放情况分析与预测

国务院提出"十三五"期间全国 VOCs 排放总量比 2015 年下降 10% 以上[145]。其中重点省市减排结果如表 4-1 所示。根据测算 2010 年我国工业源 VOCs 排放量约为

1335.6 万 t，2015 年达到 2189 万 t[146]，国家"十三五"规划提出了 2020 年 VOCs 排放量将比 2015 年降低 10%，即 1970 万 t，未来 5 年，累计差额约为 1000 万 t。邱凯琼等人基于情景分析法通过排放清单研究了我国 1990—2010 年的 VOCs 排放总量[147]，如表 4-2、图 4-27 所示。

"十三五"重点地区 VOCs 排放总量控制计划　　　　表 4-1

地区	2015 年排放量（万 t）	2020 年减排比例（%）	2020 年重点工程减排量（万 t）
北京	23.4	25	3.5
天津	33.9	20	4.6
河北	154.6	20	19.5
辽宁	105.4	10	10.5
上海	42.1	20	8.4
江苏	187	20	31.2
浙江	139.2	20	25.5
安徽	95.9	10	9.2
山东	192.1	20	38.4
河南	167.5	10	16.6
湖北	98.7	10	9.9
湖南	98.3	10	7.9
广东	137.8	18	20.7
重庆	40.2	10	4
四川	111.3	5	5.6
陕西	67.5	5	3.4
合计	1694.9	—	218.9

我国 1990—2010 年的 VOCs 排放总量　　　　表 4-2

年度	1990	1995	2000	2005	2006	2007	2008	2009	2010
排放量（万 t）	201.2	341.8	437	740.9	864.5	949.6	1006.7	1129.6	1335.6

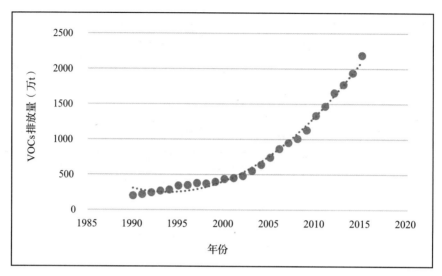

图 4-27　1990—2010 年 VCOs 排放量增长曲线

从图 4-27 中可以看出 1990 年 VOCs 全国排放量仅为 201.2 万 t，到 2010 年已经增长为 1335.6 万 t，增长了 5.6 倍，对排放数据进行回归分析，得到公式 4-10。

$$M_{\text{VOCs}} = 4.33\Delta t^2 - 37.82(\Delta t + 10) + 352.34 , R^2=0.98 \quad （4-11）$$

式中　　M_{VOCs}——VOCs 年排放总量，万 t；

　　　　Δt——计算年与 1980 年的差值。

根据式（4-10）可以计算出 2015 年 VOCs 的工业排放总量为 2113.09 万 t，该数值与国务院"十三五"规划公布的数据 2189 万 t 较为一致。参考欧美发达国家相应法规标准，结合"十三五"规划的要求及我国的国情，我国未来 VOCs 减排速率应该该 2% 左右[148]。

研究采用 GDP 当年绝对值来表示我国经济总量，根据历年统计数据[149]，以 1990 年以来的 GDP 的 VOCs 排放量两个序列为基础，分析它们之间的相关性。

对各要素取自然对数，整理得到图 4-28。从图中可以看出 GDP 和 VOCs 排放量增长趋势一致，可以用相关系数进行量化。相关系数的公式见式（4-6）。

设 X 为 GDP 的自然对数 lnGDP，Y 为 VOCs 排放量的自然对数 lnVOCs，可以得到 VOCs 排放量与 GDP 的相关系数公式。

$$\rho\left(\ln\text{GDP}, \ln\text{VOCs}\right) = \frac{Cov\left(\ln\text{GDP}, \ln\text{VOCs}\right)}{\sigma \ln\text{GDP} \times \sigma \ln\text{VOCs}} \quad （4-12）$$

通过计算可以得到：

$$\rho\left(\ln\text{GDP}, \ln\text{VOCs}\right) = 0.98$$

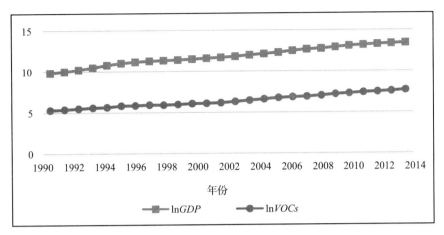

图 4-28　VOCs 排放量与 GDP 增长趋势

　　VOCs 与 GDP 的相关性为 0.98，证明 VOCs 排放量与 GDP 发展存在着强相关性。根据 VOCs 排放量与 GDP 的相关性，整理单位 GDP 的 VOCs 排放情况如图 4-29 所示。

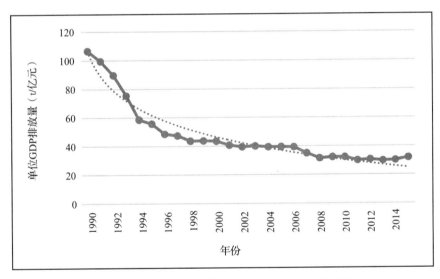

图 4-29　我国 1990 年以来 VOCs 单位 GDP 排放量

　　虽然我国 VOCs 的总量不断攀升，但是受规模效应和技术效应的影响，我国单位 GDP 的 VOCs 排放量逐年降低，从 1990 年的 106.60t/ 亿元降低至 2015 年的 31.91t/ 亿元，如图 4-29 所示。提取近年来的数据进行回归分析可以得到单位 GDP 的 VOCs 排放公式：

$$m_{\mathrm{VOCs}} = 91.917\mathrm{e}^{-0.045(\Delta t+10)}, R^2 = 0.83 \qquad (4-13)$$

式中　　m_{VOCs}——单位 GDP 的 VOCs 排放量，t/ 亿元。

　　将式（4-13）和式（4-2）带入到模型中进行模拟，得到图 4-30。

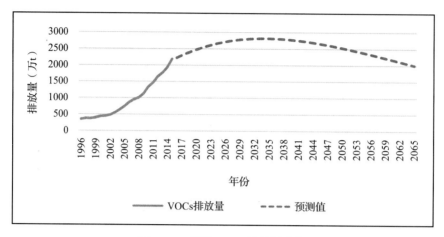

图 4-30　我国 VOCs 排放量曲线

通过模拟分析，可以得到我国未来 50 年 VOCs 排放量曲线，如图 4-30 所示。从图中可以看出在现有经济发展模式下，我国 VOCs 生产总量呈现出 S 形增长模式，在未来 20 年仍然会持续增长，在 2035 年左右出现拐点，达到 2817 万 t，但是目前我国的 VOCs 排放量已经高出我国的环境容量，为了可持续发展，需要持续加大减排投入力度，实现每年 2% 的减排量。

3. 光化学烟雾环境影响总量分析

继续通过模型进行分析，得到图 4-31，从图中可以发现为了维持可持续发展，2015 年后我国 VOCs 排放量需要持续下降，从 2015 年的 2113 万 t 保持下降趋势，50 年后排放量需要下降至 781 万 t，下降 67%。

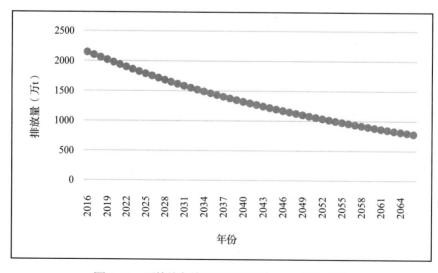

图 4-31　可持续条件下 2015 年后 VOCs 排放曲线

继续对模型进行分析得到 50 年减排曲线，如图 4-32 所示，从图中可以看出初期年减排量增长迅速，后期增长速度趋缓，到 2045 年后出现拐点，减排量趋于下降，这是由于前期规模技术效应还没达到相当规模，VOCs 的排放产能还没有下降，随着对 VOCs 排放产量的控制，减排增长幅度趋于平缓，未来 50 年总减排量约为 60225.74 万 t。

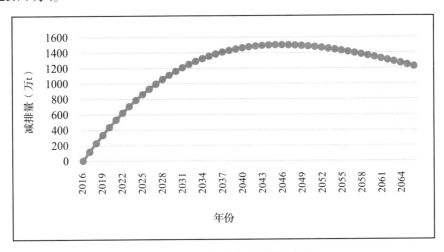

图 4-32　2015 年后年均减排量曲线

VOCs 减排每吨边际成本约为 7500 元[150]，继续进行模拟，分析减排投入，整理得到图 4-33。从图中可以看出，未来 VOCs 减排的前期投入增长幅度较大，维持在每年 80 亿元，后期投入增长幅度趋缓，30 年后达到投入峰值，未来 50 年总计减排 VOCs 物质 60225.74 万 t，环境投入总额 4.5169 万亿元，单位减排成本 0.75 亿元 / 万 t，年均减排投入 903.38 亿元。

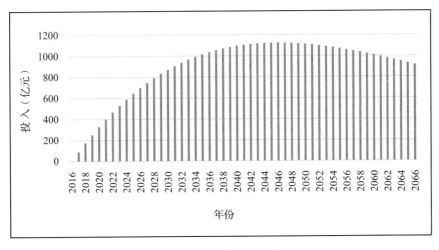

图 4-33　减排投入预测

4. 小结

本小节采用系统动力学分析方法，通过综合考虑经济发展和光化学烟雾的作用机理，对我国未来的 VOCs 排放情况进行了预测，并对未来我国在应对光化学烟雾污染方面的投入进行了分析，在未来 50 年我国需要减排 VOCs 物质 60225.74 万 t，VOCs 当量环境成本约为 7500 元 /t，在应对光化学烟雾污染方面的环境投入约为 4.5169 万亿元。

4.4.3 烟粉尘污染

烟粉尘主要来源包括燃料燃烧、汽车尾气、电力生产、矿产开采及粉碎研磨。主要包括加重呼吸道疾病的大粒子污染物，以及能够导致更严重的呼吸道疾病的微粒污染物。

1. 烟粉尘污染作用机理

现阶段工业烟粉尘主要来源是水泥制造、钢铁生产、火力发电以及金属铸造这 4 个行业。这些行业与建筑尤其密切相关，目前主要是采用先进的工艺进行减排控制，对污染企业制定行业排放标准，限定排放总量。但总体来说，我国的烟粉尘排放总量仍然高于环境要求。工业烟粉尘排放公式[151]：

$$E = \sum_i E_i = \sum_i \left(Y \times \frac{Y_i}{Y} \times \frac{C_i}{Y_i} \times \frac{E_i}{C_i} \right) = \sum_i \left(Y \times S_i \times T_i \times M_i \right) \qquad (4-14)$$

式中　E_i——各行业工业烟尘排放量；

　　Y——总产值；

　　Y_i——各行业工业产值；

　　C_i——各行业工业烟尘产生量。

烟粉尘的传输机制决定了烟粉尘的沉降机制。一般来说主要有 4 种机制：

（1）当风力向上作用于烟粉尘的速度小于沉降速度时，就会发生沉降，通常是气象条件改变或地形发生变化时发生。沉降速度主要取决于风速的大小，以及颗粒物的质量和形状。

（2）烟粉尘颗粒粗糙、湿度较大或本身带有电荷，在与地面发生碰撞后会被捕获，湿性表面能够永久捕获颗粒物。

（3）烟粉尘由于布朗运动、紊流运动或双极静电作用碰撞聚合，形成较大的集合体，质量变大，主动沉降到地面。

（4）大气降水将大气中悬浮的烟粉尘从空气中淋洗出来，随降水回到地面。

从长期的研究来看，一般的降尘速率可达到 100~200t/（km² · a）[152]，因此烟尘在大气中的寿命周期较短。粉尘对环境造成的影响不会年度累积，只要排放量减少，对环境的影响不会持续，因此只需要考虑控制年排放量就可以维持环境的可持续性。

2. 烟粉尘污染系统动力模型

1）烟尘排放结构模型

烟尘排放总量受工业生产影响较为明显，主要产生烟尘的工业包括：黑色金属冶炼开采及冶炼、非金属矿物开采、电力热力生产、纺织业粉尘等。由于降尘速度较快，基本不会造成年度积累，对环境的影响主要集中在当年。根据系统关系建立模型，如图 4-34 所示。模型中年度为水平累积变量，是年份累积的积分函数。模型方程与参数见附录 A4。

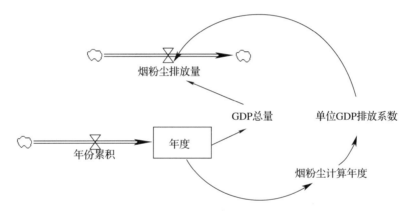

图 4-34　烟粉尘总排放量系统模型

模型中 GDP 总量以经济合作与发展组织（OECD）对我国经济情况进行的统计和预测为基础，前面已经推导出公式（4-2），可以直接将公式带入模型。模型中单位 GDP 排放系数需要进一步通过分析得到相应函数。

2）烟粉尘排放情况分析与预测

我国对于烟粉尘污染的排放政策一直处于变化当中，在"十五"和"十一五"环境保护规划中都提到了对烟粉尘的总量控制，但是"十二五"环保规划中未提到对烟粉尘的控制，造成 2010—2015 年烟粉尘排放量急剧攀升，如图 4-35 所示。近几年空气中可吸入颗粒物浓度的增加与烟粉尘排放量增加有着密切的关系。

研究采用 GDP 当年绝对值来表示我国经济总量，根据历年统计数据[149]，以近 10 年以来的 GDP 和烟粉尘排放量 Smo 两个序列为基础，分析它们之间的相关性。

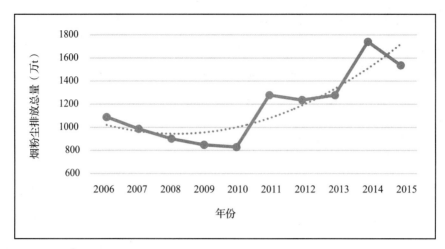

图 4-35　2006 年以来我国烟粉尘排放总量

数据来源：国家统计局

对各要素取自然对数，整理得到图 4-36。从图中可以看出 GDP 和能源消耗增长趋势一致，可以用相关系数进行量化。相关系数的公式见式（4-6）。

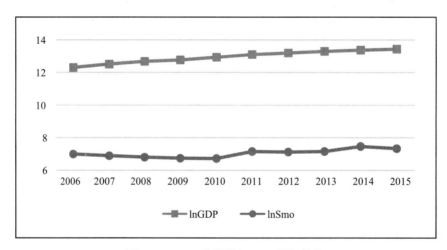

图 4-36　NO_x 排放量与 GDP 增长趋势

设 X 为 GDP 的自然对数 lnGDP，Y 为年烟粉尘排放量的自然对数 lnSmo，可以得到烟粉尘排放量与 GDP 的相关系数公式。

$$\rho\left(\ln GDP, \ln Smo\right) = \frac{Cov\left(\ln GDP, \ln Smo\right)}{\sigma \ln GDP \times \sigma \ln Smo} \qquad (4-15)$$

通过计算可以得到：

$$\rho\left(\ln GDP, \ln Smo\right) = 0.84$$

经过计算烟粉尘排放量与 GDP 的相关性为 0.84，证明烟粉尘排放量与 GDP 发展存在着强相关性。根据烟粉尘排放量与 GDP 的相关性，构建单位 GDP 烟粉尘排放模型。

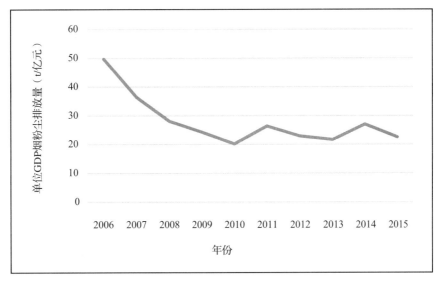

图 4-37　我国近年来单位 GDP 烟粉尘排放量

以目前的经济发展情况来看，单位 GDP 烟粉尘排放达到 4t/ 亿元时，可以实现环境保护与经济发展的可持续[153]，目前我国烟粉尘的环境容量为 274.2 万 t。我国单位烟粉尘排放量呈指数下降趋势，如图 4-37 所示，目前的年均排放量为 22.53t/ 亿元，排放总量为 1538 万 t，离可持续发展的目标还有很大距离。通过回归分析可以得到单位 GDP 烟粉尘排放的公式：

$$D_{yfc} = 38.072 e^{-0.063\Delta t}, R^2 = 0.87 \qquad (4-16)$$

式中　D_{yfc}——烟粉尘年均单位排放量，t/ 亿元；

　　　Δt——计算年与 2005 年的差值。

在不进行强制性环境投入的情况下，模型只能对烟粉尘年排放总量进行模拟，整理数据，得到图 4-38。从图中可以看出短期内工业粉尘的排放量仍处于增长模式，峰值为 1675 万 t，2023 年后受技术和规模效应作用，总体排放量开始下降，但是一直处于 274 万 t 的环境容量之上，因此需要进行额外投入来实现减排。

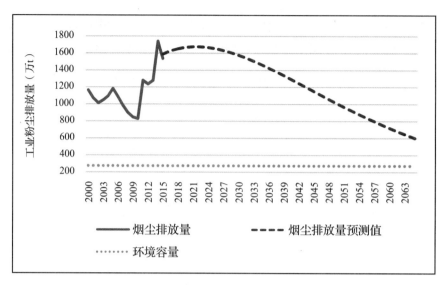

图 4-38　未来 50 年工业粉尘排放量

3. 烟粉尘环境影响总量分析

环境影响总量为未来为维持可持续发展需要进行的总体投入，需要在模型中进一步分析。

年均排放量与环境容量之差即为年均需减排量，经过整理得到图 4-39。从图中可以看出，最初阶段的减排量比较大，每年 1300 万 t 左右，后期减排量变小，最终年均减排量可降至每年 329 万 t，50 年减排总量为 49638 万 t。

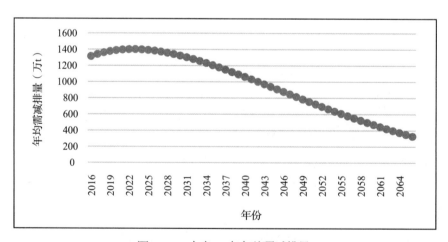

图 4-39　未来 50 年年均需减排量

目前每吨粉尘排放的污染当量处理费用为 6000 元 /t[154]，通过数据整理得到烟粉尘减排投入预测图，如图 4-40 所示。从图中可以看出最初需要的减排投入规模较大，约每年 800 亿元，后期投入减少到 200 亿元，50 年总投入 2.9783 万亿元。

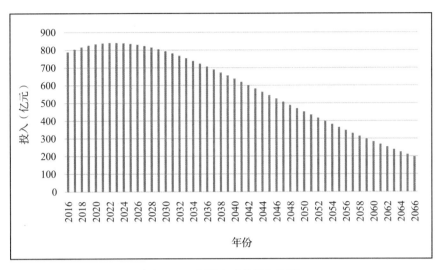

图 4-40 烟粉尘减排投入预测

4. 小结

本小节采用系统动力学分析方法，通过综合考虑经济发展和烟粉尘作用机理，对我国未来的烟粉尘排放情况进行了预测，并对未来我国在应对烟粉尘污染方面的投入进行了分析，在未来 50 年我国需要减排烟粉尘污染 49638 万 t，烟粉尘当量环境成本约为 6000 元 /t，在应对烟粉尘污染方面的环境投入约为 2.9783 万亿元。

4.4.4 平流层臭氧损耗

1. 平流层臭氧损耗作用机理

臭氧层是大气平流层中臭氧含量较高的部分，它能够吸收阳光中的紫外线，同时允许长波辐射通过。由于近些年人类的活动导致了臭氧层正在变薄，这就导致有害的阳光短波辐射更容易到达地面，破坏生态系统，诱发人类的皮肤癌等疾病。

导致平流层臭氧损耗的物质主要是氯氟碳化物（CFCs）和其他消耗臭氧层物质（ODSs），1987 年《蒙特利尔议定书》签订，开始逐步淘汰这些物质。目前替代这些 ODSs 的主要物质是氢氟碳化物（HFCs）和全氟化碳（PFCs），而这些替代物质也会产生温室效应，间接影响到平流层臭氧，如图 4-41 所示。扩大使用氢氟碳化物和全氟化碳化合物主要是由于《蒙特利尔议定书》规定淘汰各类 CFCs 和 HCFCs 造成的，而这几种物质又不在受控范围，因此后期进行了修订，以限制这些虽然对臭氧损耗较小，但是全球升温潜势比较大的物质。

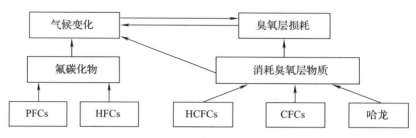

图 4-41　卤代烃和 ODSs 物质对环境的影响机理

通常 ODSs 及其替代品 HFC/PFC 的主要应用行业包括空调、制冷、气雾剂、泡沫、消防和有机溶剂。本书将考虑 ODSs 及其替代品的总排放对气候系统和臭氧层的影响，并对 ODSs 替代产品对全球变暖的影响进行量化。从 1750 年到 2000 年期间，由于工业产生的 ODSs 和非 ODSs 卤烃的增加引起的直接辐射强迫相当于同期所有混合温室气体增加引起的总辐射强迫的 13%[155]。而根据估算 2015 年 CFCs 和 HCFCs 引起的辐射强迫总量相当于基准情景（基准情景为 0.297 Wm^{-2}）的 10% 和 2%[156]。

根据《IPCC-TEAP 特别报告》整理可以得到图 4-42 和图 4-43。从图中可以看出 ODCs 及替代物的主要来源包括：固定空调、制冷、泡沫生产、移动空调、医用气雾剂等几大方面。HCFCs 是同时具有温室效应和臭氧层损耗双重作用的，根据《蒙特利尔协定》是需要在 2030 年前完全被替代的物质；HFCs 只具有温室效应作用，属于限制使用的物质，根据规定到 2040 年，所有国家的 HFCs 消费量将不得超过各自基准的 15%，全球限制排放总量为 3.383 万 t；CFCs 类物质经过多年努力已经从 16.1 万 t 消减至 2.158 万 t，最终目标是零排放。

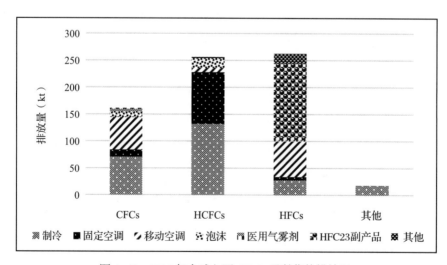

图 4-42　2002 年全球主要 ODCs 及替代物排放量

数据来源：IPCC 报告

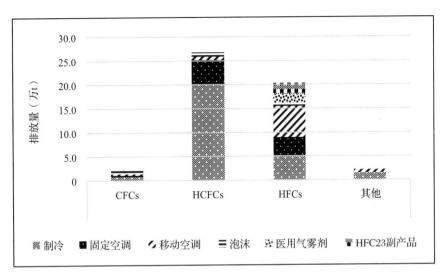

图 4-43 2015 年全球主要 ODCs 及替代物排放量

数据来源：IPCC 报告

继续整理得到 ODCs 及替代物 CO_2 2002 年与 2015 年当量排放图，如图 4-44 和图 4-45 所示。从图中可以看出 2002 年 CO_2 的当量排放，主要是 CFCs 排放产生的，CO_2 当量约为 165800 万 t，占比高达 61%；2015 年 CFCs 排放产生的 CO_2 当量为 22000 万 t，占比下降到 15%；而 HFCs 产生的 CO_2 当量急剧上升，约为 143200 万 t，这是由于 HFCs 作为 CFCs 的替代物开始广泛使用造成的。需要对这几类物质进行进一步的分析加以控制。

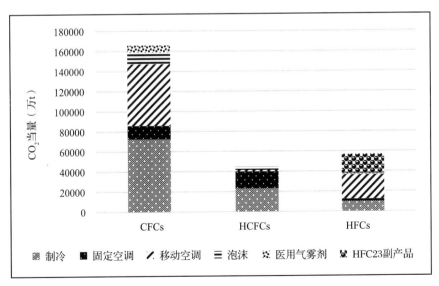

图 4-44 2002 年全球主要 ODCs 及替代物 CO_2 当量排放量

数据来源：IPCC 报告

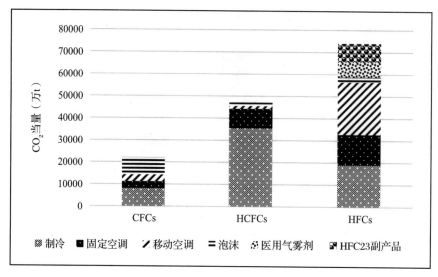

图4-45　2015年全球主要ODCs及替代物CO_2当量排放量

数据来源：IPCC报告

2. 臭氧损耗系统动力模型

根据经济发展情况及技术发展在Vinsim软件中建立ODCs及替代物排放模型，如图4-46所示，模型方程与参数详见附录A5。将预测年度作为水平变量，GDP总量和单位GDP排放系数作为速率变量，ODCs及其替代物排放量作为预测结果，构建预测ODCs及其替代物排放量的系统动力学模型。从图中可以看出，ODCs及其替代物年排放总量主要受HFCs、CFCs、HCFCs共同作用影响，而这些物质的排放量则由经济总

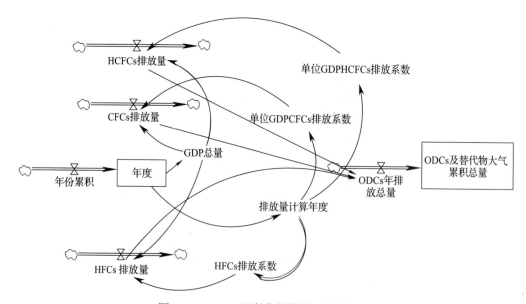

图4-46　ODCs及替代物排放系统动力模型

量和技术进步（单位 GDP 排放系数）共同影响，根据回归分析可以得出这几种物质的单位 GDP 排放系数公式：

$$m_{\text{CFCs}} = 10.051e^{-0.213\Delta t}, R^2=0.96 \tag{4-17}$$

$$m_{\text{HFCs}} = 0.6983e^{-0.076\Delta t}, R^2=0.92 \tag{4-18}$$

$$m_{\text{HCFCs}} = 0.3825e^{-0.051\Delta t}, R^2=0.94 \tag{4-19}$$

式中　m_{CFCs}——单位 GDP 的 CFCs 排放量，t/ 亿元；

m_{HFCs}——单位 GDP 的 HFCs 排放量，t/ 亿元；

m_{HCFCs}——单位 GDP 的 HCFCs 排放量，t/ 亿元；

Δt——计算年与 1980 年的差值。

3. 臭氧损耗环境影响总量分析

完成模型搭建后，在 Vinsim 软件中进行模拟。对未来 50 年 CFCs、HCFCs、HFCs 排放量进行预测得到图 4-47。从图中可以看出未来三种主要 ODCs 及替代物的排放量处于快速下降阶段，对臭氧损耗及变暖潜势最高的 CFCs 在未来 20 年左右接近零排放，另一种要求被严格替代的物质 HCFCs 虽然下降趋势明显，但是很难达到 2030 年零排放的目标，而 HFCs 到 2040 年的排放量为 6.7 万 t，也不能满足全球限制排放总量为 3.383 万 t 的目标。

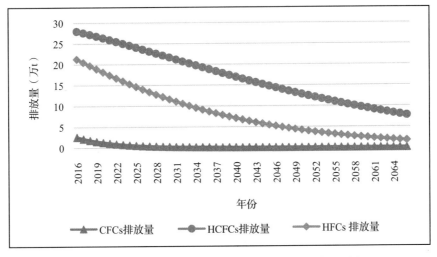

图 4-47　未来 50 年 CFCs、HCFCs、HFCs 排放量预测

而为了满足可持续发展的目标还需要对这些排放量进行进一步限制，具体减排要

求如图 4-48 所示。HCFCs 减排量最初每年要达到 28 万 t，2065 年后每年减排量下降至 7.7 万 t，50 年减排总量为 870.7 万 t；HFCs 最初年减排量为 17.9 万 t，2053 年后不需要额外减排，50 年总减排量为 268.7 万 t；而 CFCs 则需严加控制，使每年排放量为零，50 年总减排量为 15.5 万 t。

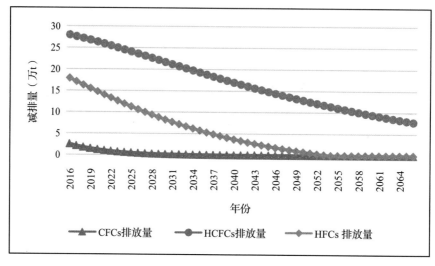

图 4-48　未来 50 年 CFCs、HCFCs、HFCs 减排量曲线

CFCs、HCFCs、HFCs 的 CO_2 当量等效系数分别为 1023 万 t/kt，176 万 t/kt，364 万 t/kt，将 CFCs、HCFCs、HFCs 等效为 CO_2 当量曲线得到图 4-49。从图中可以发现，CFCs 的 CO_2 当量减排曲线下降较快，这与 CFCs 本身产量下降有关，HFCs 的 CO_2 当量减排量从最初的每年 65200 万 t 下降至最终的 0，HCFCs 的减排当量从每年 49100 万 t 下降至最终的每年 13600 万 t，三种物质 50 年的 CO_2 总减排当量为 18649 00 万 t。

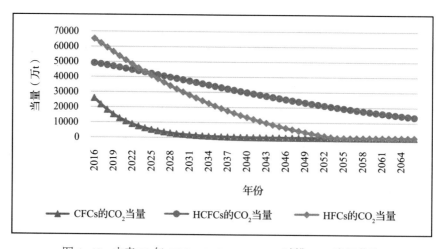

图 4-49　未来 50 年 CFCs、HCFCs、HFCs 减排 CO_2 当量曲线

根据前面数据整理出未来 50 年 ODCs 及其替代物的环境成本，如图 4-50 所示，总体来看未来 50 年 CFCs、HCFCs、HFCs 环境投入呈指数下降趋势，从最初的每年 2132 亿元下降至 2065 年的每年 207 亿元。未来 50 年 CFCs 的环境总成本为 2401 亿元，单位环境成本为 154.9 万元 /t；HCFCs 的环境总成本为 23248 亿元，单位环境成本为 24.06 万元 /t；HFCs 的环境总成本为 14866 亿元，单位环境成本为 55.32 万元 /t。中国已经于 2007 年全面禁止了 CFCs 的生产和使用 [157]，因此在 CFCs 方面中国环境影响已经很小了，但是中国是世界上最大的 HCFCs 生产国，使用量占全球的 48.4%[158]，在 HCFCs 方面中国需要承担的减排总量为 4214kt，环境影响成本为 11252 亿元；未来中国 HFCs 排放量也将达到世界总排放量的 31%[159]，因此中国需要减排的 HFCs 为 833kt，环境影响成本为 4609 亿元。总体来说，未来中国在臭氧层消耗方面的环境总投入为 1.58 万亿元的规模。

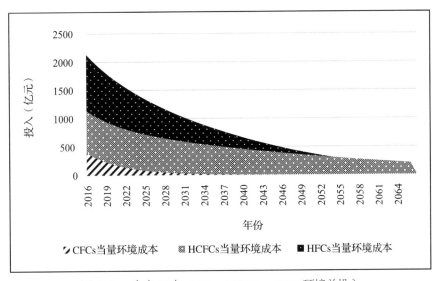

图 4-50　未来 50 年 CFCs、HCFCs、HFCs 环境总投入

4. 小结

本小节采用系统动力学分析方法，通过综合考虑经济发展和平流层臭氧损耗的作用机理，对我国未来的臭氧层耗竭物质排放情况进行了预测，并对未来我国在应对平流层臭氧损耗方面的投入进行了分析，在未来 50 年我国需要减排臭氧损耗物质 HCFCs 当量 656.46 万 t，HCFCs 当量环境成本为 240683 元 /t，在应对平流层臭氧损耗方面的环境投入约为 1.58 万亿元。

4.4.5　富营养化效应

所谓自然富营养化，是指在自然条件下由于蒸发、水土流失等现象会使湖泊从贫营养向富营养转化，逐渐变为湿地、沼泽、旱地的过程，这一过程通常需要数千年才能完成。但是人类的工农业活动加速了这一进程，使得过去上千年的过程在几十年内完成，造成了严重的环境问题[160]。

1. 富营养化环境作用机理

引起富营养化的主要元素是氮和磷，排放到水体中的氮、磷元素含量对于藻类植物的生长速度至关重要，是水体富营养化的主要因子[161]，是水体环境状况的重要控制物质。我国对水体中的总氮和总磷以及透明度都做了相应的要求，如表4-3所示。

水体富营养化标准[162]　　　　　　　　表4-3

营养状态	总氮（mg/L）	总磷（mg/L）	透明度
贫营养	<0.35	<0.01	>4
中富营养	0.35~0.65	0.01~0.03	2~4
富营养	0.65~1.2	0.03~0.1	1~2
超富营养	>1.2	>0.1	<1

水体富营养化的演变过程如图4-51所示。富营养化的沉积过程主要分两大类（表4-4）：一类是点源，以废水的形式直接将富营养化物质排放到水体中，直接排放来源主要包括工业废水、城镇生活污水；另一类是面源，与酸性沉降类似，排放到大气中的氮、磷等元素，通过大气循环及化学作用，转化为 PO_4^{3-}，NO_3^- 等可溶性离子，通过干、湿沉降等作用，一部分直接沉降到湖泊、河流等系统，另一部分沉降到地表，通过地表径流进入到水系，产生富营养化效应。

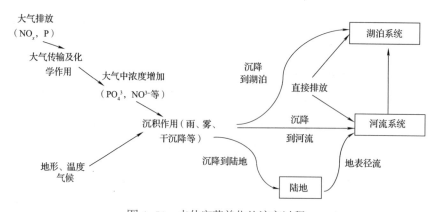

图4-51　水体富营养化的演变过程

来源：根据 The Tool for the Reduction and Assessment of
Chemical and Other Environmental Impacts 绘制

中国 2015 年的排放到空气的氮氧化物为 1851.02 万 t，排放到污水中的总氮约为 461.33 万 t，而总磷排放仅为 54.68 万 t[163]，氮的排放量远远高于磷，而且总氮制约了湖库水质的类别[164]，因此本书选用总氮作为水体富营养化的标志性指标。

湖泊、水库污染源分类[161]　　　　　　　表 4-4

污染源类型	污染来源
点源	工业废水
	城镇生活污水
	固体废物处理场
面源	城镇地表径流
	农牧区地表径流
	矿区地表径流
	大气降尘
	大气降水
	水土流失及土地侵蚀

对于总氮的控制值，研究选用《地表水环境质量标准》（GB 3838—2002）规定的Ⅱ类标准，总氮值要求小于 0.5mg/L[165]。因此，考虑到可持续发展和国内外的水质要求[166]，研究选择将湖泊总氮控制在 0.5mg/L 左右。

2. 富营养化系统动力模型

1）富营养化物质排放情况分析与预测

根据碳循环的原理在 Vensim 中建立研究模型，首先构建经济发展与富营养化物质排放量模型，将预测年度作为水平变量，GDP 总量和单位 GDP 排放系数作为速率变量，富营养化物质排放量作为预测结果，初步构建预测富营养化物质排放量的系统动力学模型，如图 4-52 所示，模型方程与参数详见附录 A6。

模型中年度为水平累积变量，是年份累积的积分函数；富营养化物质也是水平变量，来源主要包括空气中的 NO_x 和废水中的氮；GDP 总量和单位 GDP 排放系数需要通过进一步分析得到相应函数。模型中 GDP 总量以经济合作与发展组织（OECD）对我国经济情况进行的统计和预测为基础，前面已经推导出公式 4-2，将公式带入模型，模型中单位 GDP 排放系数仍然是未知数，需要进一步求解。

研究采用 GDP 当年绝对值来表示我国经济总量，根据历年统计数据[149]，以 1990 年以来的 GDP 和 NO$_x$ 排放量两个序列为基础，分析它们之间的相关性。

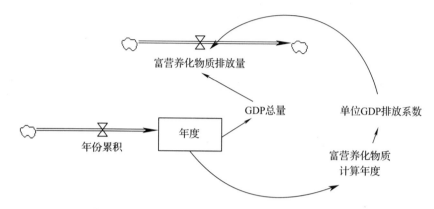

图 4-52　富营养化物质排放量系统动力预测模型

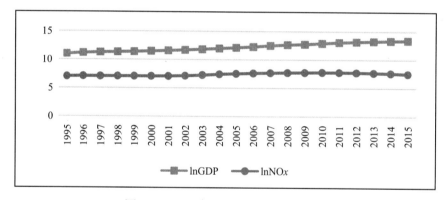

图 4-53　NO$_x$ 排放量与 GDP 增长趋势

对各要素取自然对数，整理得到图 4-53。从图中可以看出 GDP 和 NO$_x$ 排放量增长趋势一致，可以用相关系数进行量化。相关系数的公式见式（4-6）。

设 X 为 GDP 的自然对数 lnGDP，Y 为年 NO$_x$ 排放量的自然对数 lnNO$_x$，可以得到 NO$_x$ 排放量与 GDP 的相关系数公式。

$$\rho\left(\ln\mathrm{GDP},\ln\mathrm{NO}_x\right)=\frac{Cov\left(\ln\mathrm{GDP},\ln\mathrm{NO}_x\right)}{\sigma\ln\mathrm{GDP}\times\sigma\ln\mathrm{NO}_x} \qquad （4-20）$$

通过计算可以得到：

$$\rho\left(\ln\mathrm{GDP},\ln\mathrm{NO}_x\right)=0.90$$

氮氧化物排放量 NO$_x$ 与 GDP 的相关性为 0.90，证明 NO$_x$ 排放量与 GDP 发展存在着强相关性，根据 NO$_x$ 排放量与 GDP 的相关性，构建单位 GDP 的 NO$_x$ 排放模型，如图 4-54 所示。

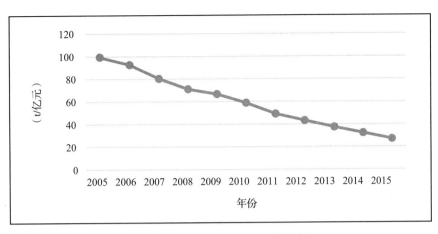

图 4-54 单位 GDP 的 NO_x 排放情况

从图 4-54 中可以看出，单位 GDP 氮氧化物排放持续下降，从最初的 184t/ 亿元，下降至 1995 年的 27t/ 亿元，下降幅度较大。单位 GDP 排放量通过回归分析得到式（4-20）。

$$m_{NO_x} = 13618 \left(\Delta t - 5 \right)^{-2.002}, R^2 = 0.85 \qquad （4-21）$$

式中　m_{NO_x}——单位 GDP 的 NO_x 排放量；

　　　Δt——计算年与 1990 年的差值。

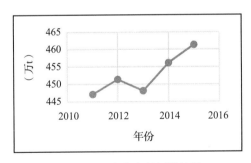

图 4-55　废水中总氮排放量

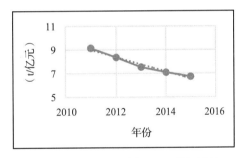

图 4-56　废水中单位 GDP 总氮排放

同理可以计算出废水中总氮排放量与 GDP 的相关系数为 0.85，同样具有强相关性。受环保政策影响，我国近几年才开始关注废水中的总氮排放情况，从图 4-55 中可以看出，目前废水中总氮排放量处于上升阶段，但是废水中单位 GDP 氮排放量处于下降状态，如图 4-56 所示。根据回归分析可以得到单位 GDP 氮排放量公式，R^2 为 0.98：

$$m_N = 85948 \times \left(\Delta t + 10 \right)^{-2.643}, R^2 = 0.98 \qquad （4-22）$$

式中　m_{NO_x}——单位 GDP 氮排放量；

　　　Δt——计算年与 1990 年的差值。

2）排放总量预测模拟

在模型中对排放到大气中的 NO_x 进行预测，得到图 4-57。从图中可以看出未来 NO_x 年均排放量呈下降趋势，从每年的 1800 万 t 下降至每年的 1500 万 t 左右，但是仍然高于环境许可容量，需要进一步进行系统分析，确定减排量。

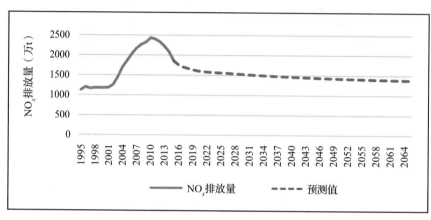

图 4-57　大气中 NO_x 排放量预测

对废水中排放的总含氮量进行预测，得到图 4-58。从图中可以看出未来 10 年左右，废水中的氮含量达到峰值，此后开始下降，从每年的 460 万 t 下降至每年的 405 万 t 左右。由于目前我国未对氮排放的总量有具体要求，所以以湖泊总氮作为可排放量依据，需要进一步建立环境模型，在模型中模拟计算出需要减排的氮总量。

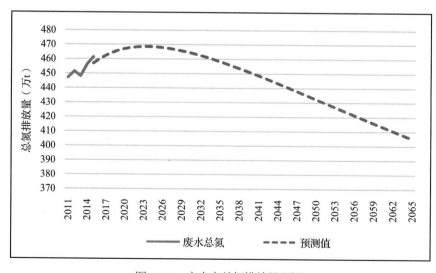

图 4-58　废水中总氮排放量预测

3）富营养化效应环境系统动力模型

根据水体富营养化演变机理，在 Vensim 软件中搭建环境模型，如图 4-59 所示。模型中人为氮元素排放量、直接排放等为速率变量，上节已经通过预测得出；大气总氮、湖泊总氮是水平变量，是各年累积的积分函数；氮肥累积量、植物固氮、水体反硝化是速率变量，需要通过林地固氮、草地固氮、反硝化系数、氮肥用量等常量进行合成计算。模型中的具体方程与参数详见附录 A7。

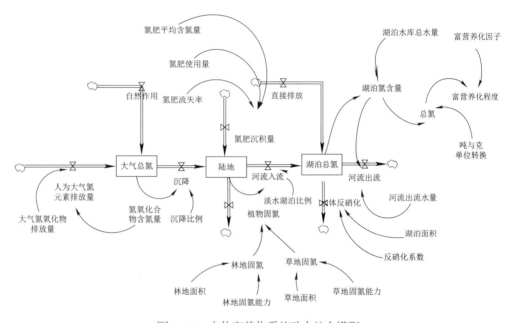

图 4-59　水体富养化系统动力综合模型

3. 富营养化环境影响总量分析

以建筑设计寿命周期 50 年为模拟边界，按照经济发展情景，进行模拟分析，可以得到以下结果：

大气中的含氮总量将逐步升高，如图 4-60 所示，10 年左右时间达到峰值 2000 万 t，此后开始缓慢下降。

在考虑经济发展的情况下湖泊中氮元素总量逐步上升，如图 4-61 所示，大约在第 16 年达到峰值，50 年湖泊的氮总量累积可达 36765 万 t。

湖泊总氮值持续增长，大约 15 年左右达到峰值，如图 4-62 所示，此时湖泊中总氮将达到 3.23mg/L，虽然此后开始下降，但是总氮含量仍然远远超过富营养化的标准值，湖泊生态受到严重影响。

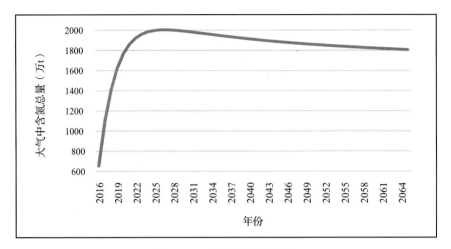

图 4-60　大气含氮总量曲线

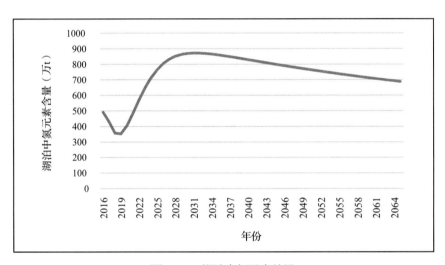

图 4-61　湖泊中氮元素总量

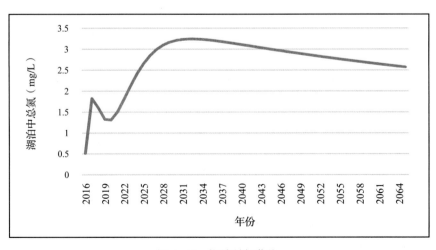

图 4-62　湖泊总氮曲线

通过加大环境的投入，对污染进行治理可以将富营养化控制在环境允许范围内。下面将通过价格治理模型来分析未来 50 年内，水体富营养化需要治理的总量以及总体费用。首先根据价格机制，建立治理模型，如图 4-63 所示，具体方程与参数详见附录 A8。在模型中加入常变量投入因子 k_{npi}，环境污染越严重，投入的资本总量越多。

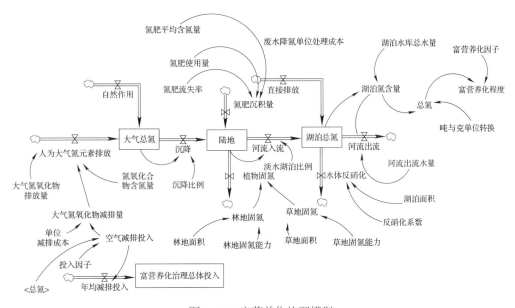

图 4-63 富营养化治理模型

在价格治理模型中最重要的一个因素就是投入因子 k_{npi}，投入因子可以看作是投入资金 S 与湖泊总氮 D 的比值，当湖泊中总氮增加后投入的资金也会相应增加，以此来抑制湖泊富营养化的发展。

$$k_{npi} = \frac{S}{D} \qquad (4-23)$$

当投入因子 k_{npi} 确定后，湖泊中总氮 D 越高，投入资金 S 越多，治理力度就越大，但是投入因子的值越大，相同的总氮值对应的投入资金就越高，成本会增加，确定合适的投入因子能够保证资金的高效利用，因此需要对投入因子多次设定进行逼近，达到最优的投入治理关系。

首先设定投入因子为 500 亿元 /（$mg \cdot L^{-1}$），即单位总氮投入为 500 亿元，通过模拟可以得到图 4-64 所示的总氮曲线。从图中可以看出通过资金进行干预后总氮开始波动，5 年后总氮浓度上升，第 14 年时达到峰值，最高值为 2.6mg/L，50 年后为 1.97mg/L，水体仍保持富营养化状态，说明 500 亿元 /（$mg \cdot L^{-1}$）的投入因子不能满足改善水体富营养化的需求，因此需要持续增大投入因子，增加对富营养化的投入规模。

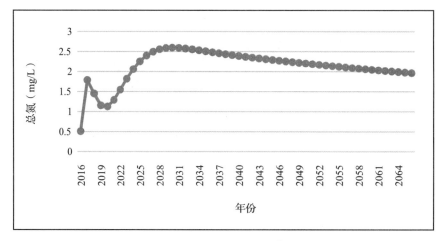

图 4-64　投入因子为 500 亿元 /（mg·L^{-1}）时 50 年总氮曲线

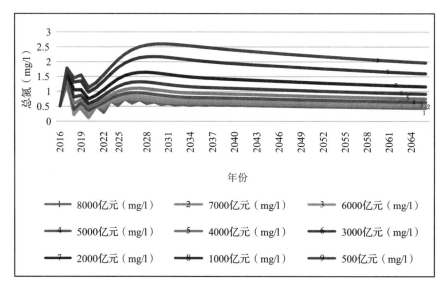

图 4-65　不同投入因子 50 年总氮曲线

　　设定不同的投入因子进行模拟，通过改变投入因子，总氮曲线发生相应变化，如图 4-65 所示。从总体趋势上来看，在治理前期阶段不同的投入因子都会影响到总氮含量，总氮含量成波动状态，总体呈倒 U 形分布，投入因子越大，后期湖泊中总氮含量越低，且峰值越早出现。当投入因子达到 8000 亿元 /（mg·L^{-1}）时，中后期湖泊总氮值可以下降到 0.5mg/l，基本满足了可持续发展的需求，因此将 8000 亿元 /（mg·L^{-1}）作为选定的投入因子，进行模拟，得到图 4-66。

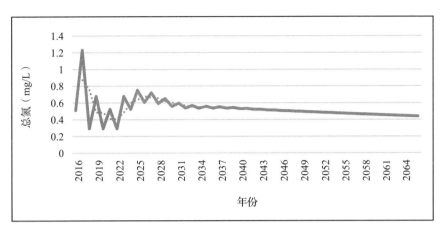

图 4-66　8000 亿元 /（mg·L^{-1}）治理总氮曲线

从图 4-66 中可以看出，通过资金投入及价格干预进行治理后，总氮在前期呈波动性增长，在第 12 年时达到峰值，此后波动性下降，最终达到 Ⅱ 类水质要求。而为此需要进行的年均资金投入如图 4-67 所示。

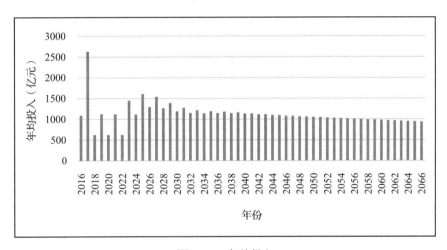

图 4-67　年均投入

从图 4-67 中可以看出，在开始的几年需要进行较高的投入，最高需要投入资金 2630 亿元，此后年均投入额将稳定在每年 1000 亿元左右，50 年的环境总投入为 5.718 万亿元。

通过治理后湖泊氮总量从最初的每年 200 万 t，下降至每年 120 万 t 左右，如图 4-68 所示，50 年累计治理氮 29699 万 t，平均每万 t 环境费用为 1.93 亿元，每吨氮元素的环境投入为 19253 元。

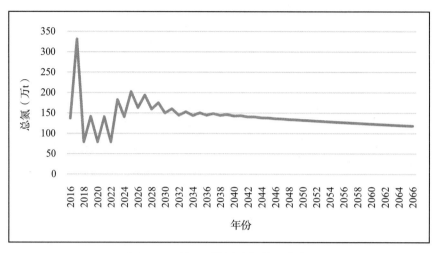

图 4-68　治理后湖泊含氮总量曲线

4. 小结

本小节采用系统动力学分析方法，通过综合考虑经济发展和富营养化的作用机理，对我国未来的富营养化物质排放情况进行了预测，并对未来我国在应对富营养化方面的投入进行了分析。在未来 50 年我国需要治理富营养化当量物质氮元素 29699 万 t，氮当量环境成本为 19253 元 /t，在应对富营养化方面的环境成本约为 1.93 万亿元。

4.4.6　酸化效应

酸化效应实际上是指 pH 值小于 5.6 的大气化学物质，通过干、湿沉降的方式降落到地面，对自然环境和人工生态系统造成危害的现象。对于自然环境的危害主要是森林、水域、土壤的生态破坏，而对于人工生态系统主要是建筑、农作物和人体健康的危害，主要的酸化效应物质是 SO_2、NO_x 等物质。

1. 酸化影响的作用机理

某种物质最终的酸化影响程度可以通过基本元素组成来进行确定，以每千克该物质最终能产生的氢离子（H^+）的摩尔数（mol）作为其酸化影响因子[105]。以二氧化硫（SO_2）为例进行说明，二氧化硫（SO_2）与水（H_2O）反应的化学方程式如下：

$$2SO_2 + O_2 \xrightleftharpoons[]{催化剂} 2SO_3$$

$$SO_3 + H_2O \rightarrow H^+ + SO_4^{2-}$$

每个二氧化硫（SO_2）分子最终将产生 2 个氢离子（H^+），二氧化硫（SO_2）的摩尔质量为 64，1000g 二氧化硫（SO_2）最终可产生 31.25mol 氢离子（H^+），则二氧化硫（SO_2）的酸化因子 AP_{SO_2} 为 31.25，同理三氧化硫（SO_3）分子量为 80，则三氧化硫（SO_3）的酸化因子为 25。

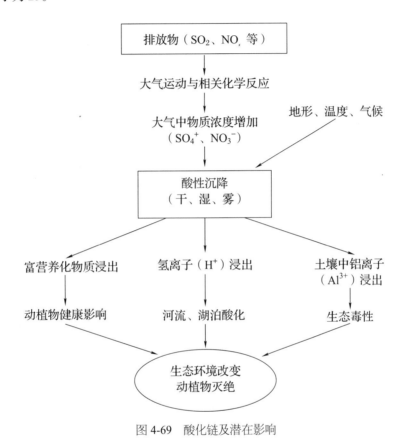

图 4-69　酸化链及潜在影响

来源：根据 GA Norris 提出的酸化循环过程绘制

酸化效应对于环境的作用大致分为三个阶段，如图 4-69 所示。第一阶段为排放阶段，SO_2、NO_x 等物质被排放到大气中，通过大气运动及一系列化学反应转化为 SO_4^{2-}、NO_3^- 等物质；第二阶段，随着这些物质浓度的增加，由于地形、温度、气候等因素形成了酸性沉降，这些物质进入到土壤、河流、湖泊中，造成富营养化物质的浸出、氢离子浸出、土壤中的铝离子浸出；第三阶段，由于富营养化物质、氢离子浓度、铝离子浓度的累积，最终造成动植物健康受到损害，河流湖泊酸化，以及生态毒性的增加等一系列生态环境的改变，甚至造成动植物的灭绝。土壤溶液中有铝离子或 pH 值小于 4.2 的时候，土壤就会危害森林的生长[167]。

每年由于 SO_2 等导致的酸雨污染给我国造成损失超过 1100 亿元[168]。目前对于酸化效应的控制，大部分国家都是从控制硫氧化物和氮氧化物排放入手的，根据原环保部 2016 年公报显示降水中的主要阴离子为 SO_4^{2-}，占离子总当量的 22.5%；NO_3^- 占离子总当量的 8.7%[169]，可以看出我国的酸性沉降以硫酸根为主，应该主要控制空气中硫氧化物的含量。

酸性气体排放到大气中后，大气中的盐基离子 (Ca^{2+}、NH_4^+、K^+) 等对酸性沉降具有中和作用[170]，我国降水中 NH_4^+ 和 Ca^{2+} 普遍偏高能够起到一定中和作用[171]。目前，酸沉降最为突出的问题就是使土壤中无机组分酸中和容量（ANC）下降，即土壤酸化[172]。酸沉降所引起的实际酸化速率可根据 NH_4^+ 与 SO_4^{2-} 在 1 年内的输入与输出计算[173]。

$$H_{产生}^+ = \left(\left[NH_4^+ \right]_{输入} - \left[NH_4^+ \right]_{输出} \right) - \left(\left[SO_4^{2-} \right]_{输入} - \left[SO_4^{2-} \right]_{输出} \right) \qquad （4-24）$$

2. 酸化影响系统动力模型

1）SO_2 排放情况分析与预测

将酸化过程中的硫元素转化为 SO_2 当量，考虑人为排放对于自然界的影响，在 Vensim 中建立系统动力学模型。首先构建经济发展与 SO_2 排放量模型，如图 4-70 所示。将预测年度作为水平变量，GDP 总量和单位 GDP 排放系数作为速率变量，SO_2 排放量作为预测结果，初步构建预测 SO_2 排放量的系统动力学模型，模型方程与参数详见附录 A9。

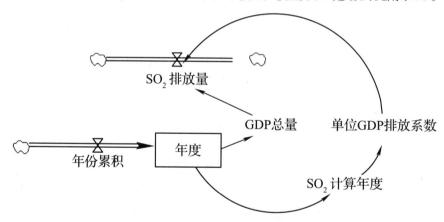

图 4-70　酸化效应物质排放量系统动力预测模型

模型中年度为水平累积变量，是年份累积的积分函数，GDP 总量和单位 GDP 排放系数需要通过进一步分析得到相应函数。模型中 GDP 总量以经济合作与发展组织（OECD）对我国经济情况进行的统计和预测为基础，前面已经推导出公式（4-1），可以将公式带入模型，模型中单位 GDP 排放系数仍然是未知数，需要进一步求解。

受环境政策影响，我国 SO_2 的年均排放量处于下降状态，如图 4-71 所示，从 2005

年的 2549 万 t 下降至 2015 年的 1859 万 t，下降了 27%。为了研究排放量和经济发展的关系，进行进一步推导。研究采用 GDP 当年绝对值来表示我国经济总量，根据历年统计数据[149]，以 2005 年以来的 GDP 和 SO_2 排放量两个序列为基础，分析它们之间的相关性。

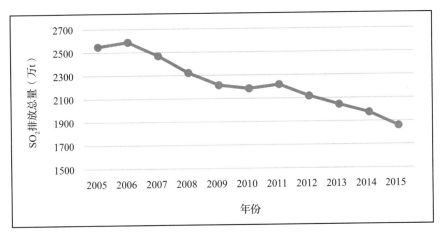

图 4-71　2005 年以来 SO_2 排放总量

数据来源：国家统计局公布数据

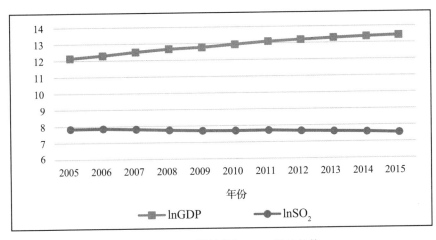

图 4-72　SO_2 排放量与 GDP 增长趋势

对各要素取自然对数，整理得到图 4-72。从图中可以看出 GDP 和 SO_2 排放量趋势相反，可以用相关系数进行量化。相关系数的公式见式（4-6）。

设 X 为 GDP 的自然对数 $\ln GDP$，Y 为二氧化硫年排放量的自然对数 $\ln SO_2$，可以得到二氧化硫排放量与 GDP 的相关系数公式。

$$\rho\left(\ln GDP, \ln SO_2\right) = \frac{Cov\left(\ln GDP, \ln SO_2\right)}{\sigma \ln GDP \times \sigma \ln SO_2} \tag{4-25}$$

通过计算可以得到：

$$\rho\left(\ln\mathrm{GDP}, \ln\mathrm{SO}_2\right) = -0.96$$

SO_2 排放量与 GDP 的相关性为 -0.96，证明 SO_2 排放量与 GDP 发展存在着强相关性，根据 SO_2 排放量与 GDP 的相关性，构建单位 GDP 的 SO_2 排放模型。

整理数据得到图 4-73，从图中可以看出单位 GDP 的 SO_2 排放量处于持续下降状态，根据趋势推导，得到单位 GDP 排放模型：

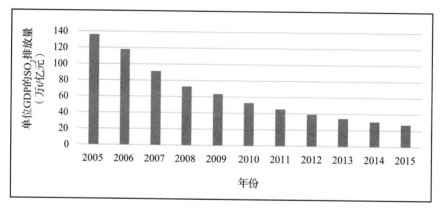

图 4-73　2005 年以来单位 GDP 的 SO_2 排放量

$$m_{\mathrm{SO}_2} = 2057\left(\Delta t + 5\right)^{-1.537}, R^2 = 0.94 \tag{4-26}$$

式中　m_{SO_2}——SO_2 年均单位 GDP 排放强度；

　　　Δt——计算年与 2005 年的差值。

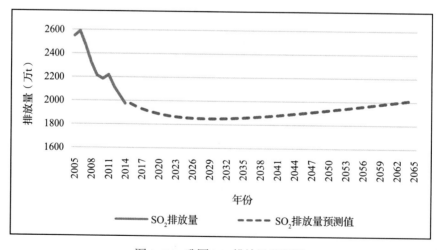

图 4-74　我国 SO_2 排放量及预测

　　通过情景分析，在系统动力学模型中对未来 50 年 SO_2 的排放情况进行模拟，得到图 4-74。从图中可以看出，未来我国 SO_2 排放量呈 U 形发展状态，在未来 10 年左右 SO_2 排放量持续下降，但是随着规模效应达到极限，SO_2 排放量随着经济继续发展有所上升，总体在 1900 万 t 左右浮动，由于没有具体的环境容量数据，需要减排量仍然未知，需要继续建立环境影响模型。

　　2）酸化效应系统动力结构模型

　　在 Vinsim 软件中建立酸化效应环境影响模型，首先建立大气中的硫、土壤中的硫、水体中的硫等水平变量，接下来建立人为排放、大气钙离子中和、大气铵离子中和、草地吸收、林地吸收、地表径流等速率变量，最后建立排放系数、中和系数、吸收系数等常量，如图 4-75 所示。具体方程与参数详见附录 A10。

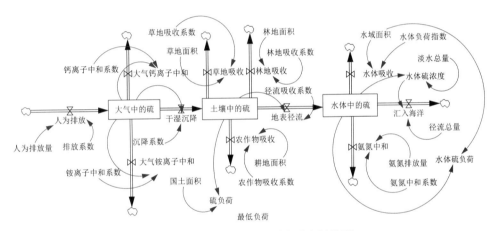

图 4-75　酸化环境影响系统动力学模型

　　大气中人为排放的硫氧化物气体是物质循环的起点，2015 年我国向大气内排放了 18591194.09t SO_2，大气中的 SO_2 经过一系列化学反应与大气中的钙离子和铵离子进行中和，剩余的硫元素有 57.75% 通过干、湿沉降到大陆[174]。沉降到陆地上的 SO_2 会被森林、草地以及耕地进一步吸收，森林对 SO_2 的吸收能力是 0.66t/（$km^2 \cdot a$）[175]，耕地对于 SO_2 的吸收能力是 0.3266t/（$km^2 \cdot a$），草地对于 SO_2 的吸收能力是 0.595t/（$km^2 \cdot a$）[176]，剩余的 SO_2 通过化学反应变为硫酸根离子，水化后生成对应的氢离子产生酸性，使土壤的 pH 值下降，造成酸性累积，我国陆地对于 SO_4^{2-} 负荷值的最低值为 1.6t/（$km^2 \cdot a$），这是我国大部分土壤能容纳的硫沉降最小负荷[177]。

　　在土壤中累积的硫酸离子经过地表径流流入到水体当中，同位素结果表明地表硫氧元素大约有 10% 随地表径流流失[178]，一部分被水生动植物吸收，另一部分会与排放到水体中的氨氮进行中和反应，氨氮在水中可以与 SO_4^{2-} 离子进行中和，SO_2 与氨氮的分子量比值约为 1.77，在水中的反应效率约为 0.8727，综合反应系数经计算大约为 1.55[179]。还有一部分会随着河流汇入海洋，剩余的硫酸根离子累积，造成水体酸化。我国水体每年可承受较高的酸性沉降，大约为 9.4t/（km^2·a）[180]，约 82.11% 国土上的地表水基本不会发生酸化[181]，所以我国酸化效应影响主要作用在土壤上。

3. 酸化效应环境影响总量分析

以 50 年为模拟边界对模型进行模拟，分别对土壤中的含硫量以及水体中的含硫量进行模拟，得到图 4-76 ~ 图 4-78。

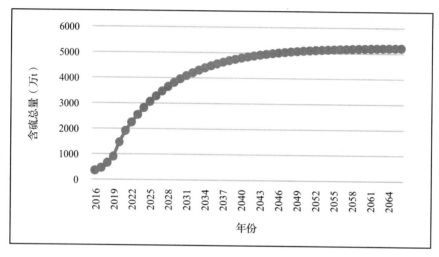

图 4-76　土壤中含硫总量

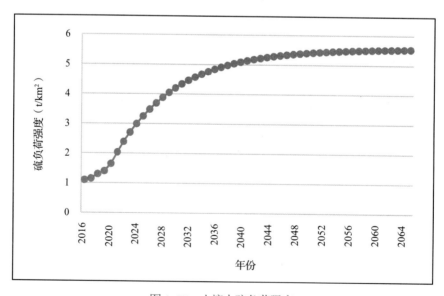

图 4-77　土壤中硫负荷强度

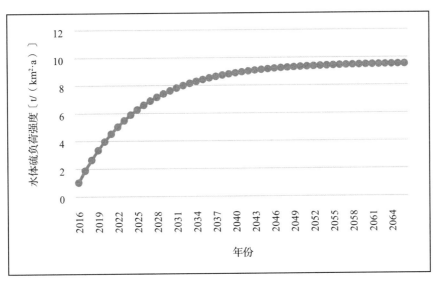

图 4-78　水体硫负荷强度

从图 4-76 中可以看出，在目前的排放规模情况下，未来 50 年土壤中年均含硫总量不断提高，最高可到 5217 万 t。

图 4-77 是土壤中年硫负荷强度曲线。我国土地硫负荷强度约为 1.6t/（km² · a），按目前的排放情况，大约 4 年左右土壤的硫负荷强度会超过最低负荷值，此后逐年上升最后达到 5.541.6t/（km² · a），是最低负荷强度的 3.5 倍。

水体硫负荷强度如图 4-78 所示。从长期发展来看，水体硫负荷强度曲线趋于稳定，最终水体中硫负荷强度将维持在 9t/（km² · a），由于我国水体大部分可以承受 9.4t/（km² · a）的 SO_2 沉降，目前排放情况下对于水体酸化的影响较小。

1）酸性沉降的控制

大气中硫的主要来源是人类作为能源的煤等含硫矿物的燃烧，含硫金属的冶炼也会释放大量 SO_2，此外石油炼制时会释放出大量 H_2S，H_2S 在空气中会很快转化为 SO_2，而作为我国主要能源的煤，年消费量占能源消费总量的 70%[182]。随着资源的枯竭，能源价格进一步上涨，我国高硫煤的使用量也在逐年提升，因此，煤炭脱硫技术是我国目前降低硫排放的主要手段，目前每公斤 SO_2 排污费用平均为 6.3 元[183]。

2）土壤酸化治理总量分析

通过加大环境的投入，对 SO_2 进行治理可以将土壤酸化控制在环境允许范围内。通过价格治理模型来分析在一个建筑设计生命周期内，土壤酸化需要治理的总量以及总体费用。首先根据价格机制，当土壤酸化越严重，需要投入的资本总量越多，以此原理建立治理模型，如图 4-79 所示。模型具体方程与参数详见附录 A11。

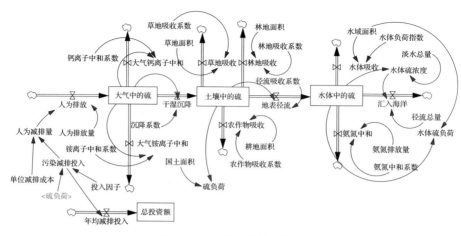

图 4-79 酸化效应治理模型

在价格治理模型中最重要的一个因素就是投入因子 k_{spi}，投入因子可以看作是投入资金 S 与土壤酸性负荷 F 的比值，当土壤中的酸性负荷增加后投入的资金也会相应增加，以此来抑制酸雨的发展。

$$k_{spi} = \frac{S}{F} \tag{4-27}$$

当投入因子 k_{spi} 确定后，土壤中酸性负荷 F 越大，投入资金 S 越多，治理力度就越大，但是投入因子的值越大，相同的酸性负荷值对应的投入资金就越高，成本会增加。确定合适的投入因子能够保证资金的高效利用，因此需要对投入因子多次设定，进行逼近，达到最优的投入治理关系。

首先设定投入因子为 300 亿元 /[t/（km² · a）]，即单位硫负荷强度投入为 300 亿元，通过模拟可以得到图 4-80 所示的曲线，从图中可以看出土壤硫负荷曲线大约到第 15 年左右会维持相对稳定，稳定值为 1.87t/（km² · a），负荷强度仍在土壤承受能力之上，说明 300 亿元 /[t/（km² · a）] 的投入因子不能满足改善酸化的需求，因此需要持续增大投入因子，增加对酸化治理的投入。

设定不同的投入因子进行模拟，通过改变投入因子，硫负荷强度曲线发生相应变化，如图 4-81 所示，从总体趋势上来看，在治理前期阶段不同的投入因子都会影响到硫负荷强度，硫负荷强度呈波动状态，治理后期处于相对稳定状态，且投入因子越大硫负荷强度降低越多。

通过继续迭代，得到图 4-82，发现当投入因子为 600 亿元 /[t/（km² · a）] 时，土壤硫负荷强度在 1.6 t/（km² · a）附近波动，随着时间增长波动趋于稳定，最终硫负荷强度维持在 1.6 t/（km² · a）左右，因此选定 600 亿元 /[t/（km² · a）] 为投入因子，继续进行模拟。

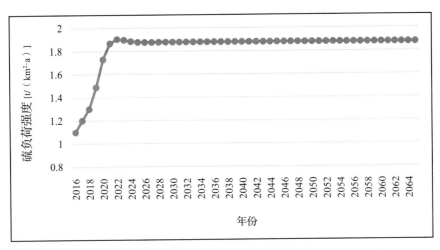

图 4-80　投入因子为 300 亿元 /[t/（km^2·a）] 时 50 年土壤硫负荷曲线

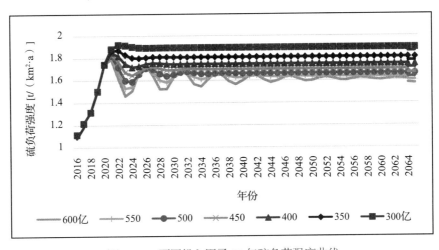

图 4-81　不同投入因子 50 年硫负荷强度曲线

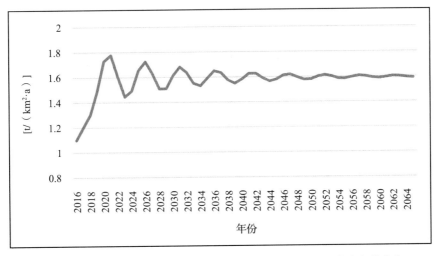

图 4-82　投入因子为 600 亿元 /[t/（km^2·a）] 时 50 年土壤硫负荷曲线

将投入因子 600 亿元 /[t/（km² · a）] 代入模型进行模拟，可以得到年均减排量曲线，如图 4-83 所示。从图中可以看出最初几年年均减排量波动比较剧烈，后期趋于平稳，这是由于累积作用使土壤酸度趋于稳定，减排量也随之稳定，减排量从最高的 1197 万 t SO₂，最终稳定在 799 万 t 左右，50 年减排总量 38497 万 t。

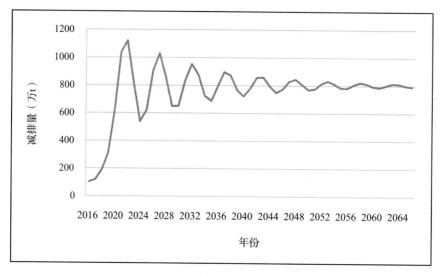

图 4-83　酸化效应年均减排量

随着减排量的波动，减排投入也在进行波动，最后趋于稳定，如图 4-84 所示。减排投入的峰值为 705 亿元，50 年环境累计投入 24253 亿元，SO₂ 单位减排成本为 6290 元 /t。

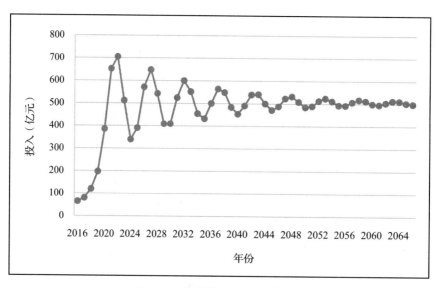

图 4-84　酸化效应年均减排投入

4. 小结

本小节采用系统动力学分析方法，通过综合考虑经济发展和酸化效应作用机理，对我国未来的酸化效应物质排放情况进行了预测，并对未来我国在应对酸化效应影响方面的投入进行了分析，计算出在未来 50 年我国需要减排酸化效应物质为 38497 万 t，酸化效应当量物质 SO_2 的单位减排成本为 6290 元 /t，在应对酸化效应方面的环境投入约为 2.9783 万亿元。

4.4.7　生态毒性

生态毒性物质是指在生态环境中难以自然降解，对于人和生物具有较高毒性的化学污染物[184]。这些物质主要包括一些重金属和有机化学物质，生态毒性物质会对陆生、水生生物及生态系统造成潜在危害，目前主要通过污染物浓度来测量其对于生态系统的损害。

1. 生态毒性的作用机理

国际环境毒理协会（SETAC）提出了三个因素用来描述有毒物质的生态毒性：①用来描述环境质量负荷的环境因子；②毒素在传输过程中的转移因子；③毒素对环境质量影响的影响因子，在此基础上提出了生态毒性潜力（Ecological Toxicity Potential，ETP）的概念[185]。ETP 的目标是构建一个能够量化来源与浓度富集的综合系统，通过 ETP 的排放加权可以评估有毒物质的总体生态效应。ETP 包括两个组成部分：污染物的通用排放浓度比（CSR）和环境影响浓度比（ICR），因此 ETP 可以用来评估排放的污染物毒性，能够较好地将排放物与环境影响联系起来，具体公式如下：

$$ETP_i^{nm} = \frac{\left[CSR_i^{nm} \times ICR_i^{m} \right]}{\left[CSR_x^{nm} \times ICR_x^{m} \right]} \tag{4-28}$$

其中

$$CSR_i^{nm} = \frac{PEC_i^{m}}{S_i^{n}}, ICR_i^{m} = \frac{FA*}{C_i^{m*}} \tag{4-29}$$

式中　ETP_i^{nm}——物质 i 对环境的生态毒性潜力，以释放到环境中的该物质的化学当量计；

CSR_i^{nm}——物质 i 的环境浓度比，表示单位环境的污染物浓度，mol/m^3；

ICR_i^{m}——物质 i 在环境中浓度增加的潜在影响；

PEC_i^{m}——物质 i 连续释放到环境中预测环境浓度，mol/m^3；

$FA*$——标准化危害影响，将不同物质的潜在危害进行归一化处理；

C_i^{m*}——物质 i 的基准浓度。

在进行 ETP 总量计算时可以将释放到水中的 $ETP_i^{sw,sw}$ 和土壤中的 $ETP_i^{sw,soil}$ 进行组合：

$$ETP_i^{sw}\left(overall\right) = 0.5\times ETP_i^{sw,soil} + 0.5ETP_i^{sw,sw} \tag{4-30}$$

目前针对 ETP 的影响值是采用 Hertwich 提出的连续排放稳态质量模型进行计算的[186]。

生态毒性物质主要包括铅、镉、砷、汞、铜等重金属以及一些有机化学物等，其在自然界的作用机理如图 4-85 所示，人为排放的有毒物质会直接或间接释放到大气、土壤、地表水当中，空气中的有毒物质通过干、湿沉降降落到土壤或地表水体当中，土壤中的有毒物质通过径流流入到地表水体当中，地表水中的有毒物质则通过灌溉的方式进入到土壤当中。生长在水体或地面的植物通过吸收的方式将有毒物质进行富集，动物通过食物链和饮用水将有毒物质摄入体内，人类则通过饮食将植物和动物体内的重金属吸收，进而损害身体健康。具有生态毒性的物质会对整个生态环境造成影响，最终影响动植物的健康，甚至造成物种的灭绝。

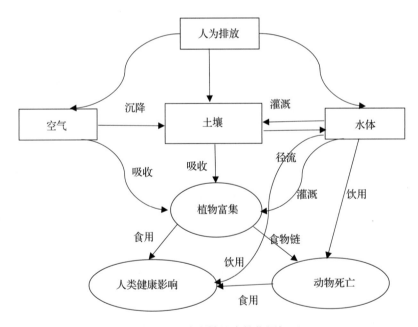

图 4-85　生态毒性的自然作用机理

2. 生态毒性物质污染当量

目前我国主要控制排放量的生态毒性污染物是水中排放的重金属物质，以及一些挥发酚和石油类物质。这些物质毒性不同，对环境的影响不同，在评估影响时需要将这些物质的毒性进行统一。污染当量是将这些物质的生态毒性进行统一的指标。

所谓污染当量值，是指通过比值来表示不同污染物或污染排放量之间的毒性当量、有害当量和费用当量的综合关系[187]，主要用于评价污染物的污染强度。国务院颁布《排污费征收使用管理条例》对不同物质的污染当量进行了统一的规定，以化学需氧量（COD）为基准。另外，《地表水环境质量标准》（GB 3838—2002）对地表水中允许的污染物浓度也进行了统一的规定，整理得到表 4-5。

生态毒性物质地表水允许浓度及污染当量系数　　　　表 4-5

物质	Ⅰ类地表水允许浓度（mg/L）	Ⅲ类地表水允许浓度	污染当量 (kg)
汞	0.00005	0.0001	0.0005
铅	0.01	0.05	0.025
镉	0.001	0.005	0.005
六价铬	0.01	0.05	0.02
铬	0.5	0.5	0.04
砷	0.05	0.05	0.02
石油类	0.05	0.05	0.1
挥发酚	0.002	0.005	0.008

数据来源：《地表水环境质量标准》（GB 3838—2002）、《排污费征收使用管理条例》

从表 4-5 中可以看出以汞的毒性最强，在自然界允许浓度值也最低，这些毒性物质的毒性排序为：汞 > 镉 > 挥发酚 > 六价铬 > 铅 > 砷 > 铬 > 石油类。根据国家统计局历年数据得到表 4-6。

2011—2015 年我国生态毒性物质排放表　　　　表 4-6

年度	石油类(t)	挥发酚(t)	铅(kg)	汞(kg)	镉(kg)	六价铬(kg)	总铬(kg)	砷(kg)
2011	21012	2430	155242	2829	35898	106395	293166	146616
2012	17493	1501	99358	1223	27249	70533	190079	128493
2013	18385	1277	76111	916	18435	58291	163117	112230
2014	16203	1378.4	73184	745	17251	34925	132797	109729
2015	15192	988	79429	1079	15819	23597	105288	112101

从表 4-6 中可以看出，近几年，我国的生态毒性物质排放量逐年下降，六价铬从

106395kg 减少至 23597kg，排放量减少了 78%，其次是铬、汞、挥发酚、铅、石油类，砷排放量降低幅度最小，约为 23%。由于单纯排放量不能反映毒性的总量，如汞的毒性较大但是其排放量却是最小的，因此对毒性当量进行进一步统计得到图 4-86。

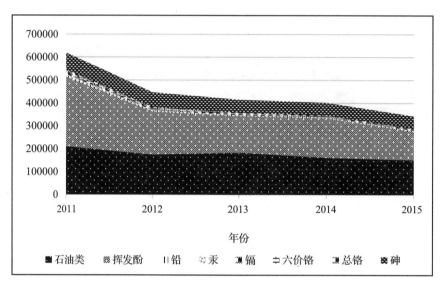

图 4-86　2011—2015 年毒性当量排放统计

数据来源：国家统计局

对毒性当量进行统计可以发现，生态毒性总量以挥发酚所占比重最大，其次是石油类，接下来是砷、镉、汞、铅、六价铬、铬等物质，在 1179~3177t 之间，毒性当量从总量 2011 年的 618946t 下降至 2015 年的 343810t，下降了 44% 左右。

3. 生态毒性系统动力模型

1) 生态毒性物质排放情况分析与预测

根据生态毒性的作用原理，考虑人为排放对于自然界的影响，在 Vensim 中建立系统动力学模型。首先构建经济发展与生态毒性物质排放量模型，将预测年度作为水平变量，GDP 总量和单位 GDP 排放系数作为速率变量，生态毒性物质排放量作为预测结果，初步构建预测生态毒性物质排放量的系统动力学模型，如图 4-87 所示。

模型中年度为水平累积变量，是年份累积的积分函数，GDP 总量和单位 GDP 排放系数需要通过进一步分析得到相应函数。模型中 GDP 总量以经济合作与发展组织（OECD）对我国经济情况进行的统计和预测为基础，前面已经推导出公式（4-2），将公式带入模型，单位 GDP 排放系数仍然是未知数，需要进一步求解。

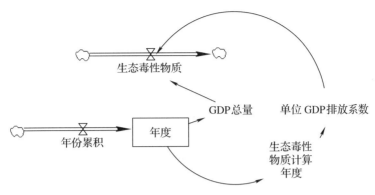

图 4-87　生态毒性物质排放量预测系统动力预测模型

研究采用 GDP 当年绝对值来表示我国经济总量，根据历年统计数据[149]，以 1990 年以来的 GDP 和石油类物质、重金属类物质等不同生态毒性物质排放量的多个序列为基础，分析它们之间的相关性。

对各要素取自然对数，整理得到图 4-88。从图中可以看出 GDP 和生态毒性物质排放趋势相反，可以用相关系数进行量化。相关系数的公式见式（4-6）。

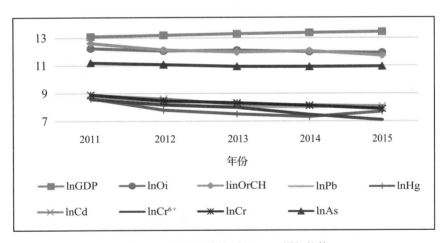

图 4-88　生态毒性物质与 GDP 增长趋势

设 X 为 GDP 的自然对数 lnGDP，Y 为石油类物质排放量的自然对数 lnOi、挥发酚类物质排放量的自然对数 lnOrCH、铅排放量的自然对数 lnPb、汞排放量的自然对数 lnHg、镉排放量的自然对数 lnCd、六价铬排放量的自然对数 Cr^{6+}、砷排放量的自然对数 lnAs、总铬排放量的自然对数 lnCr，可以得到生态毒性物质排放量与 lnGDP 的相关系数公式。

$$\rho\left(\ln GDP, \ln Oi\right) = \frac{Cov\left(\ln GDP, \ln Oi\right)}{\sigma \ln GDP \times \sigma \ln Oi} \tag{4-31}$$

$$\rho\left(\ln \text{GDP}, \ln \text{OrCH}\right) = \frac{Cov\left(\ln \text{GDP}, \ln \text{OrCH}\right)}{\sigma \ln \text{GDP} \times \sigma \ln \text{OrCH}} \tag{4-32}$$

$$\rho\left(\ln \text{GDP}, \ln \text{Pb}\right) = \frac{Cov\left(\ln \text{GDP}, \ln \text{Pb}\right)}{\sigma \ln \text{GDP} \times \sigma \ln \text{Pb}} \tag{4-33}$$

$$\rho\left(\ln \text{GDP}, \ln \text{Hg}\right) = \frac{Cov\left(\ln \text{GDP}, \ln \text{Hg}\right)}{\sigma \ln \text{GDP} \times \sigma \ln \text{Hg}} \tag{4-34}$$

$$\rho\left(\ln \text{GDP}, \ln \text{Cd}\right) = \frac{Cov\left(\ln \text{GDP}, \ln \text{Cd}\right)}{\sigma \ln \text{GDP} \times \sigma \ln \text{Cd}} \tag{4-35}$$

$$\rho\left(\ln \text{GDP}, \ln \text{Cr}^{6+}\right) = \frac{Cov\left(\ln \text{GDP}, \ln \text{Cr}^{6+}\right)}{\sigma \ln \text{GDP} \times \sigma \ln \text{Cr}^{6+}} \tag{4-36}$$

$$\rho\left(\ln \text{GDP}, \ln \text{As}\right) = \frac{Cov\left(\ln \text{GDP}, \ln \text{As}\right)}{\sigma \ln \text{GDP} \times \sigma \ln \text{As}} \tag{4-37}$$

$$\rho\left(\ln \text{GDP}, \ln \text{Cr}\right) = \frac{Cov\left(\ln \text{GDP}, \ln \text{Cr}\right)}{\sigma \ln \text{GDP} \times \sigma \ln \text{Cr}} \tag{4-38}$$

通过计算可以得到表4-7。

不同生态毒性物质与 GDP 相关系数表　　　　　表 4-7

石油类 Oi	挥发酚 CrOH	铅 Pb	汞 Hg	镉 Cd	六价铬 Cr⁶⁺	总铬 Cr	砷 As
-0.92	-0.92	-0.88	-0.80	-0.97	-0.98	-0.99	-0.92

从表4-7中可以看出生态毒性物质排放量和 GDP 之间呈负相关，相关性最低的汞为 -0.80，但仍然属于强相关，相关性最强的为总铬 -0.99，证明生态毒性物质排放量与 GDP 发展存在着强相关性。根据生态毒性物质排放量与 GDP 的相关性，构建单位 GDP 生态毒性物质排放模型，进行回归得到以下公式：

$$m_{\text{As}} = 301.77 \times \left(\Delta t - 31\right)^{-0.397}, R^2 = 0.98 \tag{4-39}$$

式中　m_{As}——单位 GDP 的砷排放量，g/ 亿元；

　　　Δt：计算年与 1980 年的差值。

$$m_{\text{Cd}} = 76.063 \times \left(\Delta t - 31\right)^{-0.748}, R^2 = 0.99 \tag{4-40}$$

式中：m_{Cd}——单位 GDP 的镉排放量，g/ 亿元。

$$m_{\mathrm{Hg}} = 4.9323 \times \left(\Delta t - 31\right)^{-0.914}, R^2 = 0.86 \tag{4-41}$$

式中：m_{As}——单位 GDP 的汞排放量，g/ 亿元。

$$m_{\mathrm{Pb}} = 299.7 \times \left(\Delta t - 31\right)^{-0.669}, R^2 = 0.95 \tag{4-42}$$

式中：m_{As}——单位 GDP 的铅排放量，g/ 亿元。

$$m_{\mathrm{Cr}^6} = 251.1 \times \left(\Delta t - 31\right)^{-1.099}, R^2 = 0.93 \tag{4-43}$$

式中：m_{Cr^6}——单位 GDP 的六价铬排放量，g/ 亿元。

$$m_{\mathrm{Cr}} = 617.71 \times \left(\Delta t - 31\right)^{-0.814}, R^2 = 0.99 \tag{4-44}$$

式中：m_{C}——单位 GDP 的总铬排放量，g/ 亿元。

$$m_{\mathrm{CrOH}} = 4.8268 \times \left(\Delta t - 31\right)^{-0.701}, R^2 = 0.95 \tag{4-45}$$

式中：m_{CrOH}——单位 GDP 的挥发酚排放量，kg/ 亿元。

$$m_{\mathrm{Oi}} = 43.511 \times \left(\Delta t - 31\right)^{-0.391}, R^2 = 0.96 \tag{4-46}$$

式中　m_{Oi}——单位 GDP 的石油类物质放量，kg/ 亿元。

接下来通过模型对未来 50 年的生态毒性物质排放量进行预测，得到图 4-89。

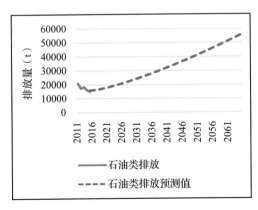 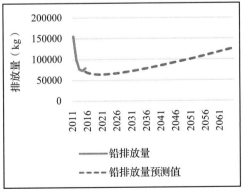

图 4-89　生态毒性物质排放量及预测

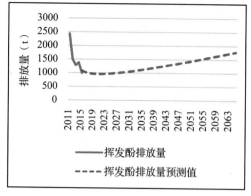
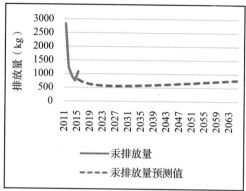
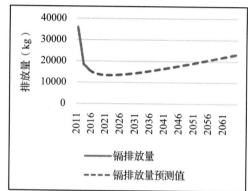
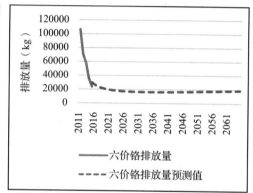
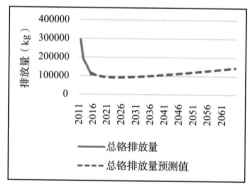
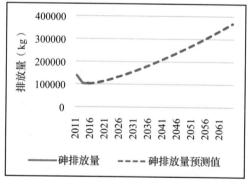

图 4-89　生态毒性物质排放量及预测（续）

从图 4-89 中可以看出随着经济发展和技术进步，有毒物质的排放基本呈现先下降后上升的趋势，这主要是由于技术具有一定的瓶颈，而经济规模达到一定程度后，单位有毒物质的排放量虽然有所下降，但是总量仍会持续增加。挥发酚的总量在第 6 年达到最低点，随后会持续上升，最终会达到每年 1778t 左右，而石油类物质的总量会持续缓慢上升，最终达到每年 55522t 左右，汞的发展趋势较为平缓，从最初的每年 780kg 左右持续下降，大约 20 年后开始缓慢上升，最终年排放量未超过初始值，其他毒性物质基本是都是先下降后上升的趋势。

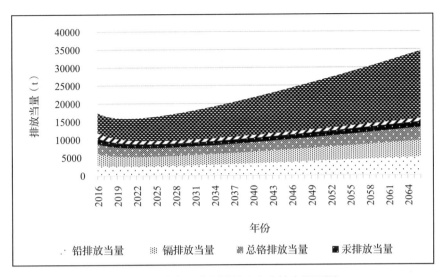

图 4-90　未来重金属排放生态毒性当量预测

毒性物质的排放量并不能完全反映出对环境的影响，因此需要对毒性当量影响进行预测，得到图 4-90。从图中可以看出在重金属毒性当量影响中，以砷的影响最大，其次是铅和镉，在未来的环境影响中应加强对三者的减排力度。

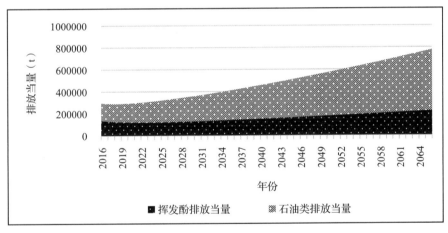

图 4-91　未来石油类和挥发酚生态毒性物质毒性当量排放预测

非金属有机物的毒性物质主要是挥发酚和石油类物质，二者对于环境的当量影响最大，尤其是石油类物质占到有机物的 55% 以上，需要进行重点处理。对非金属类生态毒性物质排放当量进行预测，得到图 4-91。总体来看未来的生态毒性物质排放呈上升趋势，为了维持可持续发展，需要进行额外的减排处理。

2）生态毒性系统动力结构模型

进一步对生态毒性原理进行分析。目前我国生态毒性物质以污水源为主，污水通过排污系统排放到地表水系统，在地表水中累积：一部分沉积到底泥当中，另一部分通过河流流入海洋，进行更大循环，留在地表水中的有毒物质一部分会被水生植物或动物吸收，另一部分会通过灌溉沉积到土壤当中，对陆地生态环境造成影响。以此原理构建生态毒性系统动力模型。

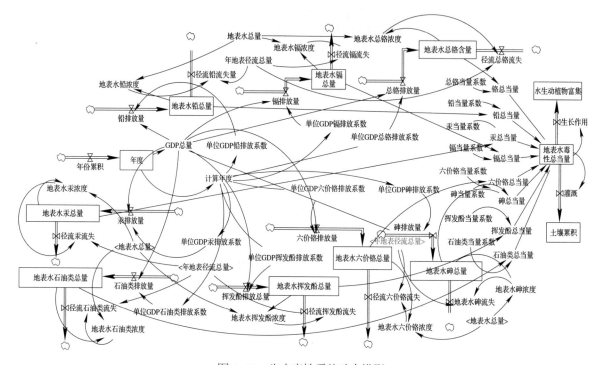

图 4-92　生态毒性系统动力模型

在 Vinsim 软件中建立生态毒性系统动力模型，如图 4-92 所示，具体方程与参数详见附录 A12。首先建立地表水汞含量、地表水铅含量、地表水镉含量等水平变量，接下来建立人为排放、灌溉量、流失量等速率变量，最后建立灌溉系数、中和系数、吸收系数等常量，接下来通过预测模型对生态毒性总量进行预测分析。

4. 生态毒性环境治理总量分析

对模型进行模拟，得到图 4-93。从图中可以看出，在未来 15 年左右生态毒性当量总量会超过环境允许值，未来 50 年毒性当量超过环境允许值的累积排放将达到 2600 万 t，生态毒性物质当量环境处理费用为 9600 元 /t[188]，未来共需要 2496 亿元的环境投入，转化为铅当量为 13 万 t，当量处理费用为 192 万元 /t。

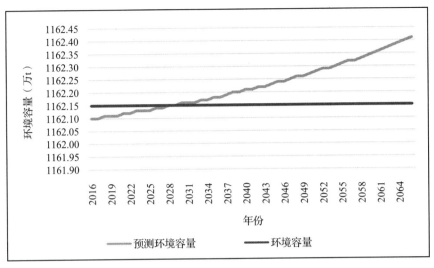

图 4-93 未来 50 年生态毒性环境总量预测

5. 小结

本小节采用系统动力学分析方法，通过综合考虑经济发展和生态毒性作用机理，对我国未来的生态毒性物质排放情况进行了预测，并对未来我国在应对生态毒性影响方面的投入进行了分析，计算出未来 50 年我国需要减排生态毒性当量物质 2600 万 t，转化为铅当量为 13 万 t，铅的单位环境成本为 192 万元 /t，在生态毒性方面的环境投入约为 0.2496 万亿元。

4.4.8 固体废弃物

固体废弃物是指由于人类的生产、生活等活动产生的固态或半固态的废弃物质，主要包括工业固体废弃物和城市生活垃圾。根据 44 个联合国机构提供的 2015 年的固体废弃物数据分析，2015 年人均废物产生量为 547kg[189]。固体废弃物会不断地侵占土地，破坏生态景观，威胁人类和动植物生存，滋生新的环境问题。

随着经济的发展我国的固体废弃物也在不断增多，从 2005 年的 13449 万 t 增长到目前的 331055 万 t，增长了近 1.5 倍，而我国城市生活垃圾处也在持续增长状态从 2005 年的 15576 万 t 增长到 2015 年的 19141 万 t，如图 4-94、图 4-95 所示。

1. 固体废弃物排放分析与预测

以 2015 年为计算起点，以 50 年为预测期限，根据经济发展与固体废弃物排放规律建立系统动力模型。目前，卫生填埋是固体废弃物处理使用比例最高的方法，具有流程简单、废物处理量大、费用较低等优点，而且环境影响负荷最小[190]，研究主要是

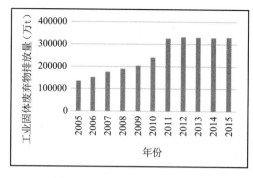 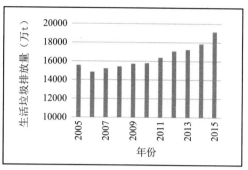

图 4-94　我国工业固体废弃物排放情况　图 4-95　我国城市生活垃圾排放情况

数据来源：国家统计局数据　　　　数据来源：国家统计局数据

预测未来固体废弃物的环境总成本，因此选用这种方式来进行评估。固体废弃物对环境的其他影响（如生态毒性、温室效应影响等）已经在其他环境影响要素中进行了评估，因此本项环境影响将综合考虑填埋处理费用和土地的占用造成的环境影响来权衡其对环境影响的成本，目前卫生填埋的成本为 16 元 /t[191]，而每万吨固体废弃物需要占掉 532m^2 的土地[192]。

根据这些原理和数据建立系统动力模型。以固体废弃物处理总费用、土地占用总量为水平变量，工业固体废弃物、生活固体废弃物等为速率变量，土地占用系数、单位 GDP 排放系数等为常量，建立模型，如图 4-96 所示，具体方程和参数信息见附录 A13。

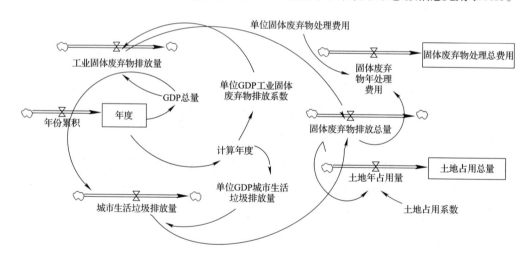

图 4-96　固体废弃物环境影响系统动力模型

从图 4-96 中可以看出，我国固体废弃物总量主要由工业固体废弃物和城市生活垃圾排放量组成，它们各自的总量可以通过经济发展和单位 GDP 排放规律进行预测，而对环境的主要影响反映在土地占用总量上。

2. 固体废弃物排放情况分析与预测

研究采用 GDP 当年绝对值来表示我国经济总量，以 2005 年以来的 GDP、工业固体废弃物 I 和城市生活垃圾 L 三个序列为基础，分析它们之间的相关性。

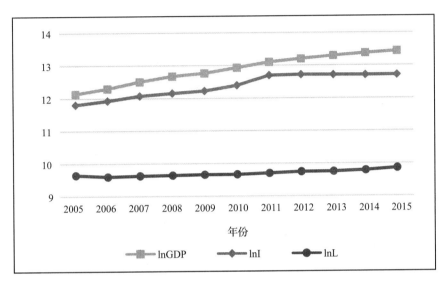

图 4-97　氮氧化物排放量与 GDP 增长趋势

对各要素取自然对数，整理得到图 4-97。从图中可以看出 GDP 和工业固体废弃物与城市生活垃圾排放量趋势一致，可以用相关系数进行量化。相关系数的公式见式（4-6）。

设 X 为 GDP 的自然对数 lnGDP，Y 为工业固体排放量的自然对数 lnI 或城市生活垃圾 lnL，可以得到工业固体废弃物、城市生活垃圾排放量与 GDP 的相关系数公式。

$$\rho\left(\ln \text{GDP}, \ln \text{I}\right) = \frac{Cov\left(\ln \text{GDP}, \ln \text{I}\right)}{\sigma \ln \text{GDP} \times \sigma \ln \text{I}} \tag{4-47}$$

$$\rho\left(\ln \text{GDP}, \ln \text{L}\right) = \frac{Cov\left(\ln \text{GDP}, \ln \text{L}\right)}{\sigma \ln \text{GDP} \times \sigma \ln \text{L}} \tag{4-48}$$

通过计算可以得到：

$$\rho\left(\ln \text{GDP}, \ln \text{I}\right) = 0.98$$

$$\rho\left(\ln \text{GDP}, \ln \text{L}\right) = 0.88$$

可以发现固体废弃物排放量与 GDP 发展存在着强相关性，根据 GDP 的相关性，中国固体废弃物和经济增长之间存在着长期平稳的相关性，且在目前发展的情况下经济增长会推动固体废弃物的增长。

虽然固体废弃物总量处于增长状态，但是单位 GDP 的排放量却处于下降趋势如图

4-98、图 4-99 所示。根据我国未来经济发展情况和固体废弃物的排放情况，通过趋势推导和回归分析处理，得到未来废弃物的单位 GDP 排放量预测公式：

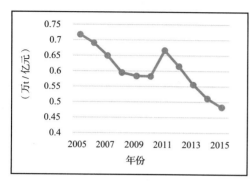

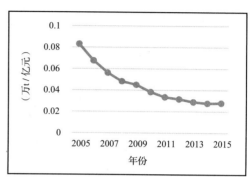

图 4-98　单位 GDP 工业固体废弃物排放量　　图 4-99　单位 GDP 城市生活垃圾排放量

$$m_{Gyf} = 0.7253 \times \left(e\right)^{-0.031(\Delta t - 24)}, R^2 = 0.80 \qquad （4-49）$$

式中　　m_{Gyf}——单位 GDP 的工业固体废弃物排放量，万 t/ 亿元；

　　　　Δt——计算年与 1980 年的差值。

$$m_{Clq} = 0.1135 \times \left(\Delta t - 24\right)^{-0.563}, R^2 = 0.98 \qquad （4-50）$$

式中　　m_{Clq}——单位 GDP 的城市垃圾清运量；万 t/ 亿元。

3. 环境影响量化分析

在模型中对未来工业固体废弃物进行模拟，得到图 4-100。从图中可以看出，未来工业固体废弃物会保持持续增长的趋势，在 38 年后达到峰值 666610 万 t，之后出现拐点，开始下降，最终的排放量为 648859 万 t。

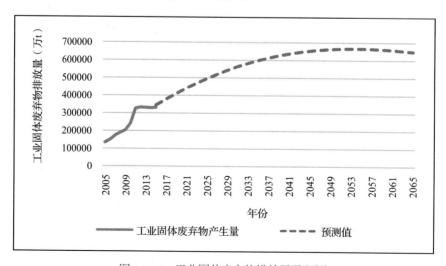

图 4-100　工业固体废弃物排放量及预测

如图 4-101 所示，由于未来人们对生活品质要求的提高，城市垃圾的排放量将呈持续上升趋势，从最初的每年 19141 万 t 持续增长，最终增加到 67956 万 t，增长了近 5 倍。

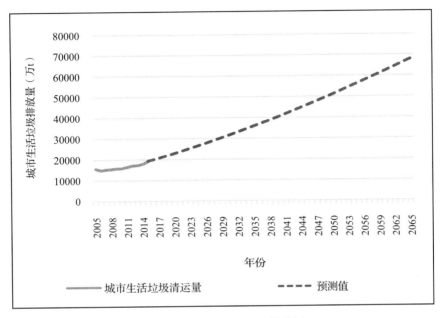

图 4-101　城市生活垃圾排放量

继续模拟得到图 4-102，从图中可以看出固体废弃物总量呈现出较为明显的倒 U 形库兹涅茨曲线，缓慢上升到峰值 723903 万 t 后开始下降，在总量上以工业固体废弃物为主，后期生活垃圾的比例开始升高，50 年总排放量为 3189.8318 亿 t。

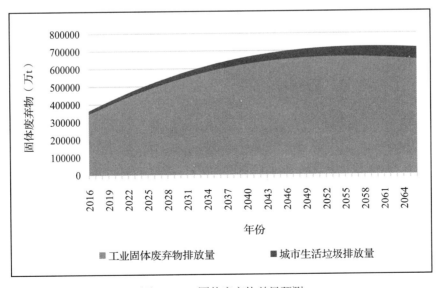

图 4-102　固体废弃物总量预测

对废弃物处理成本进行模拟，得到图 4-103。从图中可以看出，未来在处理固体废弃物方面的投入需要持续增加，最初大约需要 533.11 亿元，40 年后达到峰值约为 1158 亿元，之后开始下降，50 年总计处理成本为 5.1037 万亿元。

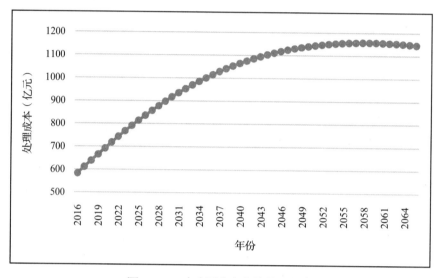

图 4-103　未来固体废弃物处理成本

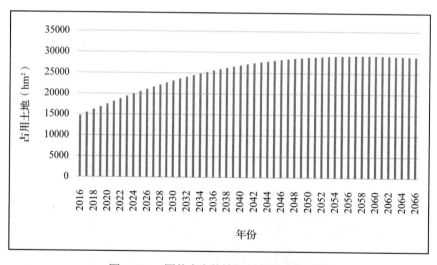

图 4-104　固体废弃物填埋场占用土地预测

由于固体废弃物需要通过填埋来完成无害化处理，所以对土地有一定需求，通过模拟得到图 4-104。从图中可以看出，垃圾填埋场所需的面积最初为每年增加 14735hm²，峰值为每年增加 38495 hm²。50 年总共增加占用土地 128.9712 万 hm²，土地生态成本平均值为 236405 元/hm²，未来在土地占用上的成本为 3049 亿元。总体来说，固体废弃物总投入为 5.4086 万亿元，单位固体废弃物成本为 16.95 元/t。

4. 小结

本小节采用系统动力学分析方法，通过综合考虑经济发展和固体废弃物总量的关系，对我国未来的固体废弃物排放情况进行了预测，并对未来我国在应对固体废弃物影响方面的投入进行了分析，计算出在未来 50 年我国固体废弃物总排放量为 3189.83 亿 t，单位固体废弃物环境成本为 16.95 元 /t，在固体废物方面的环境投入约为 5.4086 万亿元。

4.5　基于系统动力学的资源要素影响预测与量化

化石燃料及矿产资源可以统称为非生物质资源[193]，建筑中使用的非生物质资源主要包括：建筑矿石、工业矿石、化石燃料等。通常用资源枯竭指数来衡量资源消耗的环境成本。评估资源枯竭指数首先要衡量资源储备的总量，矿产资源储量的基础定义如下：资源储量是基于可靠的技术和经济手段考虑现在和未来的经济效益，通过合理的开采转化为经济效益的潜在资源[194]。目前的开采水平及资源储备规模将会决定资源耗竭的情况。

人类可以根据资源的枯竭情况，通过一系列经济行为为资源系统创造一个良好的环境条件，保证资源的可持续利用。本节将根据这个原理研究为了维持未来资源的可持续利用，我国所需要付出的投入。

4.5.1　化石能源

非生物质化石燃料属于不可再生资源，目前常用的化石能源主要包括：原煤、石油、天然气。这些资源储量有限，会随着人类的开发使用逐步耗竭。我国 2015 年主要化石能源探明储量如表 4-8 所示。

我国 2015 年主要化石能源探明储量[195]　　　　　表 4-8

项目	探明储量	标准煤当量（万 t）
石油	349610.7 万 t	499453.846
天然气	51939.5 亿 m³	630701.3485
煤炭	2440.1 亿 t	17429634.3

从表中可以看出我国主要的化石能源仍然以煤炭储量最多，约 2440.1 亿 t[195]，但

是由于煤炭对于环境的污染比较严重，因此我国在逐步减少煤炭的使用。

但是，由于经济的发展，社会对于能源的需求在逐步提高，如图 4-105 所示，我国的能源消耗从 1990 年的 98703 万 t 标准煤当量已经上升到 430000 万 t 标准煤当量[163]，增长了 3.35 倍。总体能源结构仍以煤炭为主，但比例已经从最初的 76.2% 下降至 64%，石油比例上升不多，从 16.6% 上升至 18.1%，水电、风电、太阳能发电、核电等一次电力能源从 5.1% 上升至 12%，未来仍有较快的增长趋势。

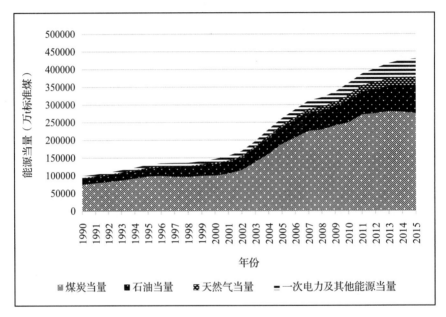

图 4-105　我国 1990 年以来能源标准煤当量构成

数据来源：国土资源公报

1. 化石能源消耗分析与预测

目前对于能源需求的预测多采用能源消耗弹性系数法、回归分析法等，研究将利用系统分析工具通过回归分析，综合经济增长因素，考虑能源消耗强度因素，对能源需求总量、能源品种需求进行预测，结合探明储量分析能源缺口，找到化石能源的缺口总量，进行化石能源枯竭的量化。

根据世界银行对我国未来经济发展预测模型，以及能源消耗与经济发展的关系构建系统动力学模型，如图 4-106 所示，模型方程与参数详见附录 A14。

模型中年均煤炭消耗总量由 GDP 和单位 GDP 煤炭消耗当量系数两个辅助变量决定，未来煤炭消耗总量为积分量，是速率函数年均煤炭消耗量的积分；年均石油消耗总量由 GDP 和单位 GDP 石油消耗当量系数两个辅助变量决定，未来石油消耗总量为

积分量，是速率函数年均石油消耗量的积分；年均天然气消耗总量由 GDP 和单位 GDP
天然气消耗当量系数两个辅助变量决定，未来天然消耗总量为积分量，是速率函数年
均煤炭消耗量的积分。

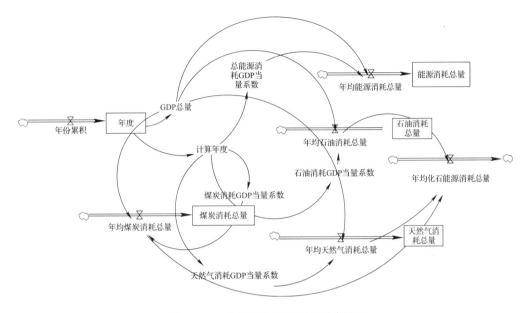

图 4-106　化石能源消耗系统动力模型

研究采用 GDP 当年绝对值来表示我国经济总量，根据历年统计数据[149] 和世界银
行的预测，以 1990 年以来的 GDP 和年能源消耗总量 E、年煤炭消耗量 C、年石油消
耗量 O、年天然气消耗量 G 四个序列为基础，分析它们之间的相关性。

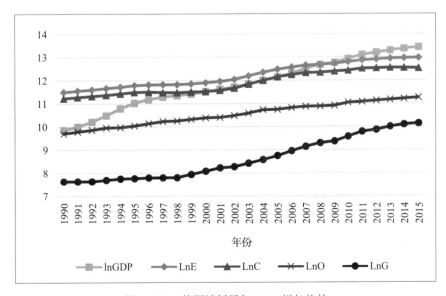

图 4-107　能源消耗量与 GDP 增长趋势

对各要素取自然对数，整理得到图 4–107。从图中可以看出 GDP 和能源消耗增长趋势一致，可以用相关系数进行量化。相关系数的公式见式（4–6）。

设 X 为 GDP 的自然对数 lnGDP，Y 分别为年能源消耗总当量的自然对数 lnE，年煤炭消耗当量的自然对数 lnC，年石油消耗当量的自然对数 lnO，年天然气消耗当量的自然对数 lnG，可以得到不同能源消耗当量与 GDP 的相关系数公式。

$$\rho\left(\ln \text{GDP}, \ln \text{C}\right) = \frac{Cov\left(\ln \text{GDP}, \ln \text{C}\right)}{\sigma \ln \text{GDP} \times \sigma \ln \text{C}} \qquad (4\text{–}51)$$

$$\rho\left(\ln \text{GDP}, \ln \text{O}\right) = \frac{Cov\left(\ln \text{GDP}, \ln \text{O}\right)}{\sigma \ln \text{GDP} \times \sigma \ln \text{O}} \qquad (4\text{–}52)$$

$$\rho\left(\ln \text{GDP}, \ln \text{G}\right) = \frac{Cov\left(\ln \text{GDP}, \ln \text{G}\right)}{\sigma \ln \text{GDP} \times \sigma \ln \text{G}} \qquad (4\text{–}53)$$

通过计算可以得到：

$$\rho\left(\ln \text{GDP}, \ln \text{C}\right) = 0.96$$

$$\rho\left(\ln \text{GDP}, \ln \text{O}\right) = 0.99$$

$$\rho\left(\ln \text{GDP}, \ln \text{G}\right) = 0.95$$

年能源消耗总量标准煤当量 E 与 GDP 的相关性为 0.97，年煤炭消耗标准煤当量 C 与 GDP 的相关性为 0.96，年石油消耗标准煤当量 O 与 GDP 的相关性为 0.99，年天然气消耗标准煤当量 G 与 GDP 的相关性为 0.95。这些能源要素均与 GDP 发展存在着强相关性，根据能源消耗与 GDP 的相关性，构建单位 GDP 能源消耗模型：

$$m_{\text{C}} = 3.0105 e^{-0.78\Delta t}, R^2 = 0.92 \qquad (4\text{–}54)$$

$$m_{\text{O}} = 0.7585 e^{-0.076\Delta t}, R^2 = 0.96 \qquad (4\text{–}55)$$

$$m_{\text{G}} = 0.4532 \Delta t^{-0.781}, R^2 = 0.92 \qquad (4\text{–}56)$$

式中　m_{C}——单位 GDP 的年煤炭消耗标准煤当量，万 t/ 亿元；

　　　m_{O}——单位 GDP 的年石油消耗标准煤当量，万 t/ 亿元；

　　　m_{G}——单位 GDP 的年天然气消耗标准煤当量，万 t/ 亿元；

　　　Δt——计算年与 1990 年的差值。

将计算数据代入 Vinsim 模型，并在模型中进行模拟，得到未来化石能源消耗情况。

通过模拟得到未来化石能源消耗预测曲线，如图 4–108~ 图 4–111 所示。从图中

可以看出我国煤炭使用量已经基本达到峰值，年消耗量约为 273692 万 t 标准煤，未来
将持续下降，石油使用量在未来 3~5 年也基本达到峰值年均消耗 77800 万 t，其后开
始下降，但是由于近几年雾霾的影响，天然气使用量迅速上升，将从每年的 25321 万
t 标准煤当量上升至未来的 95108 万 t 标准煤当量。由于化石能源存在储量问题，因此
需要对消耗总量进行进一步分析。

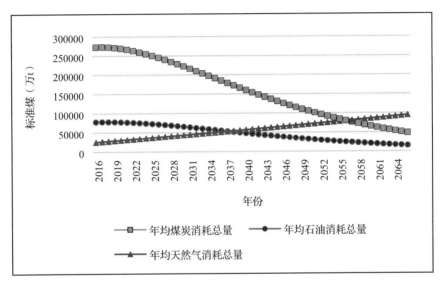

图 4-108　未来化石能源消耗预测

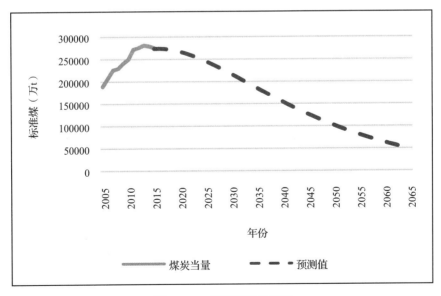

图 4-109　煤炭消耗量预测

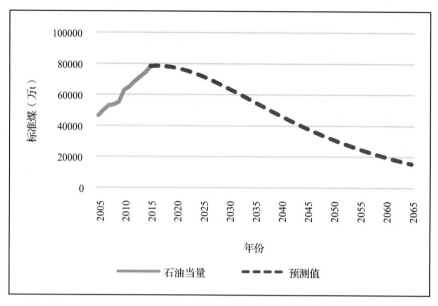

图 4-110　石油消耗量预测

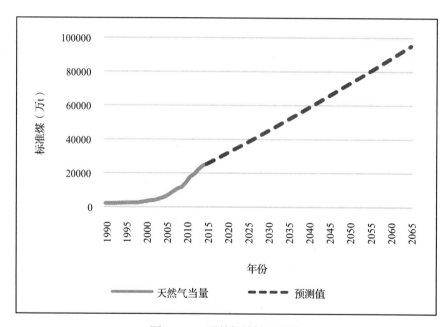

图 4-111　天然气消耗量预测

2. 化石能源枯竭影响总量分析

为了应对能源枯竭需要，分析化石能源的储量与用量的关系，根据汤姆·蒂坦伯格的研究当可耗竭资源存在着边际成本不变的可替代品时，可耗竭资源开采量下降到一定程度后会被可再生资源替代[196]，因此需要分析未来的替代总量。

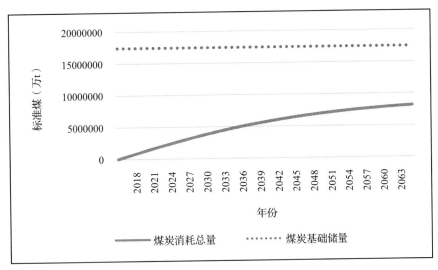

图 4-112　煤炭消耗量与储量的关系

通过与总储量对比得到图 4-112，从图中可以看出我国煤炭的储量为 17429634 万 t 标准煤当量，未来我国煤炭消耗总量缓慢上升，50 年累积消耗总量为 8126930 万 t，约为储量的 46.63%。

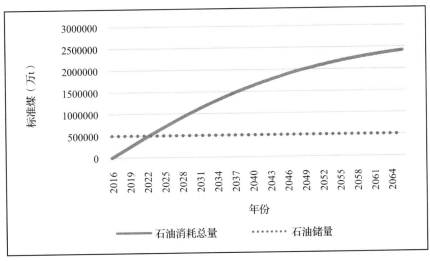

图 4-113　石油消耗量与石油储量关系

我国石油探明储量为 199454 万 t 标准煤当量，未来石油消耗总量持续增长，但增长趋势放缓，在不考虑进口的基础上大约 6 年将会把我国的储量消耗殆尽，如图 4-113 所示，仅仅依靠我国石油储量，不能满足未来能源需求，能源缺口为 1913517 万 t 标准煤。

我国天然气探明储量为 630701 万 t 标准煤当量，在不考虑进口的基础上大约 17

年左右年将会把我国的储量消耗殆尽，如图 4-114 所示。仅仅依靠我国天然气储量，不能满足未来能源需求，能源缺口为 2288789 万 t 标准煤。

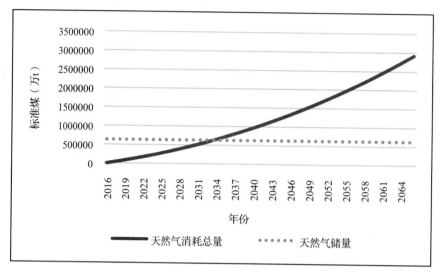

图 4-114　天然气消耗量与天然气储量关系

由于我国目前严格控制煤炭使用量，因此天然气和石油所产生的能源缺口将由一次电力能源替代。我国大力发展可再生能源电力，正是在这种趋势推动下进行的。

根据表 4-9 可以计算出一次能源的标准煤当量加权成本为 1293 元/t，未来 50 年，石油缺口总成本为 24.72 万亿元，燃气缺口总成本为 29.59 万亿元，化石能源缺口总量为 420.23 亿 t 标准煤，化石能源环境总成本为 54.31 万亿元。

2015 年一次能源发电比重与上网成本[197-198]　　　　　　　　　　表 4-9

能源种类	比例	成本 [元 /（kW·h）]	标准煤当量成本（元 /t）
水电	60.82%	0.30	940
风电	24.56%	0.53	1661
光伏	8.21%	0.88	2758
核电	6.40%	0.43	1348

3. 小结

本小节采用系统动力学分析方法，综合我国未来对化石能源的需求进行了预测，计算出能源缺口及需要进行的总体投入，在未来 50 年我国需要在化石能源方面投入 54.31 万亿元，缺口能源的当量成本为 1293 元/t。

4.5.2　非生物质矿产资源

非生物质矿产资源指在人类生产生活当中需要消耗的不可再生的矿物，主要有铁矿、铜矿、铝土矿、盐矿、磷矿等，随着人类的开采这些物质会逐渐耗竭。而对不可再生资源的开发除了带来环境问题，还会影响后代的利益，造成代际资源分配的不公平，为了缓解这种不公平及资源的可持续发展需要对资源进行充分的价值补偿[199]。Ando[200]等人提出只有不可再生资源的边际开采成本和替代资源的边际成本相等时，两者才会被同时开采，当不可再生资源的边际开采成本高于替代资源时，不可再生资源才能得到保护，这是资源能够可持续发展的基本理论。

矿物资源的耗竭程度会影响到其未来的价格指数，通常用资源耗竭补偿机制来调节矿产资源的开发。在计算时不考虑进口因素，只考虑本国储量的影响。

1. 主要矿产资源概述

本书选取纳入我国统计年鉴的几种最重要的生产性矿产资源，如铁矿石、铜矿、铝土矿、水泥用灰质岩、玻璃用硅质原料等作为研究对象，研究因这些资源耗竭所产生的影响。

对于铁矿石需求量 M_{ironore} 的预测，采用生铁产量 M_{iron} 作为铁矿石需求预测的基础，其表达式如下[201]：

$$M_{\text{ironore}} = M_{\text{iron}} \times \eta_{\text{iron}} \qquad (4\text{-}57)$$

其中：η_{iron} 为矿铁比，取值为 1.6，目前我国铁钢比为 $1:1$[76]。

对于铝土矿需求量 M_{bauxite} 的预测，采用氧化铝产量 M_{alumina} 作为铝土矿需求预测的基础，其表达式如下：

$$M_{\text{bauxite}} = M_{\text{alumina}} \times \eta_{\text{alumina}} \qquad (4\text{-}58)$$

其中：η_{alumina} 为矿氧化铝比，取值为 2.5[202]，铝与氧化铝的产出比为 $1:2$[203]。

对于水泥用灰质岩需求量 $M_{\text{limestone}}$ 的预测，采用水泥产量 M_{cement} 作为水泥用灰质岩需求预测的基础，其表达式如下：

$$M_{\text{limeston}} = M_{\text{cement}} \times \eta_{\text{cement}} \qquad (4\text{-}59)$$

其中：η_{cement} 为矿石水泥比，取值为 1.3[62]。

对于玻璃用玻璃硅质原料需求量 $M_{\text{siliceous-rock}}$ 的预测，采用玻璃产量 M_{glass} 作为玻璃用硅质原料需求预测的基础，其表达式如下：

$$M_{\text{siliceous-rock}} = M_{\text{glass}} \times \eta_{\text{glass}} \qquad (4-60)$$

其中：η_{glass} 为矿石玻璃比，取值为 1[204]。

对于盐矿原料需求量 $M_{\text{salt mine}}$ 的预测，采用玻璃产量 M_{salt} 作为玻璃用硅质原料需求预测的基础，其表达式如下：

$$M_{\text{salt mine}} = M_{\text{salt}} \times \eta_{\text{salt}} \qquad (4-61)$$

其中：η_{salt} 为矿石原盐比，取值为 1。纯碱与原盐的产出比为 0.6：1[205]。

对于磷矿原料需求量 $M_{\text{Phosphate ore}}$ 的预测，采用磷矿石产量 $M_{\text{Phosphate rock}}$ 作为磷矿原料需求预测的基础，其表达式如下：

$$M_{\text{Phosphate ore}} = M_{\text{Phosphate rock}} \times \eta_{\text{Phosphate rock}} \qquad (4-62)$$

其中：$\eta_{\text{Phosphate rock}}$ 为矿石磷产出比，取值为 1.05。

对于铜矿需求量 $M_{\text{copper mine}}$ 的预测，采用铜产量 M_{copper} 作为铜矿需求预测的基础，其表达式如下：

$$M_{\text{copper mine}}^{'} = M_{\text{copper}} \times \eta_{\text{copper}} \qquad (4-63)$$

其中：η_{copper} 为铜矿铜产出比，取值为 1。

矿产资源的开采年限，主要受年均开采量和基础储量的影响，目前的算法是用探明储量除以年开采量的静态计算方法，这种方法未考虑经济发展带来的开采量的变化，因此应将经济发展因素同时考虑到开采年限的计算当中。我国主要矿产的探明储量如表 4-10 所示。

我国主要矿产探明储量　　　　　　　　表 4-10

矿产	铁矿（亿 t）	铜矿金属（万 t）	铝土矿（亿 t）	水泥用灰质岩（亿 t）	玻璃用硅质原料（亿 t）	盐矿（亿 t）	磷矿（亿 t）
探明储量	850.8	9910.2	47.1	1282.3	79.0	13680	231.1

数据来源：中国矿产资源报告

2. 金属类矿产消耗分析与预测

金属类矿产资源主要包括铁、铜和铝，铁是目前人类使用量最多的金属元素，经济发展会加大对这些金属原料的需求。我国近几年这几种金属的产量如图 4-115 所示。

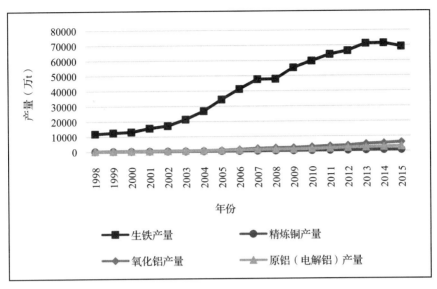

图 4-115　我国常用金属产量

数据来源：国土资源公报

从图 4-115 中可以看出这几种常用金属中以铁的生产量最大，从 2004 年 11863 万 t 增长到 2015 年的 69141 万 t，增长了近 5 倍。其次是铝的生产量，从 234 万 t 增至 3141 万 t，之后是铜，从 121 万 t 增至 796 万 t，目前对于铁的需求开始放缓，但是铜和铝的需求依然会保持较快增长。

1）金属类矿产消耗系统动力模型

根据世界银行对我国未来经济发展预测模型，以及金属产量与经济发展的相关性构建系统动力学模型，如图 4-116 所示，具体方程与参数见附录 A15。

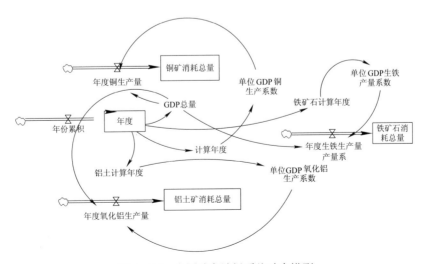

图 4-116　金属矿产消耗系统动力模型

模型中年度生铁生产量由 GDP 和单位 GDP 生铁产量系数两个辅助变量决定，未来铁矿石消耗总量为积分量，是速率函数年均生铁产量的积分；年度氧化铝产量由 GDP 和单位 GDP 氧化铝生产系数两个辅助变量决定，未来铝土矿消耗总量为积分量，是速率函数年度氧化铝产量的积分；年度精炼铜产量由 GDP 和单位 GDP 精炼铜产量系数两个辅助变量决定，未来铜矿总消耗量为积分量，是速率函数年度精炼铜产量的积分。接下来需要分析不同金属的单位 GDP 产量情况。

研究采用 GDP 当年绝对值来表示我国经济总量，根据历年统计数据[149] 和世界银行的预测，以 1990 年以来的 GDP 和年生铁产量 M_{iron}、年氧化铝产量 $M_{alumina}$、年精炼铜产量 M_{copper} 四个序列为基础，分析它们之间的相关性。

对各要素取自然对数，整理得到图 4-117。从图中可以看出 GDP 和金属产量增长趋势一致，可以用相关系数进行量化。相关系数的公式见式（4-6）。

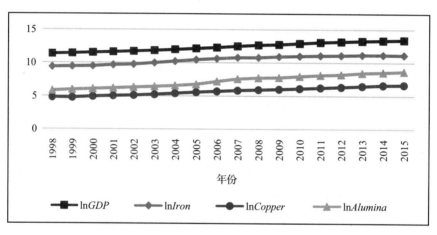

图 4-117　金属产量与 GDP 增长趋势

设 X 为 GDP 的自然对数 lnGDP，Y 分别为年生铁产量的自然对数 lnIron，年氧化铝产量自然对数 lnAlumina，年精炼铜产量的自然对数 lnCopper，可以得到不同金属产量与 GDP 的相关系数公式。

$$\rho\left(\ln GDP, \ln Iron\right) = \frac{Cov\left(\ln GDP, \ln Iron\right)}{\sigma \ln GDP \times \sigma \ln Iron} \tag{4-64}$$

$$\rho\left(\ln GDP, \ln Alumina\right) = \frac{Cov\left(\ln GDP, \ln Alumina\right)}{\sigma \ln GDP \times \sigma \ln Alumina} \tag{4-65}$$

$$\rho\left(\ln GDP, \ln Copper\right) = \frac{Cov\left(\ln GDP, \ln Copper\right)}{\sigma \ln GDP \times \sigma \ln Copper} \tag{4-66}$$

通过计算可以得到：

$$\rho\left(\ln GDP, \ln Iron\right) = 0.97$$

$$\rho\left(\ln GDP, \ln Alumina\right) = 0.99$$

$$\rho\left(\ln GDP, \ln Copper\right) = 0.99$$

年生铁产量 M_{iron} 与 GDP 的相关性为 0.97，年氧化铝产量 $M_{alumina}$ 与 GDP 的相关性为 0.99，年精炼铜产量 M_{copper} 与 GDP 的相关性为 0.99，这些金属产量均与 GDP 发展存在着强相关性。根据金属产量与 GDP 的相关性，通过趋势推导，构建单位 GDP 金属产量回归模型：

$$m_{iron} = 2035.3e^{-0.054(\Delta t - 19)}, R^2 = 0.90 \qquad (4-67)$$

$$m_{alumina} = 16.007\ln(\Delta t - 19) + 41.519, R^2 = 0.87 \qquad (4-68)$$

$$m_{copper} = 13.726e^{-0.02(\Delta t - 19)}, R^2 = 0.81 \qquad (4-69)$$

式中 m_{iron}——单位 GDP 的生铁产量，t/ 亿元；

   $m_{alumina}$——单位 GDP 的氧化铝产量，t/ 亿元；

   m_{copper}——单位 GDP 的金属铜产量，t/ 亿元；

   Δt——计算年与 1985 年的差值。

2）金属矿产需求预测

将数据代入 Vinsim 模型中进行模拟，分析未来我国主要金属消耗情况。

通过模拟得到未来主要金属产量预测曲线图 4-118~ 图 4-121。从图中可以看出我

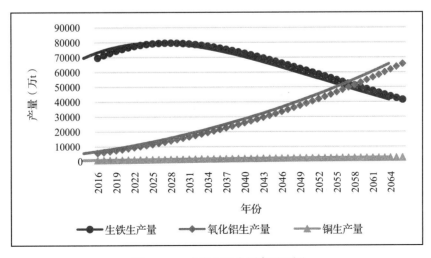

图 4-118 未来主要金属产量预测

国生铁产量再过 10 年左右将达到峰值，年产量约为 79656 万 t，之后将持续下降，随着经济的发展对于铝的需求开始快速增长，预计 40 年后将超过铁的需求，最终达到 65620 万 t，精炼铜的增长较为缓慢从 775 万 t 增长至 2527 万 t。由于金属矿产存在储量问题，因此对矿石消耗量进行进一步分析。

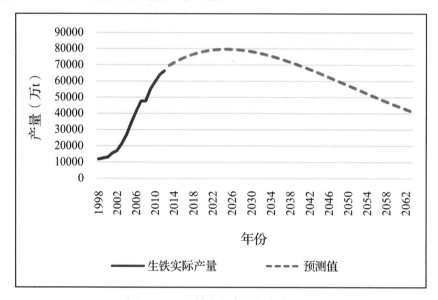

图 4-119　生铁实际产量与未来预测

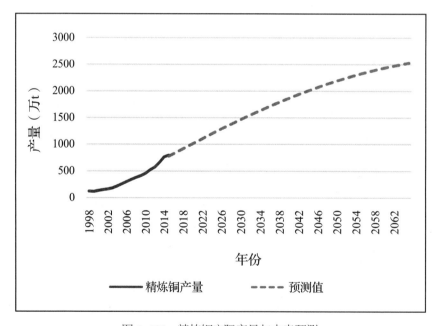

图 4-120　精炼铜实际产量与未来预测

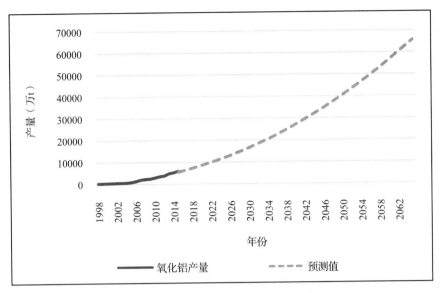

图 4-121　氧化铝实际产量与未来预测

继续分析得到图 4-122，从图中可以看出，我国铁矿石的储量为 850.8 亿 t，未来我国铁矿石消耗总量虽然处于持续上升状态，但是上升趋势会变缓，50 年累积消耗总量为 937.32 亿 t，以目前的储量和发展速度，预计铁矿可用时间为 43 年。

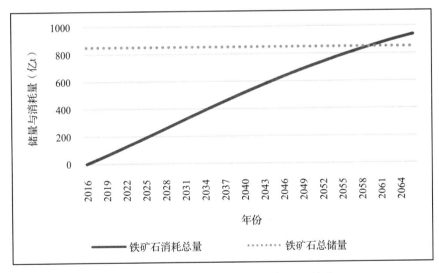

图 4-122　铁矿石消耗量与基础储量的关系

我国铝土矿储量为 47.1 亿 t，未来铝土矿消耗总量持续增长，且增长趋势有所提速，如图 4-123 所示。在不考虑进口的情况下大约 17 年将会把我国的铝土矿储量消耗殆尽。仅仅依靠我国铝土矿储量，不能满足未来发展需求，未来铝土矿的总需求量为 366.65 亿 t。

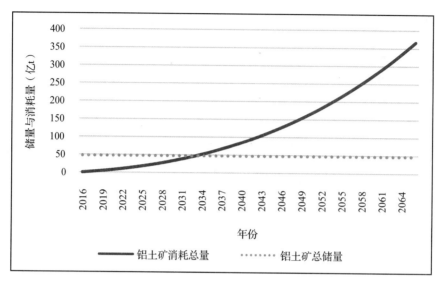

图 4-123　铝土矿耗量与铝土矿储量关系

　　我国探明铜矿储量为 9910.2 万 t，如图 4-124 所示。未来铜矿消耗总量持续增长，且增长趋势增加，在不考虑进口的情况下大约 10 年将会把我国的铜矿储量消耗殆尽，仅仅依靠我国铜矿储量，不能满足未来发展需求，未来铜矿的总需求量为 8.877 亿 t。

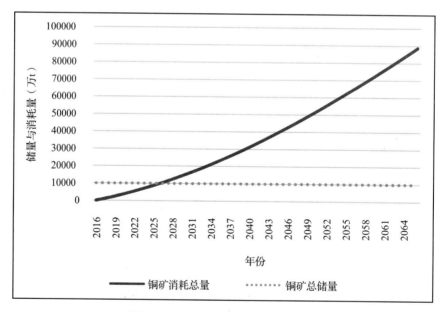

图 4-124　铜矿耗量与铜矿储量关系

3）未来金属矿产的资源耗竭成本分析

　　目前对于可耗竭资源的成本评估方法通常有使用者成本法、净现值法、净租金法和净价格法等，其中以使用者成本法最为通用也是众多研究采用的方法，本书将采用此法来评估资源耗竭带来的生态成本。

某可耗竭资源的使用者成本 D 的公式为[206]:

$$D = \frac{R}{(1+r)^N} \qquad (4-69)$$

式中　R——资源的价格;

　　　r——社会折现率;

　　　N——剩余可开采年限。

社会折现率的公式如下:

$$r = \beta + \sigma \times \varepsilon \qquad (4-70)$$

式中　β——纯时间折现率,一般用人口死亡率来衡量;

　　　ε——消费边际效用弹性;

　　　σ——人均消费量增长率。

消费边际效用弹性 ε 的公式为[207]:

$$\varepsilon = \frac{\ln(1-t)}{\ln\left(1-\dfrac{T}{Y}\right)} = \frac{\ln\left(1-\dfrac{\partial T}{\partial Y}\right)}{\ln\left(1-\dfrac{T}{Y}\right)} \qquad (4-71)$$

式中　t——边际有效税率;

　　　T——所得税;

　　　Y——收入;

T/Y——平均税率。

经计算 2015 年折现率为 0.113。

则使用者可持续成本 D 占净收入 R 的比值即可持续成本系数 d 为:

$$d = \frac{1}{1.113^N} \qquad (4-72)$$

经过计算得到不同金属矿产的可持续成本系数 d 值,如表 4-11 所示。

金属矿产可持续成本系数　　　　　　　　　　表 4-11

矿产	铁矿	铝土矿	铜矿(金属)
开采年限(年)	43	17	10
d 值	0.01	0.162	0.343

续表

矿产价格（元/t）	611	312	38500
可持续成本（元/t）	6.11	50.54	13206
开采总量（亿t）	937.32	366.65	8.877
可持续总成本（亿元）	5727	18530	117230

可以看出为了维持可持续发展，铜矿的可持续成本占总成本比例最高为 0.343，其次是铝土矿为 0.162，由于铁矿储量较大所以可持续成本占总成本比例较低为 0.01，铁矿石资源耗竭成本为 5727 亿元，铝土矿耗竭造成的成本 18503 亿元，铜矿耗竭造成的成本为 117230 亿元，由于金属资源枯竭造成的总成本为 14.14 万亿元。

3. 玻璃硅质原料耗竭影响量化分析

玻璃硅质原料是生产平板玻璃、玻璃纤维、日用及包装玻璃的重要原材料，主要包括石英岩、英砂岩、石英砂及脉石英 4 种。玻璃制品是重要的建筑材料和生活日用品，人类现代的生产生活离不开玻璃。我国近几年玻璃制品产量不断提高，如图 4-125 所示。

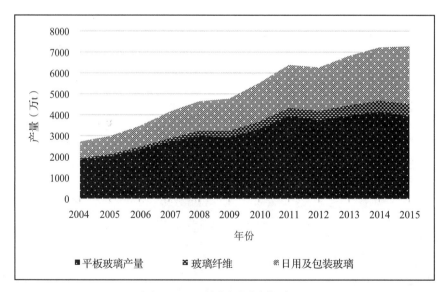

图 4-125　我国玻璃类制品产量

数据来源：国家统计局

玻璃制品总量从 2004 年的 2702 万 t 增长至 2015 年的 7277 万 t，增长了 1.69 倍。玻璃制品中以平板玻璃产量比例最高，始终占比 50% 以上，近几年产量增长有所放缓，日用品及包装玻璃产量和比例逐步增长，从 785 万 t 增长至 2752 万 t，所占比例从 29% 增长至 38%，玻璃纤维类制品也呈增长的态势，从 66.3 万 t 增长至 592.7 万 t。

1）玻璃硅质原料消耗系统动力模型

根据世界银行对我国未来经济发展预测，以及玻璃类产品产量与经济发展的相关性构建系统动力学模型，如图 4-126 所示，模型方程与参数见附录 A16。

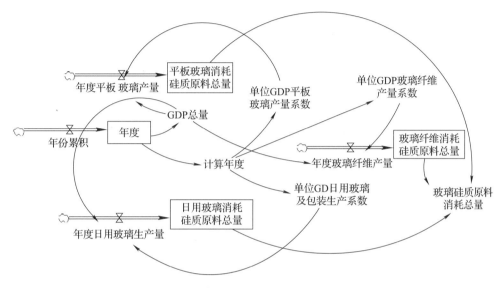

图 4-126　玻璃硅质原料消耗系统动力模型

模型中年度平板玻璃生产量由 GDP 和单位 GDP 平板玻璃产量系数两个辅助变量决定，未来平板玻璃消耗硅质原料总量为积分量，是速率函数年均平板玻璃产量的积分；年度玻璃纤维产量由 GDP 和单位 GDP 玻璃纤维生产系数两个辅助变量决定，未来玻璃纤维消耗玻璃硅质材料总量为积分量，是速率函数年度玻璃纤维产量的积分；年度日用玻璃产量由 GDP 和单位 GDP 日用玻璃产量系数两个辅助变量决定，未来日用玻璃消耗玻璃硅质材料总量为积分量，是速率函数年度日用玻璃产量的积分，玻璃硅质材料总消耗量是三种玻璃产品消耗玻璃硅质材料总量之和。

对模型中单位 GDP 玻璃产量进行分析，同样采用 GDP 当年绝对值来表示我国经济总量，根据历年统计数据和世界银行的预测，以 1990 年以来的 GDP 和年平板玻璃 $M_{P-lglass}$、年玻璃纤维产量 $M_{F-glass}$、日用品和包装玻璃产量 $M_{C-glass}$ 四个序列为基础，分析它们之间的相关性。

对各要素取自然对数，整理得到图 4-127。从图中可以看出 GDP 和玻璃类产品产量增长趋势一致，可以用相关系数进行量化。相关系数的公式见式（4-6）。

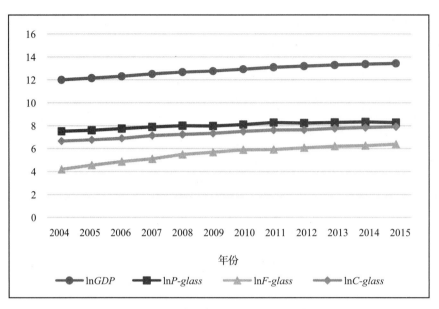

图 4-127　玻璃产量与 GDP 增长趋势

设 X 为 GDP 的自然对数 lnGDP，Y 分别为年平板玻璃产量的自然对数 ln$Pglass$、年玻璃纤维产量自然对数 ln$Fglass$、年日用品及包装玻璃产量的自然对数 ln$Cglass$，可以得到不同玻璃类产品产量与 GDP 的相关系数公式。

$$\rho\left(\ln GDP, \ln Pglass\right) = \frac{Cov\left(\ln GDP, \ln Pglass\right)}{\sigma \ln GDP \times \sigma \ln Pglass} \quad (4-73)$$

$$\rho\left(\ln GDP, \ln Fglass\right) = \frac{Cov\left(\ln GDP, \ln Fglass\right)}{\sigma \ln GDP \times \sigma \ln Fglass} \quad (4-74)$$

$$\rho\left(\ln GDP, \ln Cglass\right) = \frac{Cov\left(\ln GDP, \ln Cglass\right)}{\sigma \ln GDP \times \sigma \ln Cglass} \quad (4-75)$$

通过计算可以得到：

$$\rho\left(\ln GDP, \ln Pglass\right) = 0.98$$

$$\rho\left(\ln GDP, \ln Fglass\right) = 0.98$$

$$\rho\left(\ln GDP, \ln Cglass\right) = 0.99$$

年平板玻璃产量 $M_{P-glass}$ 与 GDP 的相关性为 0.98，年玻璃纤维产量 $M_{F-glass}$ 与 GDP 的相关性为 0.98，年日用玻璃与包装产量 $M_{C-glass}$ 与 GDP 的相关性为 0.99，这些玻璃制品产量均与 GDP 发展存在着强相关性。根据玻璃制品产量与 GDP 的相关性，构建单位 GDP 玻璃产品产量回归模型：

$$m_{\text{P-glass}} = 124.82 e^{-0.062(\Delta t - 19)}, R^2 = 0.98 \qquad (4-76)$$

$$m_{\text{F-glass}} = 1.9036 \ln(\Delta t - 19) + 4.0515, R^2 = 0.88 \qquad (4-77)$$

$$m_{\text{C-glass}} = 49.1 e^{-0.02(\Delta t - 19)}, R^2 = 0.86 \qquad (4-78)$$

式中　$m_{\text{P-glass}}$——单位 GDP 的平板玻璃产量，t/ 亿元；

　　　　$m_{\text{F-glass}}$——单位 GDP 的玻璃纤维产量，t/ 亿元；

　　　　$m_{\text{C-glass}}$——单位 GDP 的日用玻璃产量，t/ 亿元；

　　　　Δt——计算年与 1985 年的差值。

2）玻璃硅质材料需求预测分析

在模型中对未来的玻璃硅质原料消耗情况进行分析，可以得到以下结果。

通过模拟得到未来主要玻璃产量预测曲线，如图 4-128 ~ 图 4-131 所示。从图中可以看出我国平板玻璃产量再过 7 年左右将达到峰值，年产量将达到 4743 万 t，之后开始持续下降；随着生活水平的提高对于日用玻璃和玻璃纤维的需求开始快速增长，日用玻璃产量将在 10 年后超过平板玻璃，最终达到 8687 万 t；玻璃纤维的增长较为迅速从 606 万 t 将增长至 7280 万 t，由于玻璃硅质原料存在储量问题，因此对矿石消耗量进行进一步分析。

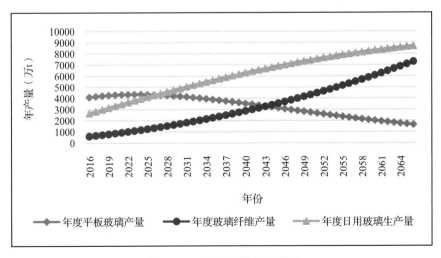

图 4-128　玻璃产品产量预测

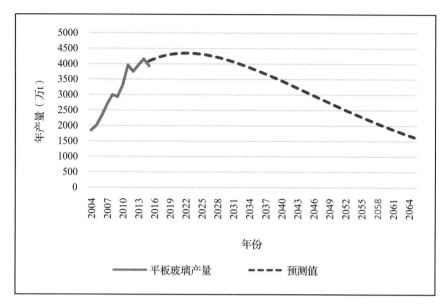

图 4-129　平板玻璃实际产量与未来预测

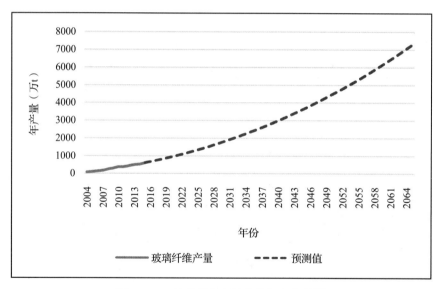

图 4-130　玻璃纤维实际产量与未来预测

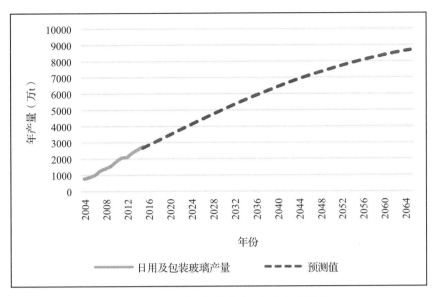

图 4-131　日用及包装玻璃产量与未来预测

我国玻璃硅质原料的储量为 79.1 亿 t，相对丰富，未来我国玻璃硅质原料消耗总量仍然处于持续上升状态，如图 4-132 所示。50 年累积消耗总量为 63.31 亿 t，以目前的储量和发展速度，预计玻璃硅质材料可用时间为 61 年。

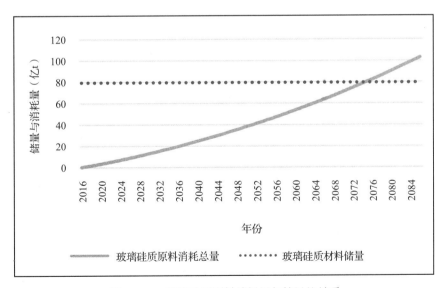

图 4-132　玻璃硅质原料消耗量与储量的关系

3）未来玻璃硅质材料的资源耗竭生态成本

根据式（4-73），玻璃硅质材料的可持续成本系数 d 值为 0.00146，玻璃硅质材料的开采价格为 850 元 /t，资源耗竭开采成本约为 1.24 元 /t，资源耗竭总成本 78.47 亿元。

4. 其他类矿产耗竭影响量化分析

其他类矿产主要包括盐矿、磷矿和水泥用灰质岩，这些矿产在国民生产活动中占据着重要的地位。水泥用灰质岩是一种重要的工业原料，通过煅烧可以制成生石灰，也可以进一步加工生成水泥，随着我国建设量的增大，对水泥灰质岩的需求会进一步增加；原盐不仅是重要的生活用品，也是一种重要的工业原料，被称为"化学工业之母"，可以加工成烧碱、纯碱、氯气等，还可以用于有机化学等领域；磷矿石是磷酸盐矿物类的总称，主要用于制造磷肥、磷酸、黄磷等。我国近几年这几种工业矿产的产量如图 4-133 所示。

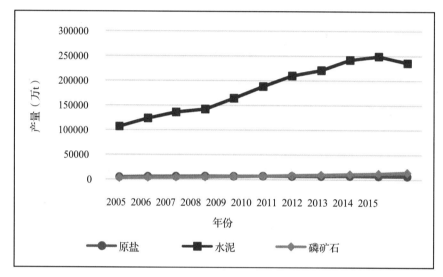

图 4-133　我国其他重要非生物质矿产产量

数据来源：国土资源公报

从图 4-133 中可以看出，这几种重要矿产中以水泥产量最大，从 2005 年的 106884 万 t 增长到 2015 年的 235918 万 t，增长了近 1.2 倍。其次是磷矿石的生产量，从 3044 万 t 增至 14203 万 t，之后是原盐，从 4611 万 t 增至 6665 万 t，目前对于水泥灰质岩的需求开始放缓，但是原盐和磷矿的需求依然会保持较快增长。

1）其他类矿产资源消耗系统动力模型

根据世界银行对我国未来经济发展预测，以及非金属矿物产量与经济发展的相关性构建系统动力学模型，如图 4-134 所示。模型方程与参数详见附录 A17。

模型中年度水泥生产量由 GDP 和单位 GDP 水泥产量系数两个辅助变量决定，未来水泥用灰质岩消耗总量为积分量，是速率函数年均水泥产量的积分；年度原盐产量由 GDP 和单位 GDP 原盐生产系数两个辅助变量决定，未来盐矿消耗总量为积分量，是

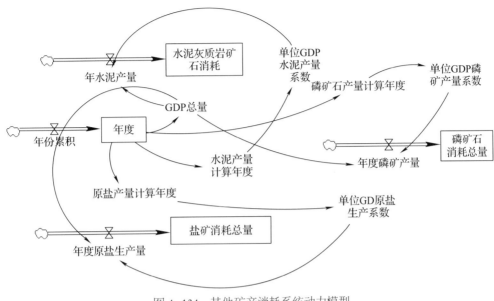

图 4-134　其他矿产消耗系统动力模型

速率函数年度原盐产量的积分；年度磷矿产量由 GDP 和单位 GDP 磷矿产量系数两个辅助变量决定，未来磷矿总消耗量为积分量，是速率函数年度磷矿产量的积分，单位 GDP 产量需进一步分析。

研究采用 GDP 当年绝对值来表示我国经济总量，根据历年统计数据和世界银行的预测，以 2005 年以来的 GDP 和年水泥产量 $M_{limestone}$、年原盐产量 M_{salt}、年磷矿石产量 $M_{Phosphate\ rock}$ 四个序列为基础，分析它们之间的相关性。

对各要素取自然对数，整理得到图 4-135。从图中可以看出 GDP 和矿石产量增长趋势一致，可以用相关系数进行量化。相关系数的公式见式（4-6）。

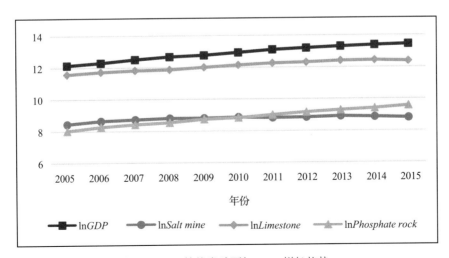

图 4-135　其他类矿石与 GDP 增长趋势

设 X 为 GDP 的自然对数 $\ln GDP$，Y 分别为年水泥灰质岩产量的自然对数 $\ln Cement$，年盐矿产量自然对数 $\ln Salt$，年磷矿产量的自然对数 $\ln Phosphaterock$，可以得到不同金属产量与 GDP 的相关系数公式。

$$\rho\left(\ln GDP, \ln Cement\right) = \frac{Cov\left(\ln GDP, \ln Cement\right)}{\sigma \ln GDP \times \sigma \ln Cement} \qquad (4-79)$$

$$\rho\left(\ln GDP, \ln Salt\right) = \frac{Cov\left(\ln GDP, \ln Salt\right)}{\sigma \ln GDP \times \sigma \ln Salt} \qquad (4-80)$$

$$\rho\left(\ln GDP, \ln Phosphaterock\right) = \frac{Cov\left(\ln GDP, \ln Phosphaterock\right)}{\sigma \ln GDP \times \sigma \ln Phosphaterock} \qquad (4-81)$$

通过计算可以得到：

$$\rho\left(\ln GDP, \ln Cement\right) = 0.99$$

$$\rho\left(\ln GDP, \ln Salt\right) = 0.83$$

$$\rho\left(\ln GDP, \ln Phosphaterock\right) = 0.99$$

年水泥产量 M_{Cement} 与 GDP 的相关性为 0.99，年原盐产量 M_{Salt} 与 GDP 的相关性为 0.83，年磷矿产量 $M_{Phosphate\ rock}$ 与 GDP 的相关性为 0.99，这些产品产量均与 GDP 发展存在着强相关性。根据这些矿产产量与 GDP 的相关性，通过趋势推导，构建单位 GDP 产品产量回归模型：

$$m_{Cement} = 5869.8e^{-0.045(\Delta t - 24)}, R^2 = 0.93 \qquad (4-82)$$

$$m_{Salt} = 368.48e^{-0.068(\Delta t - 18)}, R^2 = 0.89 \qquad (4-83)$$

$$m_{Phosphate\ rock} = 158.4e^{0.0164(\Delta t - 23)}, R^2 = 0.83 \qquad (4-84)$$

式中　m_{Cement}——单位 GDP 的水泥产量，t/ 亿元；

　　　m_{Salt}——单位 GDP 的原盐产量，t/ 亿元；

　　$m_{Phosphate\ rock}$——单位 GDP 的磷矿产量，t/ 亿元；

　　　Δt——计算年与 1985 年的差值。

2）其他矿产需求预测分析

将单位 GDP 产量方程带入系统动力模型，在模型中进行模拟，得到原盐、水泥、磷矿等其他类矿产资源未来的消耗情况，进行具体分析。

通过模拟得到未来主要非金属矿物产品预测曲线，如图 4-136 ~ 图 4-139 所示。

从图中可以看出我国原盐产量再过 7 年左右将达到峰值，年产量约为 7083 万 t，之后将持续下降；随着经济的发展对于磷矿石的需求开始快速增长，预计 47 年后将超过铁的需求，最终达到 267732 万 t；随着我国城市进程的发展，水泥产量仍会保持增长，增速减缓，19 年后将达到峰值，年产量 323876 万 t，此后由于我国建设速度趋缓，水泥产量下降。由于矿产资源存在储量问题，因此对矿石总消耗量进行进一步分析。

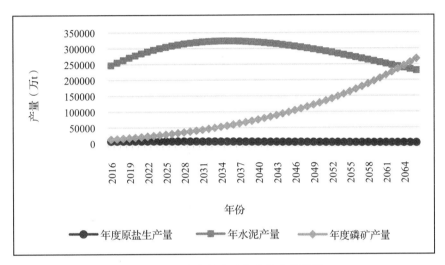

图 4-136　未来其他矿产产品产量预测

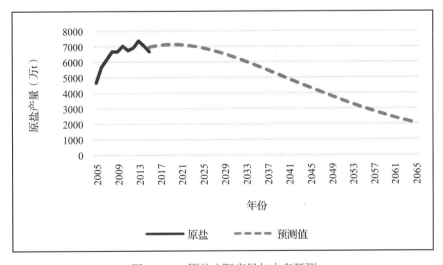

图 4-137　原盐实际产量与未来预测

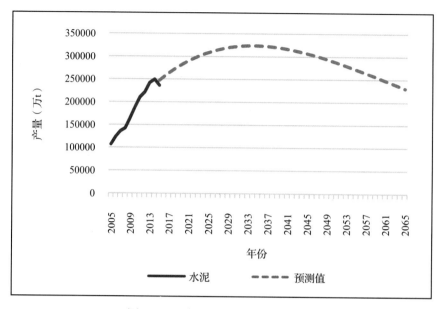

图 4-138　水泥实际产量与未来预测

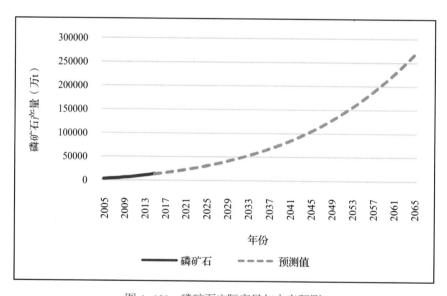

图 4-139　磷矿石实际产量与未来预测

我国盐矿的储量为 13680 亿 t，未来我国盐矿消耗总量虽然处于持续上升状态，但是上升趋势会变缓，如图 4-140 所示，50 年累积消耗总量为 24.95 亿 t，以目前的储量和发展速度，预计盐矿可用时间为 27400 年。

我国水泥灰质岩储量为 1282.3 亿 t，未来水泥灰质岩消耗总量持续增长，增长趋势有提速，如图 4-141 所示。在不考虑进口的情况下大约 32 年将会把我国的水泥灰质岩储量消耗殆尽，仅仅依靠目前我国水泥灰质岩储量，不能满足未来发展需求，未来水泥灰质岩的总需求量为 1900 亿 t。

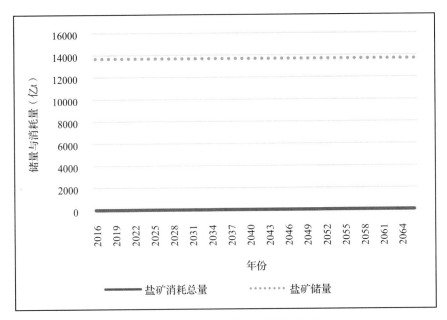

图 4-140　盐矿消耗量与储量的关系

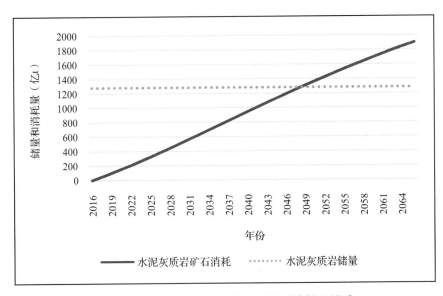

图 4-141　水泥灰质岩消耗与水泥灰质岩储量关系

我国探明磷矿储量为 231.1 亿 t，未来磷矿消耗总量持续增长，且增长趋势增加，如图 4-142 所示。在不考虑进口的情况下大约 37 年将会把我国的磷矿储量消耗殆尽，仅仅依靠我国磷矿储量，不能满足未来发展需求，未来磷矿的总需求量为 485.32 亿 t。

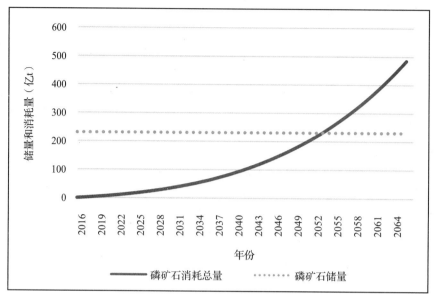

图 4-142　磷矿耗量与磷矿储量关系

3）未来其他类矿产资源耗竭生态成本

利用式（4-72）计算得到不同非金属其他类矿产的可持续成本系数 d 值，如表 4-12 所示。

非金属矿产可持续成本系数　　　　　表 4-12

矿产	盐矿	水泥灰质岩	磷矿
开采年限（年）	27400	32	37
d 值	0	0.03252	0.019041
矿产价格（元/t）	180	50	360
可持续成本（元/t）	0	1.626016	6.854589
开采总量（亿t）	24.95	1900	485.32
可持续总成本（亿元）	0	3089.43	3326.669

可以看出为了维持可持续发展，磷矿石的可持续成本占总成本比例为 0.019，水泥用灰质岩为 0.033，由于盐矿储量较大，可开采年限为 27400 年，所以可持续成本为 0，水泥灰质岩的资源耗竭成本为 3089 亿元，磷矿耗竭造成的成本为 3326 亿元，由其他非金属资源枯竭造成的总成本为 0.6415 万亿元。对这些矿产资源进行加权平均求出可持续成本系数 d 的平均值，用于其他未在统计中的矿产资源耗竭价值计算。d 的加权平均公式为：

$$\overline{d} = \frac{d_1 m_1 + d_2 m_2 + d_3 m_3 + \cdots d_k m_k}{m_1 + m_2 + m_3 + \cdots m_k} \qquad (4-85)$$

式中　d_1、d_2、$d_3 \cdots d_k$——不同矿产的可持续成本系数；

　　　m_1、m_2、$m_3 \cdots m_k$——不同矿产的总消耗量。

通过计算得到其他类矿产资源开采总量为 3786 亿 t，可持续成本系数 d 的加权平均值为 0.0377，将全部非生物矿产资源消耗及可持续开采成本进行整理得到表 4-13。

从表中可以看出可持续总成本以铜矿最高，需要 117230 亿元，其次是铝土矿，需要 18530 亿元，开采总量以水泥灰质岩最大，需要 1900 亿 t，可持续成本为 3089.43 亿元，盐矿的储量过于丰富，可持续成本为 0，总体来说 50 年的非生物质矿产总成本为 14.80 万亿元。

5. 小结

本小节采用系统动力学分析方法对未来矿产资源的需求进行了预测，计算出为了应对矿产资源枯竭所需要的投入，在未来 50 年我国为了应对资源枯竭需要投入 14.80 万亿元，转化为铁矿当量为 2.42 元 /t。

矿产资源可持续成本系数及成本　　　　　　　表 4-13

矿产	铁矿	铝土矿	铜矿（金属）	玻璃用硅质原料	盐矿	水泥用灰质岩	磷矿	合计
探明储量	850.8	47.1	9910.2	79	13680	1282.3	231.1	—
开采年限（年）	43	17	10	61	27400	32	37	—
d 值	0.01	0.162	0.343	0.00146	0	0.03252	0.019041	—
矿产价格（元 /t）	611	312	38500	850	180	50	360	—
可持续成本（元 /t）	6.11	50.54	13206	1.24	0	1.626016	6.854589	—
开采总量（亿 t）	937.32	366.65	8.877	63.31	24.95	1900	485.32	3786.427
可持续总成本（亿元）	5727	18530	117230	78.47	0	3089.43	3326.669	147981.6

4.5.3　土地资源

土体的地表覆盖物不同会产生不同的生态效益，如草地、湿地、湖泊、森林等都有各自不同的生态环境效益。土地的生态效益主要包括 17 类：水调节、气候调节、土壤形成、休闲娱乐、文化等功能[208]。而这些功能随着土地用途和地面覆盖物的改变会发生相应的变化，造成相应功能的缺失。这些功能相当于土地资源的生态价值，可以通过生态系统服务价值（Ecosystem Services Value，ESV）来进行衡量。ESV 的计算公式如下[209]：

$$ESV = \sum \left(A_k \times VC_k \right) \qquad (4-86)$$

式中 VC_k——k 类用地的单位面积生态服务系统价值，元 /hm²；

A_k——k 类用地的面积，hm²。

谢高地等人对我国的生态服务价值进行了计算[210]，本书以 2015 年为研究对象进行修正，修正系数根据 5 年来的粮食增产指数与价格上涨指数确定，如表 4-14 所示。

粮食增产及价格上涨指数（前一年为 100）　　　　　表 4-14

年份	2011	2012	2013	2014	2015
粮价上涨指数	111.2	104	104.6	103.1	102
粮食增产指数	104.5	103.2	102.1	100.8	102.4

经过计算总体上涨指数为 144.7（以 2010 年为基础），所以修正系数为 1.447，经过修正得到表 4-15。

中国陆地生态系统单位面积生态服务价值表　　　　　表 4-15

生态系统	草地	森林	湿地	农田	水域	荒漠	其他	合计
单位面积 ESV（元 /hm²）	37204	113271	216961	19017	518117	1733	6042	—
总面积（万 hm²）	21900	25300	1634	13500	2251	19200	7100	90885
ESV 总量（亿元）	81476.76	286575.6	35451.43	25672.95	116628.1	3327.36	4289.82	553422

数据来源：国家统计局

整理表 4-15，得到图 4-143。从图中可以看出单位面积的 ESV 价值以水域最高，为 51817 元 /hm²，其次是湿地，为 216961 元 /hm²，主要是由于两种类型的地貌可以起到水文条件、气候调节、生态多样性等多重功能；之后是森林为 113271 元 /hm²，草地为 37204 元 /hm²；荒漠也有自己较为简单的生态系统，因此也具有生态服务价值，只是价值相对较低，为 1733 元 /hm²。

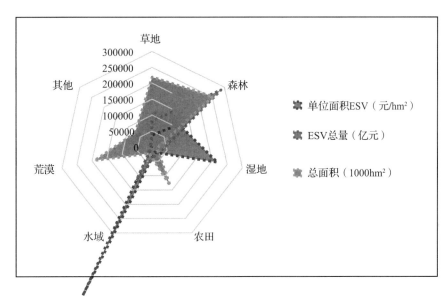

图 4-143　中国陆地生态系统单位面积生态服务价值雷达图

　　中国陆地生态系统单位面积生态服务价值如图 4-144 所示。在 ESV 总量上以森林所占比例最大，大约为总值的 52% 左右，主要是由于森林面积比较大而且单位生态价值相对较高；其次是水域的生态服务总值，约占 21%，之后是草地占比 15%；湿地、农田所占比例相差不大；荒漠的生态总值比例最低为 0.6%，所有用地所产生的生态服务总值为 55.3422 万亿元。

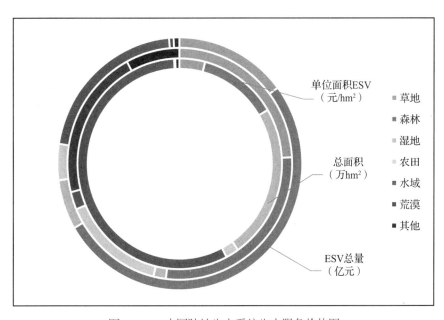

图 4-144　中国陆地生态系统生态服务价值图

当用地性质发生变化时其生态价值将消失，生态价值和持续的产出也将消失，所以在计算用地性质发生变化时，以一年定期的 50 年复利进行计算，获取用地性质发生变化所带来的生态价值损失总量，得到表 4-16。

中国陆地生态系统单位面积生态损失价值表　　　　表 4-16

生态系统	草地	森林	湿地	农田	水域	荒漠
50 年单位面积 ESV（元 /hm²）	144438	439755	842312	7383	2011497	6728

在用地性质变化的损失当中以单位面积水域性质改变造成的生态价值损失最大，每公顷约为 201.15 万元，其次是湿地为 84.23 万元，荒漠的相对值较小约为 6728 元，但仍然会产生价值损失，这是由于荒漠也具有一定的生态功能所致。所有用地所产生的生态服务总值为 55.3422 万亿元。

本小节通过陆地生态系统面积生态服务价值计算出我国未来土地生态服务总值为 55.3422 万亿元，转化为草地当量成本约为 144438 元 /hm²。

4.5.4 水资源消耗

水资源被认为是一种可耗竭的可再生资源，这主要是由于水资源具有一定的可再生性，但是当使用过度时其可再生性将遭到破坏。全球的城市化进程已经造成了水资源的过度开发，水资源使用量的增加，污水排放增多，对地表和地下水资源造成污染。

目前可利用的淡水资源主要来源是地表水和地下水，还有很少一部分来自于海水淡化或者污水再生。从供水量和水资源储量来看，我国水资源每年可供给总量为 27000 亿 m³ 左右，每年的用水量 6000 亿 m³ 左右，从数据上看供给量是消耗量的 4.5 倍左右，但这远低于世界的平均值，我国人均供水量还赶不上一些中东沙漠地区的国家。

我国很多地区已经出现严重的水资源短缺问题，如华北地区，需要通过南水北调来缓解水资源紧张问题。南水北调的预计成本为 10 元 /m³[196]，还略高于海水淡化的 5.67 元 /m³[211]。我国对水资源开发总量进行了严格规定，要求 2015 年开采总量控制在 6350 亿 m³ 以内 [212]，研究以此要求作为可持续发展基数进行分析。

1. 水资源消耗系统动力模型

根据世界银行对我国未来经济发展预测，以及用水量与经济发展的相关性构建系统动力学模型，如图 4-145 所示。模型方程与参数见附录 A18。

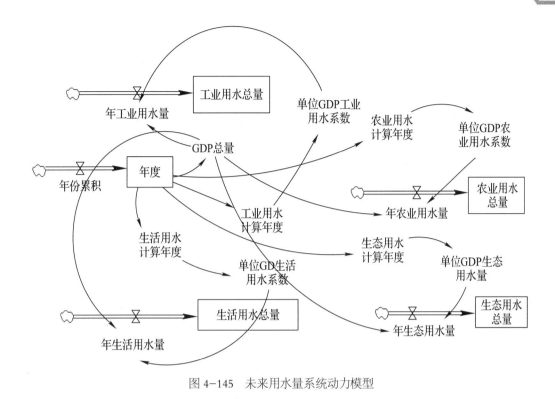

图 4-145 未来用水量系统动力模型

模型中年度工业用水量由 GDP 和单位 GDP 工业用水量系数两个辅助变量决定，未来工业用水总量为积分量，是速率函数年工业用水量的积分；年度农业用水量由 GDP 和单位 GDP 农业用水量系数两个辅助变量决定，未来农业用水总量为积分量，是速率函数年农业用水量的积分；年生活用水量由 GDP 和单位 GDP 生活用水量系数两个辅助变量决定，未来生活用水总量为积分量，是速率函数年生活用水量的积分；年生态用水量由 GDP 和单位 GDP 生态用水量系数两个辅助变量决定，未来生态用水总量为积分量，是速率函数年生态用水量的积分，单位 GDP 用水量需要进一步分析，构建回归方程。

经济的发展和生活水平的提高都会增加水资源的消耗，由于我国一直采用较为严格的节水政策，近些年水资源消耗增长较为缓慢，如图 4-146 所示。我国总用水量已经从 2003 年的 5320 亿 m^3 增长至 2015 年的 6100 亿 m^3。

单位 GDP 用水量能够体现一个地区或国家的生产生活对于水资源的利用效率[213]。本书采用 GDP 当年绝对值来表示我国经济总量，根据历年统计数据[149] 和世界银行的预测，以 1990 年以来的 GDP 和年农业耗水量 V_{agr}、年工业用水量 V_{ind}、年生活用水量 V_{liv} 和年生态用水量 V_{eco} 四个序列为基础，分析它们之间的相关性。

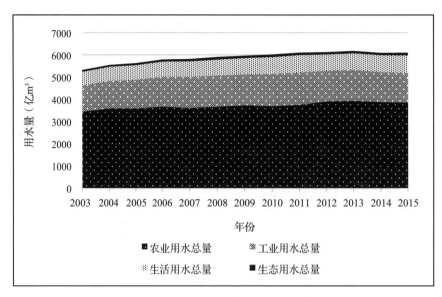

图 4-146　我国 2003 年以来水资源消耗

对各要素取自然对数，整理得到图 4-147。从图中可以看出 GDP 和用水量增长趋势一致，可以用相关系数进行量化。相关系数的公式见式（4-6）。

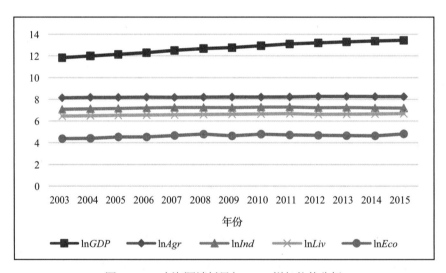

图 4-147　水资源消耗量与 GDP 增长趋势分析

设 X 为 GDP 的自然对数 $\ln GDP$，Y 分别为年农业用水量自然对数 $\ln Agr$，年工业用水量自然对数 $\ln Ind$，年生活用水量的自然对数 $\ln Liv$，年生态用水量的自然对数 $\ln Eco$，可以得到不同用水量与 GDP 的相关系数公式。

$$o\left(\ln GDP, \ln Ind\right) = \frac{Cov\left(\ln GDP, \ln Ind\right)}{\sigma \ln GDP \times \sigma \ln Ind} \qquad (4\text{-}87)$$

$$\rho\left(\ln GDP, \ln Agr\right) = \frac{Cov\left(\ln GDP, \ln Agr\right)}{\sigma \ln GDP \times \sigma \ln Agr} \tag{4-88}$$

$$\rho\left(\ln GDP, \ln Liv\right) = \frac{Cov\left(\ln GDP, \ln Liv\right)}{\sigma \ln GDP \times \sigma \ln Liv} \tag{4-89}$$

$$\rho\left(\ln GDP, \ln Copper\right) = \frac{Cov\left(\ln GDP, \ln Copper\right)}{\sigma \ln GDP \times \sigma \ln Copper} \tag{4-90}$$

通过计算可以得到：

$$\rho\left(\ln GDP, \ln Agr\right) = 0.93$$

$$\rho\left(\ln GDP, \ln Ind\right) = 0.70$$

$$\rho\left(\ln GDP, \ln Liv\right) = 0.93$$

$$\rho\left(\ln GDP, \ln Eco\right) = 0.79$$

年农业用水量 M_{Agr} 与 GDP 的相关性为 0.93，年工业用水量 M_{Ind} 与 GDP 的相关性为 0.70，年生活用量水 M_{Liv} 与 GDP 的相关性为 0.93，年生态用水量 M_{Eco} 与 GDP 的相关性为 0.79，这些用水量均与 GDP 发展存在着强相关性，根据用水量与 GDP 的相关性，通过趋势推导，构建单位 GDP 用水量回归模型：

$$m_{ind} = 98.466e^{-0.129(\Delta t - 23)}, R^2 = 0.99 \tag{4-91}$$

$$m_{agr} = 541.27(\Delta t - 19)^{-0.937}, R^2 = 0.93 \tag{4-92}$$

$$m_{liv} = 60.297(\Delta t - 19)^{-0.598}, R^2 = 0.91 \tag{4-93}$$

$$m_{eco} = 517.36(\Delta t - 19)^{-0.63}, R^2 = 0.85 \tag{4-94}$$

式中　m_{ind}——单位 GDP 的工业用水量，万 m^3/ 亿元；

$\quad\quad$ m_{liv}——单位 GDP 的生活用水量，万 m^3/ 亿元；

$\quad\quad$ m_{agr}——单位 GDP 的农业用水量，万 m^3/ 亿元；

$\quad\quad$ m_{eco}——单位 GDP 的生态用水量，万 m^3/ 亿元；

$\quad\quad$ Δt——计算年与 1985 年的差值。

2. 未来水资源消耗影响量分析

将单位 GDP 用水量代入模型，在模型中对未来水量进行模拟分析。

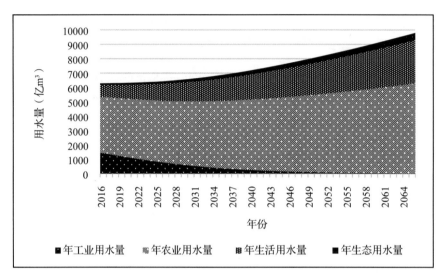

图 4-148　未来年用水量预测

通过模拟分析可以得到未来用水量预测，如图 4-148 所示。从图中可以看出未来用水总量呈增长趋势，农业用水量仍然是用水主力，占用水量比例最高，生活用水量占比也在提高，对用水量增长贡献较大。

继续模拟得到未来用水量预测曲线，如图 4-149 所示。从图中可以看出我国工业用水量已经达到峰值，用水量已经开始回落，随着生活水平提高，对农产品的需求增加，农业用水量开始增大，城市化进程的加剧也造成了生活用水量的增加，景观生态用水持续增加。未来的重点应放在农业节水和生活用水节水方面。

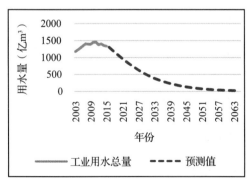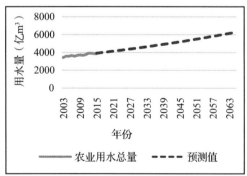

图 4-149　用水量与未来预测

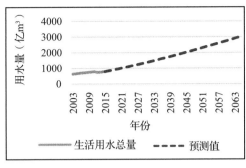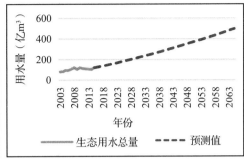

图4-149 用水量与未来预测（续）

通过图4-150可以看出，预计在2025年用水量将超过6350亿m³的用水红线，累积超采水量为60303亿m³，年均超采量为1217亿m³，未来在用水方面需要投入34.497万亿元。

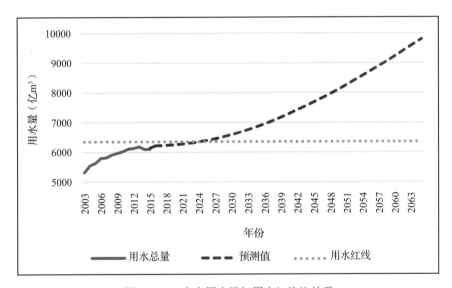

图4-150 未来用水量与用水红线的关系

3. 小结

本小节采用系统动力学分析方法对未来水资源的需求进行了预测，计算出未来50年我国累积超采水量为60303亿m³，需要在水资源方面投入34.497万亿元。

4.6 资源环境影响量化总结

4.6.1 不同资源环境要素的环境影响

将前面几节研究得到的资源、环境数据进行汇总分析得到图4-151。从图中可以看出未来我国生态影响最大的环境要素是温室效应，占总量的25%；其次是土地资源，占23%；化石燃料消耗占22%；水资源消耗占14%；非生物矿产资源占6%；其他几类合计10%。这并不代表后面这几类影响可以忽略，不同的技术产生环境影响要素和比重各不相同，虽然某种环境要素在宏观层面比例较小，但是就单项技术来讲可能这种要素的环境影响很高，而且每种资源、环境要素最终的作用对象不同，需要进一步根据分类展开研究。

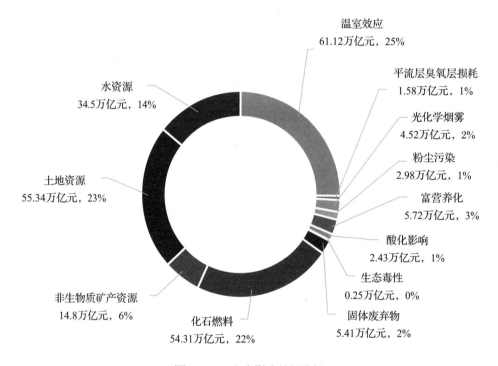

图4-151　生态影响总量分析

4.6.2　资源环境要素的分类及总体影响

由于资源、环境要素因子较多，需要将这些要素分类，搭建评价系统框架，使评价结构更加清晰，通过前面章节对不同资源、环境要素的作用机理分析，可以得到图4-152。从图中可以发现，不同的资源、环境要素的最终作用对象各有不同，以酸化效应为例，虽然酸化对于水体和土地都有影响，但是其最终作用和影响最大的是土壤，因此将其归类到土地大类影响中。总体来说最终的资源、环境影响包括大气、水体、土地、非生物质资源4大类。根据不同要素最终作用对象的不同，将不同的资源、环境要素影响进行分类整理，得到表4-17。

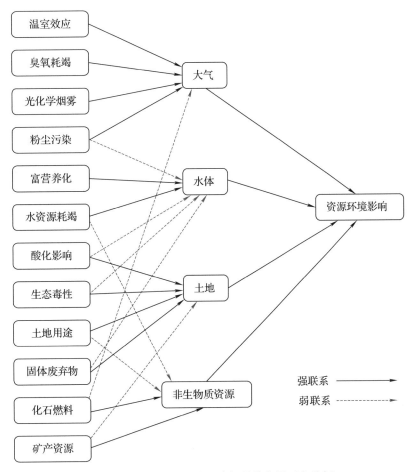

图 4-152　环境影响要素与最终作用对象分析

不同资源环境要素单位环境成本及总体影响　　表 4-17

影响分类	影响要素	主要代表物质	物质总量（万 t）	单位环境影响成本	环境总投入（万亿元）	所占比例（%）
大气	温室效应	CO_2	40880000	149.5 元 /t	61.12	25.16
	平流层臭氧层损耗	HCFCs	656.46	240683 元 /t	1.58	0.65
	光化学烟雾	VOCs	60225.74	7500 元 /t	4.52	1.86
	粉尘污染	PM10	49638	6000 元 /t	2.98	1.23
	合计	—	—	—	70.20	28.9
水体	富营养化	N	29699	19253 元 /t	5.72	2.35
	水资源	水	60303	5.67 元 /t	34.50	14.20
	合计	—	—	—	40.22	16.55

续表

影响分类	影响要素	主要代表物质	物质总量（万t）	单位环境影响成本	环境总投入（万亿元）	所占比例（%）
土地	酸化影响	SO_2	38497	6290 元/t	2.43	1.00
	生态毒性	Pb	13	1920000 元/t	0.25	0.10
	土地资源	草地	—	144438 元/hm^2	55.34	22.78
	固体废弃物	工业垃圾	31898318	16.95 元/t	5.41	2.23
	合计	—	—	—	63.43	26.11
非生物质资源	化石燃料	标准煤	4202300	1293 元/t	54.31	22.35
	非生物质矿产资源	铁矿	24219	6.11 元/t	14.80	6.09
	合计	—	—	—	69.11	28.44

从表4-17中可以看出在分类环境影响中，以大气类环境影响最大，50年总投入70.20万亿元，其次是非生物质资源为69.11万亿元，之后是土地类环境影响为63.43万亿元，最后是水体类环境影响为40.22万亿元，每类环境因子在宏观环境影响层面比例各不相同，而不同绿色技术的资源、环境影响和效益也各有不同，需要建立合适的评价方法来对不同技术的资源、环境影响进行综合评价。

4.6.3 本章小结

不同资源环境类别指标环境影响总量（单位：万亿元）　　表4-18

类别指标	大气	水体	土地	非生物质资源
投入总量	70.2	40.22	63.43	69.11

本章采用系统动力学分析研究方法，以国家统计局、经济合作与发展组织（OECD）、联合国环境规划署、国际环境毒理与环境化学学会等机构提供的宏观统计数据为基础，通过分析不同资源、环境要素与经济作用关系及在自然界的作用机理，计算出12种资源、环境要素的单位环境成本和未来一段时间的环境影响总量，见表4-17。将我国资源、环境影响归纳为4大类指标，分别为大气、水体、土地、非生物质资源，并计算出每种类别指标的环境投入，见表4-18。在分类环境影响中以大气类指标环境投入最多，为70.2万亿元；其次是非生物质资源类指标，69.11万亿元；之后是土地类

指标，63.43 万亿元；最后是水体类指标，40.22 万亿元。

本章从绿色建筑的本质要求出发，对我国未来的资源、环境的影响进行了基础性研究，完成了 12 种资源环境影响和 4 大类环境指标的量化，为进一步建立客观的绿色建筑技术评价体系，制定科学的评价指标系统，奠定了理论基础。

第 5 章　基于资源环境综合效益的绿色建筑技术评价方法

为了客观准确地对绿色建筑技术在全寿命周期的资源、环境影响进行量化评价，需要建立一套结构稳定的评价方法，在保证结果科学合理的同时应该减少评价所耗费的时间和人力。本章将从评价指标的提取与构建、综合评价方法的选取、权重的确定、类别指标的计算、评价流程几个方面开展研究，构建出结构合理、评价客观的绿色建筑技术评价方法。

5.1　评价指标的提取与体系构建

前一章对 12 种资源环境要素和最终影分类进行了研究，根据影响分类可以将评价体系分为两个层次，第一层次为大气、水体、土地和非生物质资源 4 大类指标，第二层次为温室效应、臭氧耗竭、光化学烟雾、粉尘污染、富营养化、水资源等 12 种资源、环境要素指标，以此为基础构建出评价体系结构，如图 5-1 所示。

继续对评价结构进行分析，第一层评价指标子系统有 4 个评价指标，即：大气 $S_1^{(1,p)}$、水体 $S_2^{(1,p)}$、土地 $S_3^{(1,p)}$、资源 $S_4^{(1,p)}$，可以表示为：

$$S_k^{(1,p)} = \left\{ x_{ik}^{1,p}, k = 1,2,3,4 \right\} \qquad (5-1)$$

每个子系统下面又包含 m_k 项二层评价指标 $S^{(2,p)}$，表示为：

$$S_j^{(2,p)} = \left\{ x_{ikj}^{2,p}, k = 1,2,\cdots,m_k \right\} \qquad (5-2)$$

其中大气有 4 个子评价指标，m_k=4，水体有 2 个子评价指标，m_k=2，土地有 4 个子评价指标，m_k=4，资源有 4 个子评价指标，m_k=2，$S_{11}^{(2,p)}$ ~ $S_{14}^{(2,p)}$ 分别为温室效应、臭氧耗竭、光化学烟雾、粉尘污染，$S_{21}^{(2,p)}$ ~ $S_{22}^{(2,p)}$ 分别为富营养化和水资源耗竭;$S_{31}^{(2,p)}$ ~ $S_{34}^{(2,p)}$ 分别为酸化影响、生态毒性、土地用途改变、固体废弃物,$S_{41}^{(2,p)}$ ~ $S_{42}^{(2,p)}$ 分别为化石燃料和矿产资源。

将指标体系构建完成后需要采用一种综合评价方法将各指标进行合成,这种评价方法应该能够定量地分析绿色建筑技术的综合性能,能够体现出不同指标的重要性,便于不同技术的横向比较,更利于设计中快速应用比选。

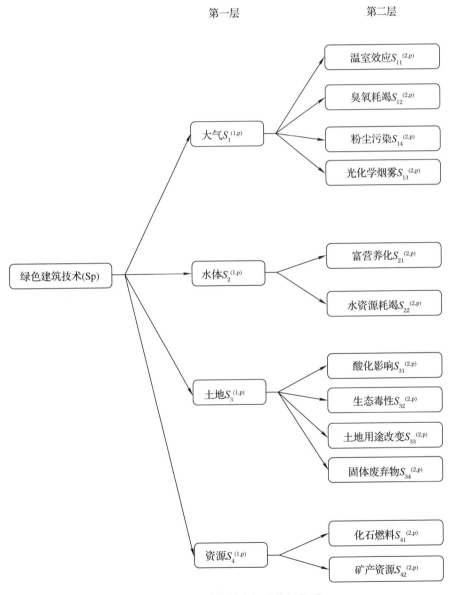

图 5-1   绿色建筑技术评价指标体系

5.2 绿色建筑技术评价方法的构建

绿色建筑技术是相较于传统的建筑技术来讲的，在进行评价时应以国家或行业规定的标准限值作为评价基准，当不同标准存在冲突时，以较高要求作为最低限值。不同绿色建筑技术进行绿色化程度评价时，分析寻找环境最为友好的技术作为最佳绿色建筑技术，通过分析被评价技术超过最低技术基准的程度，或者接近资源环境最优技术的程度，来表征该项建筑技术的绿色化程度，即绿度。

5.2.1 评价方法的选取

由于评价系统中包含 4 大类指标，需要将这些指标进行统一，根据研究的要求选取合适的方法。目前常用的综合评价方法包括：加权算术平均法、非线性加权综合法、加权欧式距离法等[214]。

加权算术平均法采用线性模型来进行综合评价[215]。适用于各评价指标之间互不影响、相互独立的场合，各指标对于综合评价的贡献没有相互影响。具体算法是采用"和"的方法，最终评价结果是各部分之和，如果各指标之间没有完全独立，综合评价的结果将不能避免信息的重复，偏离客观实际。对于采用这种方法构建的评价模型，权重的指标值，往往会对最终的评价结果产生很大的作用，具有很强的"互补"性，造成评价对象忽略权重小的指标，向权重大的指标倾斜，产生"畸形"发展的后果。

非线性加权综合法是应用加权几何平均来进行综合评价的。加权几何平均法适用于评价指标具有较强关联性的场合，这种方法主要强调各评价指标的一致性，由于采用乘法进行运算，因此能够突出指标值较小的评价指标的作用[216]。非线性加权综合法指标权重系数的重要性程度不如加权算术平均法明显。对于非线性加权综合法，指标的权重系数越小，压低评价结果的作用越明显。当进行评价时，只要有一个指标值很小，会直接导致总体评价结果偏低。总体来说，非线性加权综合法对于指标值或权重系数小的指标比较敏感，而对于指标值或权重系数较大的指标反应比较迟钝，不能很好地体现出重要指标的作用。

加权欧式距离法，所谓欧氏距离是指在空间中两个点之间的真实距离，或者向量的自然长度，加权欧式距离是将欧式距离进行一种变异加权处理，通过这种加权处理可以较为充分地体现各个指标在评价系统中的重要性，以及各指标之间的距离，提高权重结果的准确性和有效性[217]。加权欧式距离法能够针对不同指标之间的重要程度进行综合权衡，是一种比较客观的评价方法[218]。

通过分析可以发现采用加权欧式距离法既能考虑各指标之间的重要程度，也能反映出被评价对象与最佳技术及最差技术之间的距离，较好地表现出被评对象的绿色化程度，因此在本书中采用加权欧式距离法比较合理。

5.2.2　评价模型的建立

采用加权欧式距离法进行评价时，首先选定需要评价的绿色建筑技术，假定有 n 项 $S=\{s_i,i=1,2,3,\cdots,n\}$，评价指标为 $x=\{x_i,i=1,2,3,\cdots,n\}$，确定最低限值作为第 $n+1$ 个评价对象，如相关绿色评价标准中没有明确规定的，则选取当前行业同类型建筑技术的平均值；选取行业或标准中要求最高的绿色建筑技术为最佳绿色建筑技术作为第 $n+2$ 个对象，通过加权欧式距离法计算评价对象与最佳绿色建筑技术接近的程度，来评定该项技术的绿色化程度，即绿度。

构建最优绿色建筑技术 B 和最差绿色建筑技术 C，由于研究的资源、环境综合成本属于极小型指标，即越小越好，所以选取综合成本最高的技术作为最差绿色建筑技术，选取综合成本最低的作为最优绿色建筑技术，其中：

$$B = \{c_1, c_2, c_3 \cdots c_i\} = \{\max x_i, i = 1, 2, \cdots n+2\} \quad (5-3)$$

$$C = \{b_1, b_2, b_3 \cdots b_i\} = \{\max x_i, i = 1, 2, \cdots n+2\} \quad (5-4)$$

每一大类的环境影响成本不同，能够反映出它们的迫切程度，在计算绿色建筑技术绿色化程度 S_1 与最优技术 A 和最差技术 E 的距离时应该对相应的重要性进行考虑，具体计算过程如下：

$$D_s^- = |S_i - C| = \sqrt{\sum_{i=1}^{15} w_{jk}\left(x_k^{(i,p)} - c_l\right)^2}, i = 1, 2, \cdots, n \quad (5-5)$$

$$D_s^+ = |S_i - B| = \sqrt{\sum_{i=1}^{15} w_{jk}\left(x_k^{(i,p)} - b_l\right)^2}, i = 1, 2, \cdots, n \quad (5-6)$$

被评绿色建筑技术与最佳绿色建筑技术的接近程度，即绿度 SP_i 为，

$$SP_i = \frac{D_i^-}{D_i^- + D_i^+} \quad (5-7)$$

式中，i 为待评价的绿色建筑技术，w_{jk} 为第一层类别指标的权重系数，$x_k^{(i,p)}$ 是第一层类别指标的环境影响总量，需要通过进一步计算得出。

评价结果绿度 SP_i 将在 [0，1] 的区间进行变化，值越接近 1，代表绿色化程度越高，值越接近 0，代表绿色化程度越低。采用该评价方法，评价结果既能反映出被评价技术的绿色化程度，也可以与《绿色建筑评价标准》进行嵌套，将评价标准中的规定得分与 SP_i 相乘，即可得到对应的评价分值，减少阶梯式得分的弊端。

5.3 权重系数的确定

5.3.1 权重确定方法的选择

不同环境要素的环境总量不同，代表改善的迫切程度不同，需要一定的权重来体现其重要程度，用权重系数 $w_{jk}^{(1,p)}$ 来表示。权重的确定方法主要有主观赋权法和客观赋权法[219]，本书以客观量化为基础，因此需要采用客观赋权法。客观赋权法是从原始数据出发，从样本中提取信息，能够反映不同评价指标真正的重要程度，主要包括以下几种。

（1）坎蒂雷赋权法。该方法认为权数与合成值之间的相关系数应该是成比例的，不同变量之间的权重大小应该由该变量与最终合成值之间的关联程度来决定。与综合指标相关度越高的评价指标权重系数应该越大，相关度越小权重系数应该越小，这种方法适用于指标之间存在较高相关性的场合[220]。本书中各指标相关性不高，因此不适合采用此种方法设定权重系数。

（2）熵值赋权法。这是根据熵原理进行赋权的一种方法，熵是从热力学原理引入的一种概念，本身是体系混乱程度的度量。根据信息的不确定性进行赋权[221]，指标的差异性越大，则熵值越小，指标包含的信息越多，相应的权重系数就越大。实际上是根据指标的差异性来进行判断，如果指标数据差异较小，则反映该指标对于整个系统作用较小。本书是基于环境影响总量对权重进行分配的，已经有明确的数值，因此不适合采用此种方法。

（3）变异系数赋权法。这是根据标准差与平均数的比值即变异系数进行赋权的一种方法，适用于评价指标体系中量纲不同，不适于直接比较的场合。这种方法可以直接利用各项指标包含的信息进行计算，得到权重系数，可以消除单位不同或多个资料变异程度不同造成的影响，适用于评价指标相对模糊的情况。但是这种方法对于指标的具体意义重视不足，容易造成一定的误差。

（4）序关系赋权法。这是综合考虑指标的重要程度与数值的一种综合赋权方法[222]，该方法根据指标的原始值进行排序，之后对相邻指标进行重要性比较，最后通过重要性比较获取权重值。序关系赋权法能够较好地体现出不同指标对于评价主体的客观重要性，因此本书选用这种方法计算权重系数。

5.3.2　权重系数的确定

本书采用序关系法来确定权重系数，这种方法能够很好地量化不同指标的重要程度，可以更为客观地对评价要素进行修正[223]。该方法首先要对第一层 4 大类要素进行排序，排序原则为环境总成本，4 大类类别指标原始值如表 5-1 所示。

资源环境类别指标的原始值及排序　　　　　　　表 5-1

大类指标	编号	环境总成本（万亿元）	重要性排序
大气	$x_1^{(1,p)}$	70.20	1
水体	$x_2^{(1,p)}$	40.22	4
土地	$x_3^{(1,p)}$	63.43	3
非生物质资源	$x_4^{(1,p)}$	69.11	2

排序结果如下：

$$x_1^{(1,p)} > x_4^{(1,p)} > x_3^{(1,p)} > x_2^{(1,p)}$$

两个相邻的指标权重分别设为 w_k 和 w_{k+1}，相邻指标的重要性关系可以表示为：

$$\frac{w_{k-1}}{w_k} = \frac{x_{k-1}}{x_k} = r_k, k = 2,3,4,\ldots j-1 \tag{5-8}$$

则

$$r_2 = \frac{x_1^{(1,p)}}{x_4^{(1,p)}} = 1.015 , \quad r_3 = \frac{x_4^{(1,p)}}{x_3^{(1,p)}} = 1.090 , \quad r_4 = \frac{x_3^{(1,p)}}{x_2^{(1,p)}} = 1.577$$

那么，

$$r_4 = \frac{\dot{w}_3}{\dot{w}_4} = 1.577 , \quad r_3 r_4 = \frac{\dot{w}_2}{\dot{w}_4} = 1.719 , \quad r_2 r_3 r_4 = \frac{\dot{w}_1}{\dot{w}_4} = 1.745$$

且，$\dot{w}_1 + \dot{w}_2 + \dot{w}_3 + \dot{w}_4 = 1$

因此

$$\dot{w}_4 = \frac{1}{1 + 1.577 + 1.719 + 1.745} = 0.166$$

$$w_3 = 1.577w_4 = 0.262$$

$$w_2 = 1.719w_4 = 0.286$$

$$w_1 = 1.745w_4 = 0.290$$

整理数据得到表 5-2，不同资源环境要素类别指标权重系数。

资源环境类别指标权重系数　　　　　　　　表 5-2

类别	大气	水体	土地	非生物质资源
权重系数	0.290	0.166	0.262	0.286

从表中可以看出资源，环境要素的重要性排序为大气、非生物质资源、土地、水体，权重系数分别为 0.290、0.286、0.262、0.166。

5.4　类别指标值的计算

在进行绿色建筑技术评价时，还需要确定待评价技术的大气、水体、土地、资源这几类评价指的环境影响总量即 $x_k^{(1,p)}$，之后进行综合评价，每种类别评价指标的下一级指标，需要进行独立的计算，$x_k^{(1,p)}$ 的公式如下：

$$x_k^{(1,p)} = \sum p_{k,1}^{(2,p)} + p_{k,2}^{(2,p)} + \cdots p_{k,j}^{(2,p)} \qquad (5-9)$$

式中　$p_{k,j}^{(2,p)}$——类别指标下的第二层指标的环境要素总成本。

$$p_{k,j}^{(2,p)} = C_{k,j}^{(2,p)} \times m_{k,j}^{(2,p)} \qquad (5-10)$$

式中　$C_{k,j}^{(2,p)}$——第二层指标代表物的环境要素单位环境成本；

　　　$m_{k,j}^{(2,p)}$——第二层指标代表物的环境要素当量物质总量。

由于类别指标下面包含资源、环境小类指标，每种指标的计算方法和原则各不相同，下面分别总结这些指标的计算方法。

5.4.1　大气类环境影响

大气环境主要包括温室效应、平流层臭氧耗竭、光化学烟雾、粉尘污染者四类影响因素，每种影响因素又包含多个子影响因素，因此需要先将指标进行统一。

首先，列出需要进行评价的绿色建筑技术的全寿命周期环境影响清单，提出对大气环境造成影响的清单物质，从清单列表中提取出这几类环境影响要素的物质排放量。以温室效应为例，可以产生温室效应的气体包括 CO_2、CH_4、NO_x、$CFCs$ 等，在这些温室气体中有些气体具有两种或三种环境效应影响，根据其对环境的主要影响确定计入何种环境影响类别。如 NO_x 既有温室效应又具有富营养化影响，还有一定的光化学烟雾作用，但是对于目前的环境影响来说，富营养化是它的主要环境影响，因此将它列入水体的富营养化影响内进行统计，不在大气环境影响中进行统计。

接下来分别对温室效应影响成本 $p_{1,1}^{(2,p)}$、平流层臭氧耗竭成本 $p_{1,2}^{(2,p)}$、光化学烟雾成本 $p_{1,3}^{(2,p)}$、粉尘污染成本 $p_{1,4}^{(2,p)}$ 等主要物质进行全寿命周期的计算，并求出大气环境总成本 $x_1^{(1,p)}$。

$$p_{1,1}^{(2,p)} = C_{1,1}^{(2,p)} \times m_{1,1}^{(2,p)} \tag{5-11}$$

$$p_{1,2}^{(2,p)} = C_{1,2}^{(2,p)} \times m_{1,2}^{(2,p)} \tag{5-12}$$

$$p_{1,3}^{(2,p)} = C_{1,3}^{(2,p)} \times m_{1,3}^{(2,p)} \tag{5-13}$$

$$p_{1,4}^{(2,p)} = C_{1,4}^{(2,p)} \times m_{1,4}^{(2,p)} \tag{5-14}$$

$$x_1^{(1,p)} = p_{1,1}^{(2,p)} + p_{1,2}^{(2,p)} + p_{1,3}^{(2,p)} + p_{1,4}^{(2,p)} \tag{5-15}$$

式中　$C_{1,1}^{(2,p)}$——温室效应物质当量单位环境成本，kg/ 元；

　　　$m_{1,1}^{(2,p)}$——温室效应物质当量总量；

　　　$C_{1,2}^{(2,p)}$——平流层臭氧耗竭物质当量单位环境成本，kg/ 元；

　　　$m_{1,2}^{(2,p)}$——平流层臭氧耗竭物质当量总量；

　　　$C_{1,3}^{(2,p)}$——光化学烟雾物质当量单位环境成本，kg/ 元；

　　　$m_{1,3}^{(2,p)}$——光化学烟雾物质当量总量；

　　　$C_{1,4}^{(2,p)}$——粉尘物质当量单位环境成本，kg/ 元；

　　　$m_{1,4}^{(2,p)}$——光化学烟雾物质当量总量。

5.4.2　水体类环境影响

水体环境影响主要包括水体富营养化和水资源消耗两个影响，水资源消耗只需统计全寿命周期的耗水量即可，水体富营养化相对比较复杂，主要包括排放到空气中的富营养化物质和水体中的富营养化物质，需要将这两种类型的物质转化为氮当量，再计算水体富营养环境成本。之后将水体富营养化环境成本 $p_{2,1}^{(2,p)}$ 和水资源耗竭成本

$p_{2,1}^{(2,p)}$ 叠加，计算出水体环境影响成本 $x_2^{(1,p)}$。

$$p_{2,1}^{(2,p)} = C_{2,1}^{(2,p)} \times m_{2,1}^{(2,p)} \qquad (5-16)$$

$$p_{2,2}^{(2,p)} = C_{2,2}^{(2,p)} \times m_{2,2}^{(2,p)} \qquad (5-17)$$

$$x_2^{(1,p)} = p_{2,1}^{(2,p)} + p_{2,2}^{(2,p)} \qquad (5-18)$$

式中　$C_{2,1}^{(2,p)}$——富营养化物质当量单位环境成本，kg/ 元；

　　　$m_{2,1}^{(2,p)}$——富营养化物质当量总量；

　　　$C_{2,2}^{(2,p)}$——水资源消耗单位环境成本，m³/ 元；

　　　$m_{2,2}^{(2,p)}$——水资源消耗总量。

5.4.3　土地类环境影响

　　土地环境影响主要包括酸化效应、生态毒性、土地用途改变、固体废弃物四种影响。酸化效应主要是指SO₂、HF、H₂S等物质，通过分析参评技术的全寿命环境影响清单，将这些物质等效为酸化当量；生态毒性物质主要以重金属污染为主，此外还包括一些有机污染物，将这些物质等效为毒性当量；统计全寿命周期内产生固体废弃物总量；统计全寿命周期土地用途改变量。计算出酸化效应环境成本 $p_{3,1}^{(2,p)}$、生态毒性环境成本 $p_{3,2}^{(2,p)}$、土地用途改变环境成本 $p_{3,3}^{(2,p)}$、固体废物环境成本 $p_{3,4}^{(2,p)}$，将它们叠加计算出土地环境影响总成本 $x_3^{(1,p)}$。

$$p_{3,1}^{(2,p)} = C_{3,1}^{(2,p)} \times m_{3,1}^{(2,p)} \qquad (5-19)$$

$$p_{3,2}^{(2,p)} = C_{3,2}^{(2,p)} \times m_{3,2}^{(2,p)} \qquad (5-20)$$

$$p_{3,3}^{(2,p)} = C_{3,3}^{(2,p)} \times m_{3,3}^{(2,p)} \qquad (5-21)$$

$$p_{3,4}^{(2,p)} = C_{3,4}^{(2,p)} \times m_{3,4}^{(2,p)} \qquad (5-22)$$

$$x_3^{(1,p)} = p_{3,1}^{(2,p)} + p_{3,2}^{(2,p)} + p_{3,3}^{(2,p)} + p_{3,4}^{(2,p)} \qquad (5-23)$$

式中　$C_{3,1}^{(2,p)}$——酸化物质当量单位环境成本，kg/ 元；

　　　$m_{3,1}^{(2,p)}$——酸化物质当量总量；

　　　$C_{3,2}^{(2,p)}$——生态毒性物质当量单位环境成本，kg/ 元；

　　　$m_{3,2}^{(2,p)}$——生态毒性物质当量总量；

$C_{3,3}^{(2,\mathrm{p})}$——土地用途改变单位环境成本，$\mathrm{m}^2/$ 元；

$m_{3,3}^{(2,\mathrm{p})}$——土地用途改变总量；

$C_{3,4}^{(2,\mathrm{p})}$——固体废弃物单位环境成本，$\mathrm{kg}/$ 元；

$m_{3,4}^{(2,\mathrm{p})}$——固体废弃物总量。

5.4.4　非生物质资源影响

非生物质资源主要包括非生物质化石能源和非生物质矿产资源，非生物质化石能源消耗环境成本为 $p_{4,1}^{(2,\mathrm{p})}$；非生物质矿产资源的消耗环境成本为 $p_{4,2}^{(2,\mathrm{p})}$，将它们求和可以得到非生物质资源环境总成本 $x_4^{(1,\mathrm{p})}$。

$$p_{4,1}^{(2,\mathrm{p})} = C_{4,1}^{(2,\mathrm{p})} \times m_{4,1}^{(2,\mathrm{p})} \qquad (5-24)$$

$$p_{4,2}^{(2,\mathrm{p})} = C_{4,2}^{(2,\mathrm{p})} \times m_{4,2}^{(2,\mathrm{p})} \qquad (5-25)$$

$$x_4^{(1,\mathrm{p})} = p_{4,1}^{(2,\mathrm{p})} + p_{4,2}^{(2,\mathrm{p})} \qquad (5-26)$$

式中　$C_{4,1}^{(2,\mathrm{p})}$——化石能源消耗当量单位环境成本，$\mathrm{kg}/$ 元；

$m_{4,1}^{(2,\mathrm{p})}$——化石能源消耗当量总量；

$C_{4,2}^{(2,\mathrm{p})}$——非生物质矿产资源消耗当量单位环境成本，$\mathrm{kg}/$ 元；

$m_{4,2}^{(2,\mathrm{p})}$——非生物质矿产资源消耗当量总量。

5.4.5　资源、环境影响要素的单位成本

不同资源、环境要素的代表物质不同，单位环境成本也不同。温室效应的代表物质是 CO_2，臭氧耗竭的代表物质为 HCFCs，富营养化的代表物质是氮元素，酸化效应的代表物质是 SO_2，而资源要素中化石燃料的代表物质为标准煤，这些代表物质都有自己的单位环境影响成本 $c_{k,j}^{(2,\mathrm{p})}$，即消耗或排放某种物质所需要的环境投入。根据上一章的研究结果进行统计整理，得到具体代表物质的单位环境成本 $c_{k,j}^{(2,\mathrm{p})}$，如表 5-3 所示。

不同资源、环境要素代表物质单位环境成本　　　　　　表 5-3

指标	代表物质	单位	环境成本（元）	指标	代表物质	单位	环境成本（元）
温室效应	CO_2	kg	0.1495	酸化影响	SO_2	kg	6.29
臭氧耗竭	HCFCs	kg	240.68	生态毒性	Pb	kg	833.28

续表

指标	代表物质	单位	环境成本（元）	指标	代表物质	单位	环境成本（元）
光化学烟雾	VOCs	kg	7.5	土地用途改变	草地	m^2	2.478
粉尘污染	粉尘	kg	6	固体废弃物	废料	kg	0.01695
富营养	N	kg	19.25	化石燃料	标准煤	kg	1.293
水资源耗竭	体积	m^3	5.67	矿产资源	铁矿石	kg	0.00611

5.4.6 当量物质的一致化处理

在第二级评价指标中，每个指标都具有自己的当量代表物质，$m_{k,j}^{(2,p)}$ 表示的是代表物质的当量，根据环境清单分析可以发现每个二级指标都有很多环境要素，如能够产生温室效应的物质有 CO_2、CH_4、CF_4 等，而指标物质为 CO_2，因此需要将这些物质转化为 CO_2 当量。为了便于评价，应该将这些二级指标下的环境清单物质进行当量物质统一，即指标的一致化处理[258]。

1. 大气类指标的一致化处理

1）温室效应物质一致化处理

由于温室气体的种类较多，为了评价不同气体对温室效应的影响潜力，将 CO_2 与不同的温室气体各种因素综合考虑，计算出该气体的辐射强迫，即全球变暖潜势[224]。该方法以 g 为单位，将其他温室气体等效成 CO_2，推导出 CO_2 当量，估算全球变暖潜势[225]，公式如下[226]：

$$global\ warming\ index = \sum_i w_i \times GWP_{i_{where}} \tag{5-27}$$

式中　w_i——清单中引起全球变暖物质的质量（单位 g）；

$GWP_{i_{where}}$——全球变暖潜势。

研究根据上述原理，以 kg 为单位，将其他温室气体等效成 CO_2，推导出 CO_2 当量，估算温室效应影响物质总量，公式如下：

$$m_{1,1}^{(2,p)} = \sum_i m_i \times GWD_i \tag{5-28}$$

式中　m_i——清单中引起全球变暖物质的质量（单位：kg）；

GWD_i——CO_2 当量系数，如表 5-4 所示，根据全球变暖潜势数据计算得到。

CO$_2$ 的 GWD 等效系数（单位：kg）　　　　表 5-4

物质	GWD
二氧化碳（CO$_2$）	1
甲烷（CH$_4$）	67
一氧化二氮（NO$_2$）	277
四氟化碳（CF$_4$）	5270
HFC-152a	174

2）臭氧耗竭物质一致化处理

与全球变暖一样，臭氧的潜在破坏影响可以通过 HCFCs 指数来进行衡量，具体公式如下[106]：

$$ozone\ depletion\ index = \sum_i w_i \times OP_{i_{where}} \tag{5-29}$$

式中　w_i——破坏臭氧物质清单质量，g；

　　　OD_i——单位 HCFCs 臭氧破坏当量。

以 kg 为单位，将上述公式变形可以得到 HCFCs 当量公式：

$$m_{1,2}^{(2,\mathrm{p})} = \sum_i m_i \times OD_i \tag{5-30}$$

式中　m_i——清单中引起全球变暖物质的质量（单位：kg）；

　　　OD_i，HCFCs 等效系数，可以根据前一章臭氧耗竭影响数据计算得到，如表 5-5 所示。

HCFCs 臭氧破坏当量数（单位：kg）　　　　表 5-5

物质	OD
HCFCs	1
CFCs	5.81
HFCs	2.07

3）光化学烟雾物质一致化处理

与前面两种环境影响一样，光化学烟雾的潜在破坏影响可以通过 VOCs 指数来进行衡量，具体公式如下[106]：

$$smog\ index = \sum_i w_i \times SP_{i_{where}} \tag{5-31}$$

式中　w_i——有毒物质清单质量，g；

　　　SP_i——单位氮氧化物光化学烟雾影响。

以 kg 为单位，将上述公式变形可以得到 VOCs 当量公式：

$$m_{1,3}^{(2,p)}=\sum_i m_i \times SD_i \tag{5-32}$$

式中　m_i——清单中光化学烟雾物质的质量，kg；

　　　SD_i——VOCs 当量系数，如表 5-6 所示，根据光化学烟雾当量数据计算得到。

光化学烟雾当量系数（单位：kg）　　　　　　表 5-6

物质	SD（氧化氮当量系数）
呋喃 (C_4H_4O)	3.54
丁二烯 (1,3-$CH_2CHCHCH_2$)	3.23
丙烯 ($CH_3CH_2CH_3$)	3.07
二甲苯 (m-$C_6H_4(CH_3)_2$)	2.73
丁烯 (1-$CH_3CH_2CHCH_2$)	2.66
丁烯醛 (C_4H_6O)	2.49
甲醛 (CH_2O)	2.25

4）烟粉尘物质一致化处理

工业烟粉尘组成成分复杂，但是在统计中可以认为是单一物质，此外还有一些物质也具有烟粉尘的效应，在指标总量计算时可以根据下面公式进行计算：

$$m_{1,4}^{(2,p)}=\sum_i m_i \times CD_i \tag{5-33}$$

式中　m_i——清单中烟粉尘物质的质量，kg；

　　　CD_i——烟粉尘等效系数，如表 5-7 所示，根据伤残寿命年当量数据计算得到[227]。

烟粉尘等效系数（单位：kg）　　　　　　表 5-7

物质	CD
氮氧化合物	0.068
微粒 (PM10)	1
微粒 (PM2.5)	22.22
硫氧化物（SO_x）	0.104

2. 水体类指标的一致化处理

1）富营养化物质一致化处理

富营养化潜力的指数计算方法同全球变暖潜力指数计算方法类似，不同的是将富营养化潜力转化为氮当量作为标准，具体公式如下：

$$nutrification\ index = \sum_i m_i \times ND_{i_{where}} \tag{5-34}$$

式中　m_i——清单中富营养化化物质的量，g；

　　$ND_{i_{where}}$——富营养化化物质的单位氮当量系数。

以 kg 为单位，将上述公式变形可以得到富营养化氮当量公式：

$$m_{2,1}^{(2,p)} = \sum_i m_i \times ND_i \tag{5-35}$$

式中　m_i——清单中引起富营养化物质的质量，kg；

　　ND_i——氮等效系数，如表 5-8 所示，根据氮当量数据计算得到[105]。

氮当量数（单位：kg）　　　　　表 5-8

物质	NP（氮当量）
磷酸根（PO_4^{3-}）	2.38
氨 (NH_4^+)	0.79
氮（N）	1.00
磷（P）	7.29
硝酸根 (NO_3^-)	0.24

2）水资源物质一致化处理

水资源属于清单流中的消耗物质，以 50 年为一个周期。研究建筑在生产、运营、拆除消耗的水总量，使用直接清单法来计算水资源的影响，公式如下：

$$m_{2,2}^{(2,p)} = \sum_i V_i \tag{5-36}$$

式中　V_i——水资源消耗的清单质量，m^3。

3. 土地类指标的一致化处理

1）酸化影响物质的一致化处理

酸化的潜在影响指数可以将其他物质的酸化效果等效成氢的影响来进行计算，公

式如下 [226]:

$$acidification\ index = \sum_i w_i \times AP_{i_{where}} \qquad (5-37)$$

式中　w_i——清单中酸化物质的量，g；

　　$AP_{i_{where}}$——酸化物质的氢离子当量系数，如表 4-2 所示。

以 kg 为单位，将上述公式变形可以得到酸化 SO₂ 当量公式：

$$m_{3,1}^{(2,p)} = \sum_i m_i \times AD_i \qquad (5-38)$$

式中　m_i——清单中引起酸化影响物质的质量，kg；

　　AD_i——SO₂ 等效系数，如表 5-9 所示，根据酸化当量数据计算得到。

酸化等效系数（单位：kg）　　　表 5-9

物质	酸化系数 AP
硫酸（SO₂）	1
硫化氢（H₂S）	1.88
硫氧化物（SO₃）	0.8
氮氧化合物（NO₂）	0.70
氟化氢（HF）	1.60

2）生态毒性物质的一致化处理

采用 Pb 作为潜在影响参照，通过等价 Pb 来计算生态毒性指数，公式如下：

$$ecological\ toxicity\ index = \sum_i w_i \times EP_{i_{where}} \qquad (5-39)$$

式中　w_i——生态毒性物质清单质量，g；

　　$EP_{i_{where}}$——单位 Pb 生态毒性当量。

以 kg 为单位，将上述公式变形可以得到生态毒性铅当量公式：

$$m_{3,2}^{(2,p)} = \sum_i m_i \times ED_i \qquad (5-40)$$

式中　m_i——清单中引起酸化影响物质的质量，kg；

　　ED_i——铅等效系数，如表 5-10 所示，根据生态毒性当量数据计算得到 [228]。

生态毒性等效系数（单位：kg）　　　　　表 5-10

物质	生态毒性当量 ED
汞	50
铅	1
镉	5
六价铬	1.25
铬	0.625
砷	1.25
石油类	0.25
挥发酚	3.125

3）固体废弃物一致化处理

固体废弃物属于清单流中的建筑产品，以 50 年为一个周期。研究建筑在生产、运营、拆除后产生的不可回收的废弃物总量，使用直接清单法来计算废弃物的影响，公式如下：

$$m_{3,3}^{(2,\mathrm{p})} = \sum_i m_i \qquad (5-41)$$

式中　m_i——不可回收废弃物的清单质量，kg。

4）土地用途改变一致化处理

土地用途改变等效系数（单位：m²）　　　　　表 5-11

用途	TD
草地	1
森林	3.04
湿地	5.83
农田	0.511
水域	13.92
荒漠	0.047
其他	0.162

土地资源主要考虑用途改变所带来的损失，以草地的单位面积生态服务价值为基础，以 50 年为一个周期，研究建筑在生产、运营、拆除所改变的土地用途总量，使用

清单法来计算土地用途改变造成的影响，公式如下：

$$m_{3,4}^{(2,p)}=\sum_i S_i \times TD_i \qquad （5-42）$$

式中　S_i——清单中改变土地用途的量，m^2；

　　TD_i——土地等效系数，以草地为标准值，如表5-11所示，根据单位面积生态服务价值数据计算得到[229]。

4. 非生物质资源类指标一致化处理

1）化石能源一致化处理

化石能源的单位消耗的能源物质的量都不相同，采用标准煤作为化石能源一致化物质，对全寿命周期内的化石能源清单进行计算，公式如下：

$$m_{4,1}^{(2,p)}=\sum_i m_i \times FD_i \qquad （5-43）$$

式中　m_i——清单化石能源的消耗量，kg；

　　FD_i——化石能源等效系数，以标准煤为标准值，如表5-12所示，根据内涵能量值计算得到[230]。

化石能源等效系数　　　　　　　　　表5-12

能源物质	TD
标准煤 (kg)	1
天然气 (m^3)	1.214
石油 (kg)	1.429

2）矿产资源一致化处理

矿产资源等效系数（单位：kg）　　　　　　表5-13

矿产	铁矿石当量系数
铁矿	1
铝土矿	8.272
铜矿（金属）	2161.375
玻璃用硅质原料	0.208
盐矿	0
水泥用灰质岩	0.265
磷矿	1.211

矿产资源根据建筑全寿命周期消耗的矿产，采用铁矿石作为一致化物质，对全寿命周期内的矿产资源清单进行计算，公式如下：

$$m_{4,c}^{(2,\mathrm{p})} = \sum_i m_i \times CD_i + \frac{X_i}{d} \tag{5-44}$$

式中　m_i——清单化石能源的消耗量，kg；

　　　X_i——其他矿产可持续成本；

　　　d——可持续成本系数，0.0377；

　　CD_i——矿产资源等效系数，以铁矿石为标准值，如表 5-13 所示，根据上一章资源耗竭成本计算得到。

5. 小结

本小节研究了将不同的资源、环境清单物质，通过代表性物质进行统一化处理的计算原理与方法，为在后期评价中对不同技术的资源、环境清单进行统一处理奠定了基础。

5.5　评价基本流程

完成评价体系构建后，需要进一步确定绿色建筑技术的评价流程，通过分析，评价流程可以分以下几步进行：

1. 选定研究对象

首先需要确定被评价对象，被评价对象不同，研究边界和研究的重点就会不同，选定研究对象后，需要确定研究对象的时间边界、空间边界、数据获取来源。

2. 收集资源、环境影响清单

对被评价对象的全寿命周期资源、环境影响清单进行分析，并按照大气、水体、土地、资源进行归类，将数据整合，进行评价前准备。

3. 绿色建筑技术绿色化程度评价

将清单数据整理后，代入评价模型中进行评价，根据评价输出的数据对绿色化程度进行判定。

4. 评价结果分析

通过比对不同技术在不同资源环境要素上的表现，对结果进行分析，得到结论或改进建议。

5.6 本章小结

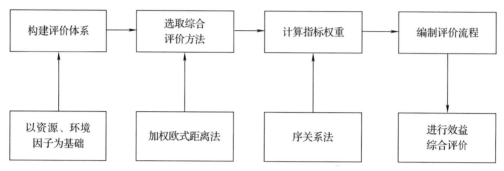

图 5-2　本章研究路线

　　本章以前面章节的研究成果为基础，构建了以大气、土地、水体、资源为一级指标，温室效应、光化学烟雾、生态毒性、水体富营养化、平流层臭氧耗竭、化石能源消耗等 12 种资源、环境要素为二级指标的评价体系。通过对比分析选取加权欧式距离法作为综合评价方法，通过序关系法计算出了类别指标的权重，并确定了类别指标值的计算方法，提出了评价的具体流程，最终构建出基于资源环境综合效益的绿色建筑技术评价方法，具体过程如图 5-2 所示。接下来，需要根据评价的要求和原则编制出具体的评价工具，并进行案例验证与分析，确保评价的科学性和可实施性。

第6章 评价工具的开发与案例应用

本章需要根据前面确定的评价原则与方法开发一套能够快速实现评价的评价工具，工具需要具有易用性和快捷性，能够使设计人员准确并快速地判断出不同建筑技术的资源、环境综合影响和绿色化效果，方便对不同的建筑技术手段进行选择或修正，研究选用较为常用 EXCEL VBA 数据处理程序作为编制评价工具的基础程序，使评价工具更加易用和便于推广。在工具编制完成后进行案例应用，验证评价体系与工具的可靠性与便捷性。

6.1 绿色建筑技术评价系统设计

6.1.1 系统总体目标

评价系统需要对绿色建筑技术的功能效果和自身的资源、环境影响进行全方位的分析，以资源环境综合效益为目标，对建筑中应用的绿色技术进行评价，通过评价选取资源环境效益较高的技术进行应用，评价系统目标主要包括：对绿色建筑技术的绿色化程度进行评价，能够充分体现出不同绿色建筑技术的资源与环境效益，并进行直观比较。充分考虑建筑设计的特点，创造简洁实用的评价工具，方便设计师快速掌握并应用。

6.1.2 系统设计原则

在进行系统设计时应遵循全面性、系统性、开放性、便捷性的原则，所谓全面性是指，应能够覆盖建筑技术的各个阶段，评价结果能够对现有体系形成补充；系统性是指采用系统的方法将技术原则和评价目标统一起来；开放性是指随着技术进步产品的数据库能够及时更新，能够方便地进行数据交换；便捷性是指方便建筑师或使用者使用，降低评价的复杂性。

6.1.3 总体结构设计

评价系统将由三个层级构建，包括：用户层，业务层，数据层。用户层主要用于用户与系统进行交互，包括输入层和输出层；业务层主要用于实现后台数据与用户的信息交换，根据信息对评价结果进行计算，包括索引层和计算层；数据层主要包括基础数据库和数据知识。

6.2 评价工具编制

确定评价功能后，需要对评价工具进行编制，研究主要采用 Excel VBA 进行工具的编制。一共分为四步：第一步，构建基础数据库，主要是对建筑材料和非建筑材料的环境影响进行统计梳理，构建出底层数据库；第二步，构建用户输入层，主要是针对评价需要的数据编制输入；第三步，构建索引层和计算层，主要是将输入数据与底层数据库联系起来，通过前面研究出的评价方法与原则将评价结果计算出来；第四步，构建输出层，主要是通过输出界面将评价结果以可视化的形式输出出来，使评价结果更为直观。

单位物质资源、环境清单   表 6-1

	项目	特征化物质	单位	总量	分项			
资源消耗	化石能源消耗	标准煤	kg		石油	天然气	煤炭	……
	矿产资源消耗	铁矿石	kg		铁矿	铝土矿	铜矿	……
大气环境	温室效应	CO_2	kg		CO_2	CH_4	NO_2	……
	平流层臭氧消耗	HCFCs	kg		CFCs	HCFCs	HFCs	……
	光化学烟雾	NO_x	kg		NO_x	CH_2O	C_4H_4	……
	粉尘污染	粉尘	kg		PM10	烟粉尘	PM2.5	……
水环境	富营养化	N	kg		N	P	NH_4^+	……
	水资源	水	m^3					

续表

项目		特征化物质	单位	总量	分项			
土地环境	酸化影响	SO$_2$	kg		HF	SO$_2$	HCN	……
	生态毒性	Pb	kg		Pb	As	Hg	……
	土地资源	土地	m^2		林地	草地	湿地	……
	固体废弃物	废弃物	kg					

6.2.1　构建基础数据库

1. 建筑材料基础数据库

基础数据库是指绿色建筑技术生命周期过程的单位物质资源消耗清单和环境影响清单，包括材料生产阶段单位物质环境影响清单，运输阶段资源、环境影响清单，施工阶段单位物质清单，运营过程单位物质清单，回收过程单位物质清单。由于我国目前尚没有完整的全寿命周期清单数据库，需要通过文献、统计数据、公报等进行基础数据的搜集整理。单位物质资源环境数据清单的格式如表 6-1 所示，在数据搜集过程中尽可能将所有清单物质数据搜集到，避免遗漏。

研究构建了铜、铝、钢、水泥、玻璃、EPS、岩棉、保温砂浆、玻璃纤维等十几种常用的建筑材料资源、环境清单数据，详见附录 B1~ 附录 B12。

2. 构建单位建筑材料环境影响数据库

通过指标一致化处理，将每种建筑材料的单位环境影响进行统计整理，得到单位建筑材料环境影响数据库，如表 6-2 所示。

单位建筑材料环境影响数据　　　　　　　　表 6-2

项目	代表物质及单位	环境成本（元）	数量	单位环境成本
化石能源消耗	标准煤 (kg)	1.293		
矿产资源消耗	铁矿石 (kg)	0.00611		
水资源消耗	水（L）	0.00567		
固体废弃物	（kg）	0.00541		
土地资源	草地（m^2）	14.4438		
温室效应影响	CO$_2$(kg)	0.1495		

续表

项目	代表物质及单位	环境成本（元）	数量	单位环境成本
臭氧耗竭影响	HCFCs(kg)	240.683		
光化学烟雾	NO$_x$	7.5		
烟粉尘物质	PM10(kg)	6		
富营养化物质	N(kg)	19.253		
酸化物质	SO$_2$(kg)	6.29		
生态毒性	Pb（g）	1.92		

材料环境数据库可以反映单位材料的基本信息，以钢材、铝材、铜的单位环境影响为例，通过计算铝、钢、铜的环境成本分别为 12.77 元 /kg、1.50 元 /kg、和 16.13 元 /kg，单位环境影响各不相同，环境影响的构成要素也不同，如图 6-1 所示。

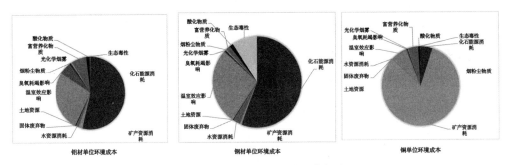

图 6-1　铝、钢、铜的环境成本构成

从图 6-1 中可以看出，铝和钢的环境成本主要是在化石能源消耗上面，铝材为 6.91 元，占总成本的 54%，钢材为 0.84 元，占总成本的 56%，而铜的主要环境成本与二者不同，其主要环境成本为矿产资源消耗，主要是由于铜矿的稀缺性决定的，其环境成本为 13.21，占总成本的 82%。在很多情况下不同的技术手段三种材料都可作为备选，可见在进行技术选择时不同技术方法和手段对资源和环境的影响是完全不同的，应该进行对比评价后选择。具体材料环境成本详见附录 B13。

3. 构建非建筑材料类环境影响数据库

通过指标一致化处理，将非建筑材料的单位环境影响，主要包括柴油、汽油、电力、热力等进行统计整理，可以得到非建筑材料环境影响数据库，如表 6-3 所示。同样需要查阅文献、统计公报等资料获取这些信息。

单位非建筑材料环境影响数据　　　　　　　　表 6-3

项目	代表物质及单位	环境成本（元）	数量	单位环境成本
化石能源消耗	标准煤 (kg)	1.293		
矿产资源消耗	铁矿石 (kg)	0.00611		
水资源消耗	水（L）	0.00567		
固体废弃物	（kg）	0.00541		
土地资源	草地（m²）	14.4438		
温室效应影响	CO_2(kg)	0.1495		
臭氧耗竭影响	HCFCs(kg)	240.683		
光化学烟雾	NO_x	7.5		
烟粉尘物质	PM10(kg)	6		
富营养化物质	N(kg)	19.253		
酸化物质	SO_2(kg)	6.29		
生态毒性	Pb（g）	1.92		

　　研究构建了柴油、热力、电力、机械加工等多种非建筑材料类资源、环境清单及影响数据库，详见附录 B14~附录 B19。

6.2.2　构建索引层及计算层

　　索引层的目的是将计算层与环境影响数据库数据（附录 B1~附录 B19）进行整合，将数据从数据库中调出进入到计算层，如图 6-2 所示。

图 6-2　数据索引层（局部）

　　数据计算层从索引层提取数据后，会根据前面总结的评价方法进行计算，将计算结果输出到评价结果输出层，如图 6-3 所示。

环境成本				详细环境成本											
资源	水体	大气	土地	化石能源消耗	矿产资源消耗	水资源消耗	固体废弃物	土地资源	温室效应影响	臭氧耗竭影响	光化学烟雾	烟粉尘物质	富营养化物质	酸化物质	生态毒性
557656	43521.5	278629.5801	1E+05	550979.2007	6676.947662	26996.96617	1743.391318	0	269086.5183	0	6141.404089	3401.687667	16524.54503	13049.43741	91538.28406
121.776	6524.16	240.1352824	19.51	121.7755261		6513.546029	0.024854492		230.0878195	0	8.61408	1.433382912	10.61479751	19.50572275	
454684	25165.1	331657.8426	1E+05	451216.149	3467.474919	4447.465558	237.9317675	0	297653.5994	0	14648.9155	19155.3277	20717.65426	15781.98649	99195.65228
32145.7	792.784	4672.158976	164.1	9588.458567	22557.22466	14.66086557	2.544174082	0	3117.473249	0	1377.452985	177.2327424	778.1234663	164.1344953	
0	0	0	0	0		0	0		0	0	0	0	0	0	0
0	0	0	0	0		0	0		0	0	0	0	0	0	0
0	0	0	0	0		0	0		0	0	0	0	0	0	0
1044607	76003.6	615199.7169	2E+05	1011905.584	32701.64723	37972.6395	1983.8921	0	570087.68	0	22376.387	22735.651	38030.938	28985.064	190731.94
7770.19	12051.4	3862.068373	298	7770.190772		23.30055173			2520.987735	0	1190.633837	150.4471011	12028.10305	172.5226109	125.5157888
8143.81	12630.9	4047.768975	312.4	8143.806401		24.4209168			2542.20489	0	1247.883006	157.681079	12596.48272	380.8180499	131.5509681
10716.2	16620.6	5326.356816	411	10716.22887		32.13486675			3476.810587	0	1642.057686	207.4885437	16588.51229	237.9538865	173.1045785
79025.7	122567	39278.65858	3031	79025.70358		236.9731977			25639.37429	0	12109.18184	1530.10246	122330.2405	1784.61853	1276.841522
0	0	0	0	0		0			0	0	0	0	0	0	0
0	0	0	0	0		0			0	0	0	0	0	0	0
144024	139721	93060.89167	7845	144024.2362		606.8184714			60746.04172	0	28689.65743	3825.192519	199113.9412	4342.137147	3502.430791
0	0	0	0	0		0			0	0	0	0	0	0	0
3895.86	147.698	1447.050263	128.9	3895.860779		85.6874586	14.86977706		1341.040369	0	77.92344945	28.08644476	62.01075379	128.9212774	
408078	6475.11	62631.63649	13462	408077.7293		1009.33746	14.869778		61562.17311	0	8136.700606	2932.762778	6473.110399	13461.8061	
661654	310214	209654.4312	25488	661653.7529	0	1009.33746	14.869778		147928.63	0	53094.038	8631.7609	309204.37	20278.802	5209.1436
1706261	386217	824854.1481	2E+05	1673559.337	32701.64723	38981.977	1998.7619	0	718016.31	0	75470.424	31367.412	347235.31	49263.866	195941.08
0	0	0	0			0									
0	0	0	0			0									
0	0	0	0			0									
0	0	0	0			0									
0	0	0	0	0		0									
0	0	0	0	0		0									
-27796				-27796.40014											
0															
0															
0															
0															
0	0	0	75219			75219.37213									
-27796	0	0	75219	0	-27796.40014	0	75219.172								

图6-3　数据计算层（局部）

6.2.3　构建用户输入层

用户输入层主要用于将需要评价的建筑技术信息输入到程序中，需要输入的内容包括四个阶段：建材准备阶段、建造阶段、使用阶段、拆除阶段。

首先是材料准备阶段，在材料准备阶段主要需要输入的数据是不同材料的名称、数量、单位以及运输距离，如图6-4所示。输入完成相关信息后可以进入到建造阶段。

在建造阶段主要需要输入的信息是机械加工量，以及在施工过程中的汽油、柴油、电力、水耗等数据信息，如图6-5所示。输入完成后就可以开始输入使用阶段信息。

在使用阶段主要需要输入的信息是相关技术选用材料的替换系数，以及在使用过程中的热力、电力、水耗、土地等信息，如图6-6所示。如果是可再生能源技术或节水技术等对资源进行了节约，输入值可以

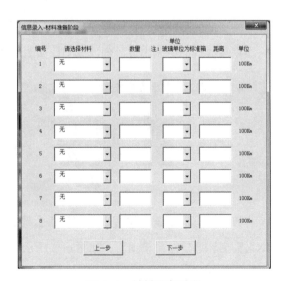

图6-4　材料准备阶段

为负，表示节约量。输入完成后即可进入到拆除阶段。

图 6-5　建造阶段

图 6-6　使用阶段

在拆除阶段主要是输入拆除需要的电力等能源，不同材料的回收率，如图 6-7 所示，输入完成后即可点击下一步进行计算。需要注意的是，材料回收可以减少对原始矿产资源的消耗，但是在材料的生产阶段所消耗的能源和对环境的输出影响已经产生，不能进行回收。因此，材料的回收率可以认为是对所消耗的非生物质矿产资源进行的抵消；同时由于材料回收可以减少固体废弃物，所以认为回收率在进行核算时能够减少拆除阶段的固体废弃物影响，在最后输入完成后，工具会对输入的信息进行评价比对。

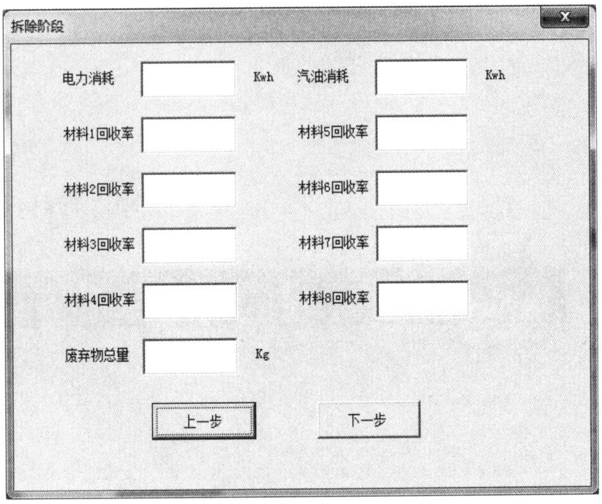

图 6-7　拆除阶段

6.2.4　构建评价结果输出层

在所有信息输入完成后，可以进入到评价结果输出层。评价结果输出层是将评价结果通过可视化的方式表现出来，主要包括单项技术绿色性能分析（图 6-8）、多项技术绿色度标度分析（图 6-9）。

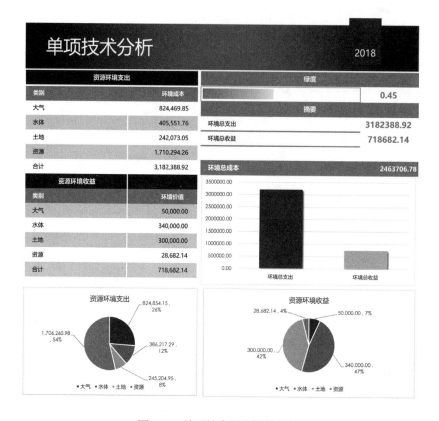

图 6-8　单项技术绿色性能分析

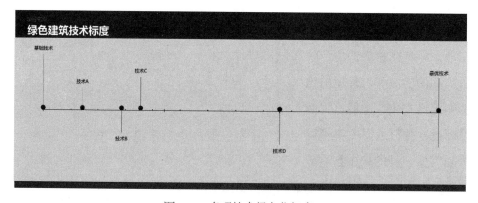

图 6-9　多项技术绿色化标度

　　单项技术的绿色性能分析，是对单个技术的绿色性能进行可视化评价，主要考察其在大气、水体、土地以及资源等方面的环境支出与收益情况，对建筑技术的绿色化程度进行综合评估。

　　多项技术绿色化标度反映不同技术之间的绿色程度的关系，可以直观地看出不同技术在所有评价技术中的位置，便于设计人员直观判断，并做出技术选择。

6.2.5 构建用户界面

图 6-10 用户输入界面

最后在软件中编辑用户界面，如图 6-10 所示，分为数据录入、数据查询、单项评价、综合评价 4 个按钮。不同的按钮将链接到不同的数据层，点击数据录入按钮就会进入数据录入界面（图 6-4），点击数据查询按钮会进入基础数据库，可以查看基础数据信息，以及不同材料的具体环境影响，点击单项评价按钮会进入到单项技术的数据可视化界面（图 6-8），点击综合评价按钮会进入到多项技术绿色化标度界面（图 6-9）。

评价工具的具体工作流程如图 6-11 所示，首先进入到输入界面，从窗口中录入建筑技术信息，之后信息会进入到工具的输入层，之后索引层会从环境影响数据库中提起相关的环境影响数据进行综合；综合后的数据进入到计算层，计算层会根据权重信息、综合评价算法进行计算；最后将计算出的数据转到输出层，输出层会将计算结果以可视化的形式输出出来。接下来研究将针对具体案例展开应用，验证评价工具的可靠性。

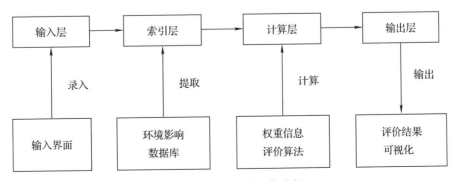

图 6-11 评价工具工作流程

6.3 绿色建筑技术的评价应用

编辑完成评价程序后需要进行相关验证，以检验程序的可靠性与便捷性。下面将通过一个天津地区的案例对评价程序进行验证，主要验证围护结构保温技术、太阳能利用技术和高强度结构材料技术。

6.3.1 项目概况

本项目位于天津市滨海新区新城镇，一共有 32 栋 11 ~ 28 层的住宅楼。用地面积 129830.90m²，容积率 1.74，绿地率 35%，建筑密度 15.88%，居住户数 2448 户。研究选取其中一栋 18 层的住宅进行太阳能利用技术和节能技术的评价，选取另一栋 25 层的住宅楼进行结构技术评价，通过这 3 种技术来验证评价方法的可行性。

6.3.2 外围护结构保温技术评价与分析

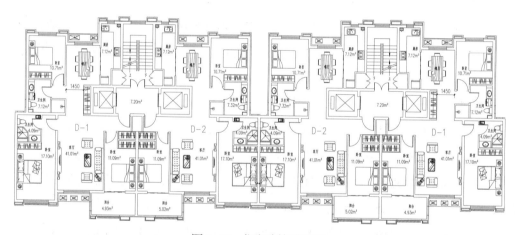

图 6-12 住宅建筑平面图

选择小区内一栋 18 层居住建筑进行围护结构技术优化，该建筑结构形式为剪力墙结构，建筑面积为 9411.77m²，如图 6-12 所示。建筑朝向为正南向，体形系数 0.27，建筑高度 50.40m。围护结构保温层可选聚苯保温板或岩棉板，在外窗的选择上，考虑使用目前最为常用的 PVC 窗或隔热铝合金窗。

由于保温材料和门窗都有备选，在设计围护结构保温技术方案时就有多种组合形式可供选择了，可以选择 PVC 窗与聚苯板保温组合，也可以选择铝合金窗与聚苯板保温组合，还可以选择 PVC 窗与岩棉板组合或铝合金窗与岩棉板组合，在《绿色建筑评价标准》中对于围护结构节能技术又包括 3 档评价，这样在进行围护结构节能技术选择时就有 12 种技术方案可以备选。

这 12 种技术方案的材料种类、材料用量各不相同，虽然功能相同，但是技术本身的资源、环境影响各不相同，在传统实践中只能针对功能效果来进行评价，很难对技术本身的资源环境影响做出判断，影响评价结果的客观性和准确性，因此需要通过新的评价方法来进行判断。

1．围护结构热工性能计算

根据《绿色建筑评价标准》中的规定，围护结构性能应满足国家标准，当围护结构的性能优于国家标准规定 5% 时得 5 分，优于 10% 时得 10 分，但从整个生命周期阶段的环境影响的角度来看，提升围护结构热工性能，会增加材料的用量，而且不同的技术方案也会产生不同的资源、环境影响，因此需要从本质上对这些技术方案进行评价。

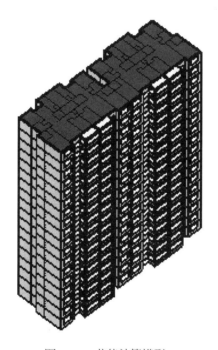

图 6-13　节能计算模型

首先需要在 PKPM 中建立节能计算模型，如图 6-13 所示，计算出不同技术方案的材料消耗和功能效果。根据《绿色建筑评标准要求》对不同外墙、屋面和外窗的热工性能计算，分别对应性能提升 0%、5%、10%，相应的耗热量指标分别为 8.90 W/m²、8.45 W/m²、8.01 W/m²，计算结果如表 6-4 所示。

围护结构传热系数统计表（W/m² · K）　　　表 6-4

编号	耗热量 指标	围护结构 性能提升	屋面 传热系数	外墙 传热系数	外窗 类型	外窗传热系数 [W/(m² · K)]
1	8.9	0	0.332	0.464	铝合金	2.1
2	8.9	0	0.518	0.527	塑钢	1.7
3	8.45	5%	0.409	0.402	铝合金	2.1
4	8.45	5%	0.568	0.47	塑钢	1.7
5	8.01	10%	0.47	0.35	铝合金	2.1
6	8.01	10%	0.629	0.417	塑钢	1.7

2. 围护结构节能技术分析

在保温材料的选择上主要选择聚苯板（EPS）和岩棉板，门窗选择铝合金门窗或塑钢门窗，进行技术组合，寻找资源、环境效益最佳的技术方案，对材料用量进行计算并统计得到表 6-5。

从表 6-5 中可以看出，使用塑钢门窗能够减少保温材料的用量，但是塑钢门窗的耐久性较铝合金门窗低[231]，在一个建筑寿命周期塑钢窗的使用寿命为 15 年，替换系数为 4，铝合金窗的使用寿命为 25 年，替换系数为 2。EPS 的使用寿命为 25 年，替换系数为 2，岩棉使用寿命可达 50 年，替换系数为 1[232]，建筑热工性能提高 5% 可以节约 2195578MJ 采暖能耗，性能提高 10% 可以节约 4342365MJ 采暖能耗。

技术方案用材表　　　表 6-5

编号	耗热量 指标	性能 提升	保温材料 类型	保温材料 用量(kg)	外窗 类型	铝材用量 (kg)	PVC 用量 (kg)	钢板用量 (kg)	玻璃用量 （标准箱）
1	8.9	0	EPS	15672	铝合金	10897	3297	—	194.4
2	8.9	0	EPS	13076	塑钢	—	8985	8304	194.4
3	8.9	0	岩棉	142469	铝合金	10897	3297	—	194.4
4	8.9	0	岩棉	118874	塑钢	—	8985	8304	194.4
5	8.45	5%	EPS	17922	铝合金	10897	3297	—	194.4
6	8.45	5%	EPS	14702	塑钢	—	8985	8304	194.4
7	8.45	5%	岩棉	162926	铝合金	10897	3297	—	194.4
8	8.45	5%	岩棉	133654	塑钢	—	8985	8304	194.4

续表

编号	耗热量指标	性能提升	保温材料类型	保温材料用量 (kg)	外窗类型	铝材用量 (kg)	PVC 用量 (kg)	钢板用量 (kg)	玻璃用量（标准箱）
9	8.01	10%	EPS	20542	铝合金	10897	3297	—	194.4
10	8.01	10%	EPS	16651	塑钢	—	8985	8304	194.4
11	8.01	10%	岩棉	186750	铝合金	10897	3297	—	194.4
12	8.01	10%	岩棉	152363	塑钢	—	8985	8304	194.4

可见这些技术方案的信息较为复杂，不同技术方案的优劣很难直接判断，因此需要将这些信息输入到评价系统中。

3. 资源、环境效益分析与评价

将所有待比较技术方案的信息输入评价程序，对不同技术方案的资源环境影响进行分析，首先可以得到不同技术方案的环境影响成本，如图 6-14 所示。

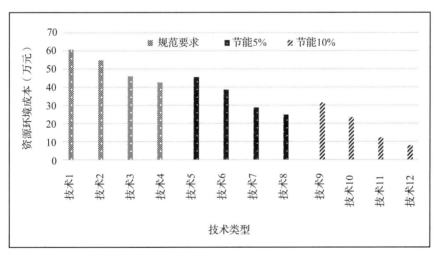

图 6-14　资源环境综合成本

技术 1 至技术 4 是在满足现有节能规范条件的资源、环境总成本，技术 5 至技术 8 是节能 5% 的资源、环境总成本，技术 9 至技术 12 是节能 10% 的资源、环境总成本，从图中可以看出不同的组合形式对于资源环境的影响是不同的，总体来说技术 1 的资源、环境影响最大，技术 12 的资源、环境影响最小。

从总体趋势上看，采用相同技术时，围护结构保温性能提高能够降低环境影响。但是在不同技术组合形式之间比较时，这种趋势就会出现一定的偏差。从图 6-9 中可以看出，技术 5 通过提高围护结构性能，降低了建筑的采暖耗热量，达到了节能效果，但是其环境影响总量却比未进行围护结构性能提高的技术 4 还要高一些，这就是由于技术方案本身的资源、环境影响造成的。

对技术 4 和 5 进行分类环境影响分析，得到图 6-15。从图中可以看出，这两项技术在资源消耗方面所占的比例都较高，但是技术 5 对于水体的影响比技术 4 高，这主要是由于 EPS 在生产过程中从原料开采到最终的加工会排放大量污水，污水中的有机物质和氨氮物质含量较高引起的；而技术 4 对于大气的影响比较高，主要是因为岩棉在开采和生产过程中会产生大量的烟粉尘污染。

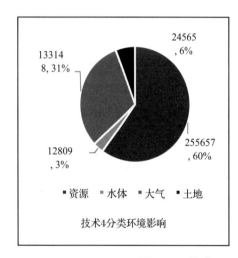
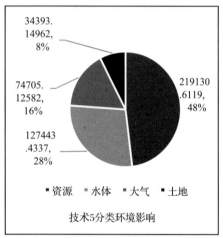

图 6-15　技术 4、5 环境影响分类分析

接下来需要在程序中对所有技术手段进行单项技术资源、环境效益综合分析，因为技术较多，在此不一一分析，以技术 5 为例进行说明，通过分析得出技术 5 的具体资源、环境影响效果，如图 6-16 所示。

从图 6-16 中可以看出，技术 5 的资源环境总收益为 194893 元，总支出为 650441 元，环境收益主要是节能带来的能源消耗的减少，环境总成本为 455548 元。环境支出中以资源支出最高，占 55%，其次是水体，占 20%，大气为 19%，土地为 6%；在环境收益中以资源和大气为主，资源收益占 71%，大气收益占 26%，其他两项合计占 3%。其他技术手段分析方法相同，在此不再赘述。

考虑到不同类别指标的重要性不同还需要在评价系统中继续分析，对这些技术的资源、环境综合性能进行评价，可以得到不同技术的绿色化标度，如图 6-17 所示。

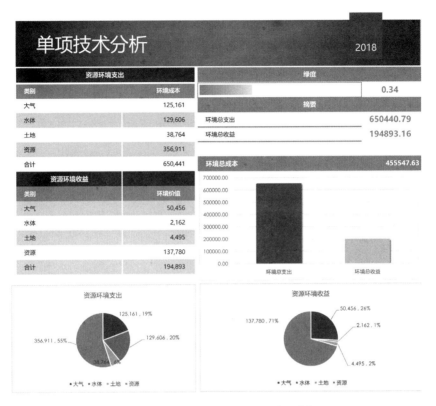

图 6-16　技术 5 资源环境综合效果分析

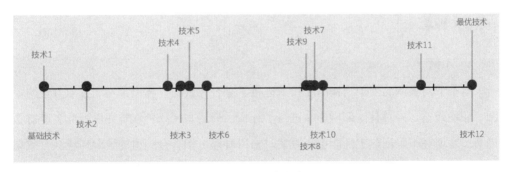

图 6-17　技术标度

从图 6-17 中可以看出环境性能最好的是技术 12，环境性能最差的是技术 1。在不进行围护结构性能优化时，技术 3 效果最好，也就是说采用岩棉＋铝合金门窗的围护结构保温方案的技术手段资源、环境性能最好，主要是由于塑料产品在水体污染方面成本比岩棉和铝合金要高；在提高围护结构保温性能 5% 后技术 7 与技术 8 的环境性能接近，也就是说采用岩棉＋塑钢门窗或岩棉＋铝合金门窗的资源、环境综合性能比较接近；在围护结构保温性能提高到 10% 后技术 12 的环境性能最好，要远高于其他技术，也就是说岩棉＋塑钢门窗的技术方案环境性能最优。这主要是由于塑钢的传热系数低于铝合金门窗，在围护结构性能提高后铝合金门窗需要更多的保温材料来弥补自身传热系数的不足，之前的环境优势被抵消掉了。

可见在进行技术方案选择时需要根据不同的情况进行评价，才能优选出最佳技术方案。接下来根据《绿色建筑评价标准》的规定，对相关技术进行嵌套，将最优技术的得分设定为 10 分，具体绿度值与建议得分如表 6-6 所示。

建筑节能技术环境影响总量与技术的绿度值及建议得分　　表 6-6

项目	技术 1	技术 2	技术 3	技术 4	技术 5	技术 6	技术 7	技术 8	技术 9	技术 10	技术 11	技术 12
绿度	0.00	0.10	0.32	0.29	0.34	0.38	0.64	0.63	0.62	0.66	0.88	1.00
建议得分	0	1	3.2	2.9	3.4	3.8	6.4	6.3	6.2	6.6	8.8	1

从表 6-6 中可以找到不同技术手段的绿色化程度和建议得分，可以看出在与《绿色建筑评价标准》嵌套后，技术评价的得分更为细致。在原有评价系统中热工性能提高 5% 能够获得 5 分，而应用新的评价方法可以根据技术方案的不同，得分分别为 3.4、3.8、6.4、6.3，可以看出得分更加客观准确，能够反映出具体技术手段的资源、环境效果，改变了传统评价只能根据功能效果判断，不能反映不同技术手段资源、环境综合效益的弊端。

4. 小结

本小节对案例的围护结构节能技术进行了综合评价，计算出了不同技术方案的资源、环境效益，并对具体环境影响进行了分析，最后与《绿色建筑评价标准》进行了嵌套。发现在不采用热工性能提高方案时采用岩棉＋铝合金门窗的资源环境综合效益最好；在采用 5% 热工性能提高方案时，岩棉＋铝合金门窗与岩棉＋塑钢门窗的资源环境效果相近；而当采用 10% 热工性能提高方案时，岩棉＋塑钢门窗的资源环境效果最好。

由此可见采用新的评价方法能够更为快捷准确地判断不同技术手段的资源环境综合效益，便于设计师比选。评价结果也不再单纯地依靠功能效果阶梯式评分，评价分值也更为合理准确，避免了传统评价方法不能客观准确反映不同技术手段资源、环境综合效益的弊端。

6.3.3　一种太阳能空气集热技术评价与分析

在该住宅楼引入一种太阳能空气集热器，为冬季辅助采暖，如图 6-18 所示。该集热器以建筑中常用的格栅式装饰系统为原型，将格栅系统作为空气集热构件，具有装饰性和功能性的双重作用，可以选择在窗槛墙或阳台下部进行安装，而集热器材质则有钢、铝、铜三种选择，一共可以组合为 9 种技术方案，如何选择资源、环境综合效益最佳的技术方案，需要通过评价确定。

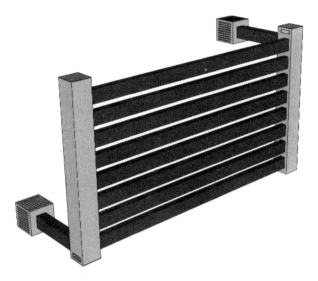

图 6-18　杆件式太阳能空气集热器原型

1. 太阳能空气集热器在建筑中应用的优势

太阳能加热后的空气可以直接用于室内供暖，减少能源转化带来的损失。空气作为加热介质具有以下特点：由于空气密度小，热容小，所以加热速度快；空气介质对于集热器元器件的密封性能和抗腐蚀性能要求较低，生产成本相对较低，渗漏的影响比水介质的危险小；空气集热器相对于热水集热器的自重大为减轻，荷载只有热水集热器的 1/3。

2. 集热器设计与集热性能分析

在本项目中可以安装空气集热器的位置在阳台栏板和窗槛墙位置，案例中窗户宽度为 2.1m，阳台窗宽度为 2.4m，因此集热管道选用 2.3m 和 2.0m 两种尺寸，集热管截面尺寸 50mm×25mm（FT5025），壁厚 1mm；集气管（FT5050）选用 50mm×50mm，壁厚 1.0mm，送回风管截面尺寸 30mm×30mm（FT3030），壁厚 1mm。集热管水平布置，集热管之间的间距为 25mm。阳台栏板和窗槛墙的高度均为 1.4m，可以布置 16 根水平集热管，阳台栏板集热面积为 1.84m²，总面积 132.48m²，窗槛墙处集热面积为 1.6m²，总集热面积 115.2m²，根据设计要求对材料进行统计，如表 6-7、表 6-8 所示。

集热器窗槛墙部位材料用量统计 表6-7

型号	用料尺寸（m）	数量（根）	总用量（m）	单位体积（m³/m）	总体积（m³）
FT5025	2.0	1152	2304	0.00015	0.3456
FT5050	1.2	144	172.8	0.0002	0.03456
FT3030	0.4	144	57.6	0.00012	0.006912
合计					0.387072

集热器阳台栏板部位材料用量统计 表6-8

型号	用料尺寸（m）	数量（根）	总用量（m）	单位体积（m³/m）	总体积（m³）
FT5025	2.3	1152	2649.6	0.00015	0.39744
FT5050	1.2	144	172.8	0.0002	0.03456
FT3030	1.9	144	273.6	0.00012	0.032832
合计					0.464832

通过计算，天津地区采暖季南向总辐射量为 $1076MJ/m^2$，集热器效率约为 56%[233]，可以计算出窗槛墙部位集热器每年获得的采暖能源为 69415MJ，风机消耗电能 1.78kW·h，阳台栏板部位集热器每年可获得的采暖能源为 79827MJ，风机消耗电能 2.04kW·h，该建筑每年消耗采暖能耗为 737714MJ，若在两部位同时使用空气集热器则能提供 20% 的采暖热量，根据《绿色建筑评价标准》的规定可以得 4 分。

3. 技术组合方式分析

选用不同材料作为集热管件时，材料总用量和材料替换系数各不相同，采用钢作为主材时，由于钢的耐候性较差，寿命大约为 10 年，在建筑设计寿命周期内需要替换 5 次。铝的耐候性较好，大约可以使用 30 年，替换系数为 2，铜可以用 20 年[234]，替换系数为 3；而集热器在安装位置上也有多种选择模式，在这种情况下很难精确地判断选用哪种技术措施最好，需要通过绿色建筑技术评价系统来进行判断。就本例来说一共可以有 9 种技术组合方式，具体情况如表 6-9 所示。

设定主要建材的运输距离均为 500km，将上述数据输入到绿色建筑技术评价系统中进行分析可以得到每种技术的资源环境信息，通过分析这些结果可以对绿色建筑技术进行优化选择。

技术组合分析　　　　　　　　　　　表 6-9

编号	集热器材质	安装位置	主材用量(kg)	替换系数	节能总量（MJ）	回收系数
1	钢	阳台	3648.93	5	3991350	0.95
2	钢	窗槛墙	3038.52	5	3470750	0.95
3	钢	阳台窗槛墙	6687.45	5	7462100	0.95
4	铝	阳台	1255.05	2	3991350	0.9
5	铝	窗槛墙	1045.09	2	3470750	0.9
6	铝	阳台窗槛墙	2300.14	2	7462100	0.9
7	铜	阳台	4137.00	3	3991350	0.9
8	铜	窗槛墙	3444.94	3	3470750	0.9
9	铜	阳台窗槛墙	7581.94	3	7462100	0.9

4. 资源、环境效益分析与评价

首先对所有技术方案的资源环境影响进行综合分析，可以得到不同技术对环境影响总成本，进行分析可以得到图 6-19。

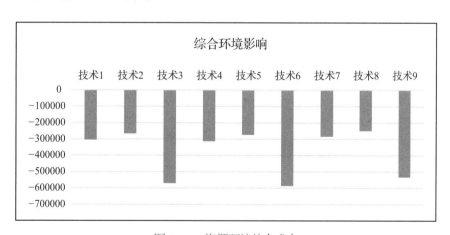

图 6-19　资源环境综合成本

从图 6-19 中可以看出，所有的技术都能达到对资源、环境的负影响，环境效益良好，其中技术 6 的环境综合效益最好，环境负影响值为 -586697.51，说明对环境的贡献较高，可以抵消其技术本身所造成的环境影响，其次是技术 3，之后是技术 9。

技术 3、技术 6、技术 9 是在阳台与窗下墙的位置同时安装集热器，但管材不同，技术 3 的集热管是钢材、技术 6 的集热管是铝材、技术 9 的集热管是铜材。对技术 3、6、9 进行详细分析可以更为清晰地了解不同技术方案的资源、环境影响的细节，如图 6-20 所示。

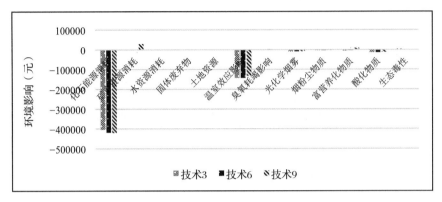

图 6-20　技术 3、6、9 的详细环境影响

从图 6-20 中可以看出，三项技术在化石能源消耗和温室效应影响方面较为接近。在化石能源消耗方面，技术 6 要高于其他两项技术，主要是铝材在生产过程中能耗过高引起的，而技术 9 在矿产资源方面明显高于其他两项，这是由于铜的资源成本较高引起的。

接下来需要在程序中对所有技术手段进行单项技术资源、环境效益综合分析，因为技术方案较多，在此不一一分析，仅以技术 6 为例进行分析。对技术 6 进行进一步分析得出技术 6 的具体资源、环境影响效果，如图 6-21 所示。

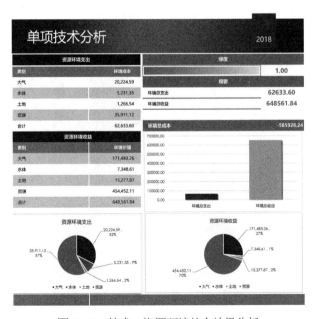

图 6-21　技术 6 资源环境综合效果分析

从图 6-21 可以看出，技术 6 的资源环境总收益为 648562 元，总支出为 62634 元，收益约为支出的 10 倍，环境净收益为 585928 元。环境支出中以资源支出最高，占 57%，其次是空气，占 32%，对水体的影响约为 9%；在环境收益中以资源和空气为主，资源收益占 70%，大气收益占 27%，其他两项合计占 3%。

在评价系统中继续进行分析可以得到这 9 种技术的绿度标度，如图 6-22 所示。

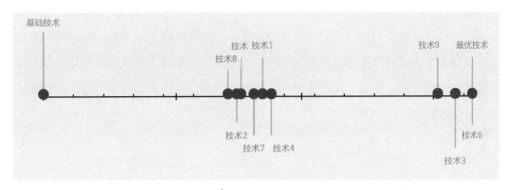

图 6-22 技术标度

从图中可以看出技术 8、技术 2、技术 5 绿色程度比较接近，技术 7、技术 1、技术 4 绿色化程度比较接近，环境性能最好的是技术 6，即采用铝制材料作为集热器的材料对于环境的影响最小，其次可以采用技术 3 或技术 9。总体来讲，在阳台和窗下墙的位置同时布置集热器的技术方案资源环境性能相对都比较好。

根据《绿色建筑评价标准》的规定进行嵌套，将最优技术得分设为 4 分，得出具体环境影响总量、绿度值以及评价建议得分，如表 6-10 所示。

太阳能技术环境影响总量与技术的绿度值及建议得分　　　表 6-10

项目	技术 1	技术 2	技术 3	技术 4	技术 5	技术 6	技术 7	技术 8	技术 9
环境影响总值	−302139	−266498	−570926	−313151	−273543	−586698	−283943	−249224	−533167
绿度	0.52	0.45	0.96	0.53	0.47	1	0.50	0.43	0.93
评价得分	2.1	1.8	3.8	2.1	1.9	4	2	1.7	3.7

从表 6-10 中可以找到不同太阳能利用技术的绿色化程度和建议得分，可以看出在与《绿色建筑评价标准》嵌套后，可再生能源技术评价的得分更为细致，能够客观准确地反映出不同技术手段的资源环境效果，改变了传统评价只能根据功能效果判断，不能反映不同技术手段本身资源、环境综合效益的弊端。

5. 小结

本小节对案例的太阳能热利用技术进行了绿色化评价，计算出了不同技术的资源、环境效益，并对具体环境影响进行了分析，最后与绿色建筑评价标准进行了嵌套。通过评价分析可以发现太阳能空气集热技术有较好的资源、环境性能。其中技术 6 的方式最佳，即选择在阳台和窗下墙位置同时安装的铝制集热器资源、环境性能最好，应优先选择。

由此可见采用新的评价方法能够更为快捷、准确地判断不同技术方案的资源环境综合效益，便于设计师比选。评价结果也不再单纯地依靠功能效果进行评分，评价分值也更为合理准确，避免了传统评价方法不能客观准确反映不同技术手段资源、环境综合效益的弊端。

6.3.4 高强度建筑结构材料技术评价与分析

对于高强度建筑结构技术，《绿色建筑评价标准》中有对应的规定。条款 7.2.10 要求使用高强度混凝土和高强度钢筋，对 400MPa 的钢筋和 C50 混凝土的使用具体规定是：使用 400MPa 比例在 30% ~ 50% 得 4 分，50% ~ 70% 得 6 分，70% ~ 80% 得 8 分，85% 以上得 10 分。对于混凝土的要求是：竖向承重结构中 C50 的比例达到 50% 可以得 10 分。可见在混凝土结构中推荐使用高强钢筋和高强混凝土，强度越高钢筋和混凝土用量越少，意味着更加绿色环保，但具体到使用高强度钢筋或高强度混凝土的方案哪种资源、环境综合效益最好，由于钢筋和混凝土的资源、环境不具有可比性，很难进行精确判断，需要在评价工具中进行评价确定。

1. 建立结构计算模型

根据国家发展和改革委员会《产业结构调整指导目录（2011 年本）》规定，2014 年以后已经不允许生产和销售 HBR335 热轧钢筋，也就是说建筑中只能使用 HBR400 以上的钢筋。另外根据调研，目前建筑中使用的混凝土则大多为 C35，只有在高层核心筒中为了提高轴压比才使用 C50 混凝土，所以评价标准对于钢筋和混凝土所提出的要求是不合理的。研究认为应将评价中的 HBR400 替换为 HBR500，将混凝土分别调整为 C40 和 C50 进行对比，比较合理。本书将以 HBR400 钢筋和 C35 混凝土组合作为结构基础技术进行比对研究。

研究将分两大类工况开展：工况一是调整高强度钢筋比例，有 7 种子工况；工况二是调整高强度混凝土，有 3 种子工况。其中，工况一是从底部开始逐渐增加 HRB500 级钢筋使用层数（0，5，10，15，17，20，25 层），对比分析确保高强钢筋的比例在相应区间均匀分布；工况二是分别使用 C35、C40、C50 混凝土，计算混凝土用量数据。

在 PKPM 中建立结构模型，如图 6-23 所示，建筑高度为 64.45m，地上 22 层，结构形式为剪力墙结构，地上建筑面积 17456.52m²，地下建筑面积 1615.73m²，标准层建筑面积 786.50m²，结构配筋平面如图 6-24 所示。

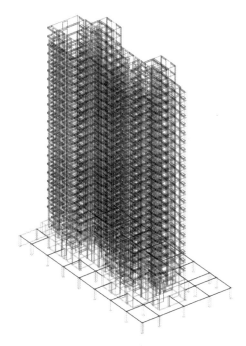

图 6-23　结构模型

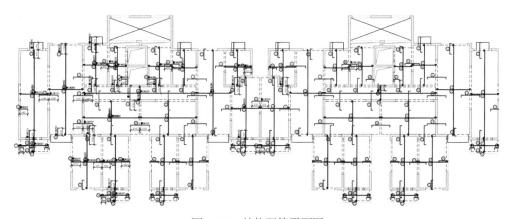

图 6-24　结构配筋平面图

2. 技术选择与结构计算

建立结构模型后，根据设计工况调整模型参数，在剪力墙结构中，剪力墙的钢筋属于构造配筋，增强剪力墙的钢筋强度并不能减少钢筋用量，因此主要调整梁和板的高强度钢筋比例来降低钢筋用量，而高强度混凝土则主要使用在剪力墙上。通过 PKPM 进行多次模拟计算，得到工况一的钢筋信息，如表 6-11 所示。

从表 6-11 可以看出，在改变高强度钢筋用量后梁和板的钢筋用量显著下降，从 0 到 100% 大约少使用 14676.8kg 钢筋，如图 6-25 所示，证明使用高强度钢筋的技术方案确实能够节省钢筋。

工况一钢筋信息　　　　　　　　　　　表 6-11

编号	子工况	HRB400			HRB500		比例	梁合计	板合计	总计
		梁	板	墙	梁	板				
1	C35+HRB400	84325.6	149834.5	423732.1	0	0	0	84325.6	149834.5	657892.2
2	C35 +HBR500(30%)	72057.2	89304	424966.1	12575	56957.4	30%	84632.2	146261.4	655859.7
3	C35+ HBR500 (48%)	51566.4	66157	424967.2	30067	78719.7	48%	81633.4	144876.7	651477.3
4	C35 +HBR500(59%)	47875.7	43010	424294.4	31797.1	100482.1	59%	79672.8	143492.1	647459.3
5	C35 +HBR500(74%)	24240.7	33750.9	424175.7	54709.3	109187	74%	78950	142937.9	646063.6
6	C35 +HBR500(85%)	13634.4	19862.7	424976.3	64433.4	122244.4	85%	78067.8	142107.1	645151.2
7	C35+ HBR500 (100%)	0	0	424980.9	77238.3	140996.2	100%	77238.3	140996.2	643215.4

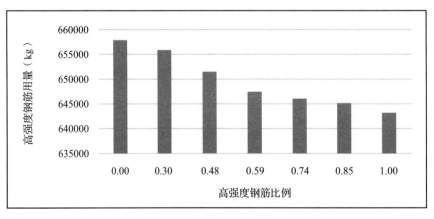

图 6-25　高强度钢筋比例与使用量

继续对工况二进行模拟，改变竖向受压构件的混凝土强度等级，调整为 C40 和 C50 的混凝土等级，分别达到 50% 以上，得到表 6-12。

整理表 6-12 得到图 6-26，从图中可以看出，改变混凝土强度，也能减少混凝土用量，采用 C40 混凝土可以节约 169.71m³ 混凝土，采用 C50 混凝土可以节约 201.69m³ 混凝土。

采用高强度钢筋和高强度混凝土确实都能减少材料的耗用，但是由于钢筋和混凝土不具有可比性，选择哪项技术的资源、环境效益更好，很难判断，因此需要采用相应的评价方法进行评价。

工况二钢筋混凝土信息　　　　　表 6-12

编号	子工况	钢筋 HBR400（kg）				混凝土（m³）					
		梁	板	墙	合计	梁	板	墙（C35）	墙（C40）	墙（C50）	合计
1	C35+HRB400	84325.66	149834.5	423732.1	657892.26	485.56	2471.28	3378.14	0	0	6334.98
8	C40+HRB400	84136.67	149834.5	424376.3	658347.47	485.56	2471.28	1519.11	1689.32	0	6165.27
9	C50+HRB400	83219.16	149834.5	424457.5	657511.16	485.56	2471.28	1498.38	0	1678.07	5996.78

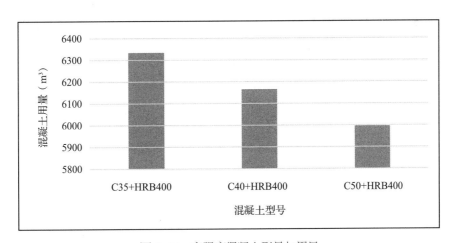

图 6-26　高强度混凝土型号与用量

3. 资源、环境效益分析与评价

在建造过程中 1m³ 混凝土的原料和能源消耗如表 6-13 所示，混凝土运输距离为 150km，钢筋为 250km。

单位混凝土原料及能源消耗[235]　　　　表 6-13

混凝土等级	自来水（t）	电（kW·h）	柴油（L）	水泥（t）	骨料（t）
C35	0.19	1.54	15.57	0.23	1.85
C40	0.18	1.54	15.43	0.26	1.82
C50	0.18	1.54	15.06	0.29	1.73

将 9 种子工况的信息输入到评价程序中，进行评价分析，得到图 6-27。

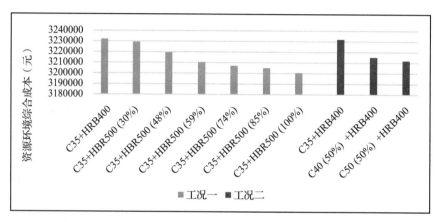

图 6-27　资源、环境综合成本

从图 6-27 可以看出，采用高强度材料后环境总成本都有所降低，说明高强度结构材料能够降低环境负荷，其中受力钢筋全部采用 HBR500，混凝土采用 C35 的技术方案资源、环境综合效益最好，即技术 7——C35+HBR500（100%），环境影响值为3200645，对环境的影响最小。采用 50%C50 混凝土的技术方案环境效益介于技术 3——C35+HBR500（48%）和技术 4——C35+HBR500（59%）之间，即环境效益相当于使用 50% 高强度钢筋的方案，这与评价标准中给定 10 分的得分并不匹配。

对技术 1——C35+HRB400、技术 7——C35+HBR500（100%）、技术 9——C50+HRB400 进行详细分析可以更为清晰地了解不同技术方案资源、环境影响的信息，如图 6-28 所示。

从图 6-28 可以看出，技术 7 在化石能源消耗和温室效应、生态毒性、水资源消耗等多方面的影响均优于其他两项技术，而技术 9 仅在富营养化方面优于其他两项。

接下来需要在程序中对所有技术手段进行单项技术资源环境效益综合分析，因为技术方案较多，在此不一一分析，仅以技术 9——C50+HRB400 为进一步分析其具体的资源、环境影响，如图 6-29 所示。

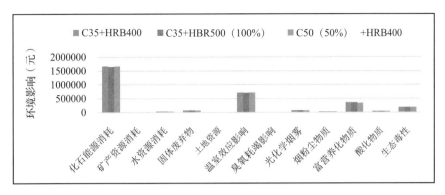

图 6-28　技术 1、7、9 的详细环境影响

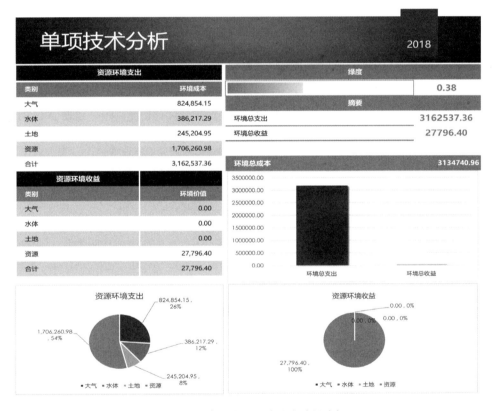

图 6-29　技术 9 资源环境综合效果分析

从图 6-29 可以看出，技术 9 的资源环境总收益为 27796 元，主要是在资源回收利用方面，总支出为 3162537 元，环境净支出为 3134741 元。环境支出中以资源支出最高，占 54%，其他是大气，占 26%，对水体的支出占 12%，对土地的支出占 8%，总体绿色化程度为 0.38。其他几项技术分析方法类似，在此不再赘述。

继续在评价系统中进行分析，在考虑不同类别环境权重后，可以得到这几种技术的绿度标度，如图 6-30 所示。

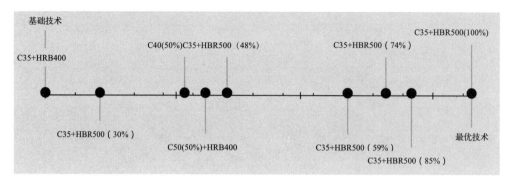

图6-30　技术标度

从图6-30中可以看出不同技术方案的最终绿色化程度，采用高强度混凝土的技术方案绿色化效果不如采用高强度钢筋的方案，技术7即纵向受力钢筋全部采用HBR500的技术方案环境效益最好，绿色化程度最高。

根据《绿色建筑评价标准》的规定进行嵌套，高强度建筑结构技术的最高得分为10，将最优技术设为10分，具体环境影响总量及绿度值和评价建议得分如表6-14所示。

高强度结构技术环境影响总量与绿度值及评价建议得分　表6-14

项目	技术1	技术2	技术3	技术4	技术5	技术6	技术7	技术8	技术9
工况	C35+HRB400	C35+HBR500（30%）	C35+HBR500（48%）	C35+HBR500（59%）	C35+HBR500（74%）	C35+HBR500（85%）	C35+HBR500（100%）	C40（50%）+HRB400	C50（50%）+HRB400
环境影响（元）	3232039	3229407	3219439	3210299	3207124	3205048.756	3200645	3215155	3211959
绿度	0	0.14	0.44	0.71	0.81	0.87	1	0.34	0.38
得分	0	1.4	4.4	7.1	8.1	8.7	10	3.4	3.8

从表6-14中可以找到不同高强度结构材料技术的绿色化程度和建议得分，可以看出在与《绿色建筑评价标准》嵌套后，技术评价的得分更为细致。50%C50高强度混凝土的技术方案在原有评价方法中可以得到10分，使用新的评价方法仅能得3.4分，说明评价得分能够客观、准确地反映出具体技术手段的资源、环境效果。研究成果改变了传统评价只能根据功能效果判断，不能反映出不同技术手段资源环境综合效益的弊端。

4. 小结

本小节对案例的高强度结构材料技术进行了综合评价，计算出了不同技术的资源、环境效益，并对具体环境影响进行了分析，最后与绿色建筑评价标准进行了嵌套。通过评价可以发现，采用高强度结构材料确实可以提高建筑的资源、环境综合效益。但与《绿色建筑评价标准》的评价略有不同，在本案例中纵向受力钢筋全部采用高强度钢筋技术方案的资源环境效果最好，而采用 50% 高强度混凝土的技术方案环境性能相对较低。因此在设计选用时应该以高强度钢筋作为优选方案，在评价时高强度混凝土技术手段的得分也应相应降低。

由此可见，采用新的评价方法能够更为快捷、客观地判断技术手段的资源、环境综合效益，便于设计师比选。评价结果也不再单纯地依靠功能效果进行评分，而是将建筑技术自身的资源环境效益也进行了综合考虑，评价分值也更为合理准确，解决了传统评价方法不能客观准确反映不同技术手段资源、环境综合效益的问题，对评价标准能起到一定的修正和补充。

6.4　本章小结

本章根据前面制定的评价方法，确定了评价工具的总体设计原则，并完成了评价系统的总体设计。利用 Excel VBA 编制评价工具，构建了建筑材料环境影响数据库和非建筑材料类环境影响数据库，编制了用户输入层、数据索引层以及数据计算层，并编制了数据可视化的输出界面。

将新的评价工具和方法应用到天津地区某住宅的建筑技术比选与评价，发现在本案例中当围护结构热工性能提高到 10% 时采用岩棉 + 铝合金门窗外围护结构技术方案的资源、环境性能最高，绿色性能最好；太阳能空气集热技术选用铝制集热管材，并且在阳台与窗墙下墙的位置同时安装的技术方案资源、环境性能最高，绿色性能最好；高强度结构技术，纵向受力钢筋全部采用高强度钢筋的技术方案资源、环境性能最高，绿色性能最好。最后将不同的技术方案与《绿色建筑评价标准》中对应的条款进行了嵌套，计算出得分，发现采用本方法的得分更为客观合理。

在具体应用该工具时，首先确定需要进行评价的技术对象；选定评价对象后，明确该技术的功能效果，确定常用的技术方法；对不同技术的功能效果和材料信息进行统计，将统计信息输入到评价工具中，得到评价结果；最后建筑师或技术工程师根据评价结果进行分析，选取资源、环境影响较小的技术。

本研究的评价方法综合考虑绿色建筑技术的功能效果与自身的资源、环境影响，能够真实地反映出不同技术手段的资源、环境综合效益，明确评价出技术的绿色化程度，避免了传统评价方法只能根据功能效果，进行阶梯式评价跳跃式得分的弊端。评价方法简单快捷，评价得分也更为客观准确，有利于设计人员在建筑设计过程中选取资源、环境综合效益更高的绿色技术，为今后制定更为客观的绿色建筑评价标准奠定基础，使绿色建筑更加符合资源、环境综合效益的本质要求。

附录 A 本书中所用系统动力模型

A1 CO_2 排放量预测系统动力模型

1. 排放量 =GDP 总量 × 单位 GDP 排放系数

   单位：t

2. CO_2 计算年度 = 年度 − 3

   单位：年

3. 模拟的最后时间 =50

   单位：年

4. GDP 总量 =1159× 年度 × 年度 + 83992× 年度

   单位：亿元

5. 模拟的初始时间 =0

   单位：年

6. 输出存储频率 = 模拟的时间步长

   单位：年 [0，设定的模拟年限]

7. 模拟的时间步长 =1

   单位：年 [0，设定的模拟年限]

8. 单位 GDP 排放系数 =2.3988×（2.7183^（ − 0.033×CO_2 计算年度 ））

   单位：t/ 亿元

9. 年份累积 =1

   单位：年

10. 年度 =INTEG（年份累积，10）

    单位：年

    初始值为 35

A2　全球碳循环与温室效应系统动力模型

1. CO_2 排放量 = GDP 总量 × 单位 GDP 排放系数 × 累积系数

   单位：t

2. CO_2 计算年度 = 年度 − 3

   单位：年

3. 模拟的最后时间 = 50

   单位：年

4. GDP 总量 = 1159 × 年度 × 年度 + 83992 × 年度

   单位：亿元

5. 模拟的初始时间 = 0

   单位：年

6. 输出存储频率 = 模拟的时间步长

   单位：年 [0，设定的模拟年限]

7. 模拟的时间步长 = 1

   单位：年 [0，设定的模拟年限]

8. 二氧化碳浓度 = 大气中二氧化碳总量 / 大气总量 × 10^6

   单位：ppm

9. 人为排放 = IF THEN ELSE（CO_2 排放量 /100000）> 0），（CO_2 排放量 /100000），0）

   单位：Gt

10. 冻土层释放 = 5.36

    单位：Gt

11. 单位 GDP 排放系数 = 2.3988 ×（2.7183^（− 0.033 × CO_2 计算年度））

    单位：无量纲

12. 土地用途改变 = 3.447

    单位：Gt

13. 增温系数 = 4.6961

    单位：无量纲

14. 大气中二氧化碳总量 = INTEG（人为排放 + 冻土层释放 + 土地用途改变 − 植物吸收 − 海洋吸收，1944）

单位: Gt

15. 大气总量 $=4.86058 \times 10^6$

单位: Gt

16. 大气温度变化 $= 4 \times 10^{-5} \times$ 二氧化碳浓度 $\times$ 二氧化碳浓度 $- 0.0272 \times$ 二氧化碳浓度 $+$ 增温系数

单位: ℃

17. 年份累积 $=1$

单位: 年

18. 年度 $=$ INTEG（年份累积，35）

单位: 年

19. 排放增速 $=-0.07$

单位: 无量纲

20. 植物吸收 $=7.28$

单位: Gt

21. 海洋吸收 $=12.74$

单位: Gt

22. 累积系数 $=$ INTEG（排放增速，1）

单位: 无量纲

A3　VOCs 排放量预测系统动力模型

1. 模拟的最后时间 =50

   单位：年

2. GDP 总量 =1057.7 × 年度 × 年度 − 18441 × 年度 ＋ 39981

   单位：亿元

3. 模拟的初始时间 =0

   单位：年

4. 输出存储频率 = 模拟的时间步长

   单位：年 [0，设定的模拟年限]

5. 模拟的时间步长 =1

   单位：年 [0，设定的模拟年限]

6. VOCs 排放量 =GDP 总量 × 单位 GDP 排放系数

   单位：t

7. 单位 GDP 排放系数 =125.61 ×（2.7183^（− 0.045 × 排放计算年度））

   单位：t/ 亿元

8. 年份累积 =1

   单位：年

9. 年度 =INTEG（年份累积，35）

   单位：年

10. 排放计算年度 = 年度 − 4

    单位：年

A4 烟粉尘总排放量预测系统动力模型

1. 模拟的最后时间 =50

   单位：年

2. GDP 总量 =1057.7× 年度 × 年度 − 18441× 年度 + 39981

   单位：万亿

3. 模拟的初始时间 =0

   单位：年

4. 输出存储频率 = 模拟的时间步长

   单位：年 [0，设定的模拟年限]

5. 模拟的时间步长 =1

   单位：年 [0，设定的模拟年限]

6. 单位 GDP 排放系数 =55.617×（2.7183^（− 0.063× 烟粉尘计算年度 ））

   单位：万亿 /t

7. 年份累积 =1

   单位：年

8. 年度 =INTEG（年份累积，35）

   单位：年

9. 烟粉尘排放量 =GDP 总量 × 单位 GDP 排放系数

   单位：t

10. 烟粉尘计算年度 = 年度 − 21

    单位：年

A5 ODCs 及替代物排放量预测系统动力模型

1. CFCs 排放量 =GDP 总量 × 单位 GDPCFCs 排放系数

   单位: t

2. 模拟的最后时间 =50

   单位: 年

3. GDP 总量 =1159× 年度 × 年度 + 83992× 年度

   单位: 亿元

4. HCFCs 排放量 =GDP 总量 × 单位 GDPHCFCs 排放系数

   单位: t

5. HFCs 排放量 =GDP 总量 ×HFCs 排放系数

   单位: t

6. HFCs 排放系数 =0.6983×（2.7183^（ – 0.076× 排放量计算年度））

   单位: 亿元 /t

7. 模拟的初始时间 =0

   单位: 年

8. ODCs 及替代物大气累积总量 =INTEG（ODCs 年排放总量，1e + 007）

   单位: t

9. ODCs 年排放总量 =CFCs 排放量 + HCFCs 排放量 + HFCs 排放量

   单位: t

10. 输出存储频率 = 模拟的时间步长

    单位: 年 [0，设定的模拟年限]

11. 模拟的时间步长 =1

    单位: 年 [0，设定的模拟年限]

12. 单位 GDPCFCs 排放系数 =10.051×（2.7183^（ – 0.213× 排放量计算年度））

    单位: 亿元 /t

13. 单位 GDPHCFCs 排放系数 =0.3825×（2.7183^（ – 0.051× 排放量计算年度））

    单位: 亿元 /t

14. 年份累积 =1

    单位: 年

15. 年度 =INTEG（年份累积，35）

　　单位：年

16. 排放量计算年度 = 年度

　　单位：年

A6　富营养化物质排放量预测系统动力预测模型

A6.1 氮氧化物

1.　模拟的最后时间 =50

　　单位：年

2.　GDP 总量 =1057.7× 年度 × 年度 − 18441× 年度 + 39981

　　单位：亿元

3.　模拟的初始时间 =0

单位：年

4.　NO_x 排放量 =GDP 总量 × 单位 GDP 排放系数

　　单位：t

5.　NO_x 计算年度 = 年度 − 13

　　单位：年

6.　输出存储频率 = 模拟的时间步长

　　单位：年 [0，设定的模拟年限]

7.　模拟的时间步长 =1

　　单位：年 [0，设定的模拟年限]

8.　单位 GDP 排放系数 =13168×（NO_x 计算年度 ^（ − 2.002 ））

　　单位：t/ 亿元

9.　年份累积 =1

　　单位：年

10.　年度 =INTEG（年份累积，35 ）

　　单位：年

A6.2 废水中的氮

1.　模拟的最后时间 =50

　　单位：年

2.　GDP 总量 =1057.7× 年度 × 年度 − 18441× 年度 + 39981

　　单位：亿元

3.模拟的初始时间 =0

　　单位：年

4. 输出存储频率 = 模拟的时间步长

　　单位: 年 [0，设定的模拟年限]

5. 模拟的时间步长 =1

　　单位: 年 [0，设定的模拟年限]

6. 单位 GDP 排放系数 =85948×（废水总氮计算年度 ^（ - 2.643 ））

　　单位: t/ 亿元

7. 年份累积 =1

　　单位: 年

8. 年度 =INTEG（年份累积，35）

　　单位: 年

9. 废水总氮排放量 =GDP 总量 × 单位 GDP 排放系数

　　单位: t

10. 废水总氮计算年度 = 年度 + 1

　　单位: 年

A7　水体富养化系统动力环境模型

1. 模拟的最后时间 =100

   单位: 年

2. GDP 总量 =1057.7 × 年度 × 年度 − 18441 × 年度 + 39981

   单位: 亿元

3. GDP 总量 0=1057.7 × 年度$_0$× 年度$_0$ − 18441 × 年度$_0$ + 39981

   单位: 亿元

4. 模拟的初始时间 =0

   单位: 年

5. NO_x 排放量 =GDP 总量$_0$× 单位 GDP 排放系数 0

   单位: t

6. NO_x 计算年度 = 年度$_0$ − 13

   单位: 年

7. 输出存储频率 = 模拟的时间步长

   单位: 年 [0，设定的模拟年限]

8. 模拟的时间步长 =1

   单位: 年 [0，设定的模拟年限]

9. 人为大气氮元素排放量 = 大气氮氧化物排放量 × 氮氧化合物含氮量

   单位: t

10. 单位 GDP 排放系数 =85948 ×（废水总氮计算年度 ^（ − 2.643））

    单位: t/ 亿元

11. 单位 GDP 排放系数 0=13168 ×（NO_x 计算年度 ^（ − 2.002））

    单位: t/ 亿元

12. 反硝化系数 =6.9

    单位: t/km^2

13. 吨与克单位转换 =1e + 006

    单位: g

14. 大气总氮 =INTEG（人为大气氮元素排放量 + 自然作用 − 沉降，0）

    单位: t

15. 大气氮氧化物排放量 $=NO_x$ 排放量 /1374

　　单位: t

16. 富养化因子（ [（0, 0）-（10, 10）], （0, 0）, （0.35, 1）, （0.65, 2）, （1.2, 3）, （1.5, 4））

　　单位: 无量纲

17. 富养化程度 = 富养化因子（总氮）

　　单位: 无量纲

18. 年份累积 =1

　　单位: 年

19. 年份累积 0=1

　　单位: 年

20. 年度 =INTEG（年份累积, 35）

　　单位: 年

21. 年度 0=INTEG（年份累积 0, 35）

　　单位: 年

22. 废水总氮排放量 =GDP 总量 × 单位 GDP 排放系数

　　单位: t

23. 废水总氮计算年度 = 年度 + 1

　　单位: 亿元

24. 总氮 = 湖泊氮含量 × 吨与克单位转换

　　单位: t

25. 林地固氮 = 林地固氮能力 × 林地面积

　　单位: t

26. 林地固氮能力 =2.231

　　单位: t/km^2

27. 林地面积 =1840

　　单位: km^2

28. 植物固氮 = 林地固氮 + 草地固氮

　　单位: t

29. 氮氧化合物含氮量 =0.35

　　单位: 无量纲

30. 氮肥使用量 =17179

   单位：t

31. 氮肥平均含氮量 =0.3

   单位：无量纲

32. 氮肥沉积量 = 氮肥使用量 × 氮肥流失率 × 氮肥平均含氮量

   单位：t

33. 氮肥流失率 =0.2

   单位：无量纲

34. 水体反硝化 = 反硝化系数 × 湖泊面积

   单位：t

35. 沉降 = 大气总氮 × 沉降比例

   单位：t

36. 沉降比例 =0.3

   单位：无量纲

37. 河流入流 = 陆地 × 淡水湖泊比例

   单位：t

38. 河流出流 = 河流出流水量 × 湖泊氮含量

   单位：t

39. 河流出流水量 =1.13071e + 009

   单位：m^3

40. 淡水湖泊比例 =0.4

   单位：无量纲

41. 湖泊总氮 =INTEG（河流入流 + 直接排放 − 水体反硝化 − 河流出流，1000）

   单位：t

42. 湖泊氮含量 = 湖泊总氮 / 湖泊水库总水量

   单位：无量纲

43. 湖泊水库总水量 =1.95696e + 009

   单位：m^3

44. 湖泊面积 =26.18

   单位：km^2

45. 直接排放 = 废水总氮排放量 /1374

　　单位: t

46. 自然作用 =0.7

　　单位: t

47. 草地固氮 = 草地固氮能力 × 草地面积

　　单位: t

48. 草地固氮能力 =0.5

　　单位: t/ km^2

49. 草地面积 =1596

　　单位: km^2

50. 陆地 =INTEG（氮肥沉积量 + 沉降 – 植物固氮 – 河流入流，0）

　　单位: t

A8 水体富养化系统动力治理模型

1. 模拟的最后时间 =50

   单位：年

2. GDP 总量 =1057.7 × 年度 × 年度 – 18441 × 年度 + 39981

   单位：亿元

3. GDP 总量$_0$=1057.7 × 年度$_0$ × 年度$_0$ – 18441 × 年度$_0$ + 39981

   单位：亿元

4. 模拟的初始时间 =0

   单位：年

5. NO_x 排放量 =GDP 总量 0 × 单位 GDP 排放系数 0

   单位：t

6. NO_x 计算年度 = 年度 0 – 13

   单位：年

7. 输出存储频率 = 模拟的时间步长

   单位：年 [0，设定的模拟年限]

8. 模拟的时间步长 =1

   单位：年 [0，设定的模拟年限]

   模拟的时间步长

9. 人为大气氮元素排放 =（大气氮氧化物排放量 – 大气氮氧化物减排量）× 氮氧化合物含氮量

   单位：t[0，设定的模拟年限]

10. 单位 GDP 排放系数 =85948 ×（废水总氮计算年度 ^（ – 2.643 ））

    单位：t/ 亿元

11. 单位 GDP 排放系数 0=13168 ×（NO_x 计算年度 ^（ – 2.002 ））

    单位：t/ 亿元

12. 单位减排成本 =0.938

    单位：万元 /t

13. 反硝化系数 =6.9

    单位：无

14. 吨与克单位转换 =1e + 006

单位: g

15. 大气总氮 =INTEG（人为大气氮元素排放 + 自然作用 – 沉降，0）

单位: t

16. 大气氮氧化物减排量 = 空气减排投入 / 单位减排成本

单位: t

17. 大气氮氧化物排放量 =NO_x 排放量 /1374

单位: t

18. 富养化因子（[（0，0）－（10，10）]，（0，0），（0.35，1），（0.65，2），（1.2，3），（1.5，4））

单位: 无量纲

19. 富养化治理总体投入 =INTEG（年均减排投入，0）

单位: 亿元

20. 富养化程度 = 富养化因子（总氮）

单位: 无量纲

21. 年份累积 =1

单位: 年

22. 年份累积 0=1

单位: 年

23. 年均减排投入 = 空气减排投入 + 废水处理投入

单位: 亿元

24. 年度 =INTEG（年份累积，35）

单位: 年

25. 年度 0=INTEG（年份累积 0，35）

单位: 年

26. 年投资额 = 年均减排投入 ×1334/10000

单位: 亿元

27. 废水处理投入 = 投入因子（总氮）

单位: 万元

28. 废水总氮排放量 =GDP 总量 × 单位 GDP 排放系数

单位: t

29. 废水总氮计算年度 = 年度 + 1

　　单位: 年

30. 废水氮元素总量 = 废水总氮排放量 /1374

　　单位: t

31. 废水氮处理量 = 废水处理投入 / 废水降氮单位处理成本

　　单位: t

32. 废水氮排放量 = 废水氮元素总量 – 废水氮处理量

　　单位: t

33. 废水降氮单位处理成本 =3.5374

　　单位: 万元 /t

34. 总氮 = 湖泊氮含量 × 吨与克单位转换

　　单位: t

35. 投入因子（[（0，0）–（5，60000）]，（0，0），（5，50000））

　　单位: 无量纲

36. 林地固氮 = 林地固氮能力 × 林地面积

　　单位: t

37. 林地固氮能力 =2.231

　　单位: t/ km^2

38. 林地面积 =1840

　　单位: km^2

39. 植物固氮 = 林地固氮 + 草地固氮

　　单位: t

40. 氮氧化合物含氮量 =0.35

　　单位: 无量纲

41. 氮肥使用量 =17179

　　单位: t

42. 氮肥平均含氮量 =0.3

　　单位: 无量纲

43. 氮肥沉积量 = 氮肥使用量 × 氮肥流失率 × 氮肥平均含氮量

　　单位: t

44. 氮肥流失率 =0.2

　　单位: 无量纲

45. 水体反硝化 = 反硝化系数 × 湖泊面积

　　单位: t

46. 沉降 = 大气总氮 × 沉降比例

　　单位: t

47. 沉降比例 =0.3

　　单位: 无量纲

48. 河流入流 = 陆地 × 淡水湖泊比例

　　单位: m³

49. 河流出流 = 河流出流水量 × 湖泊氮含量

　　单位: t

50. 河流出流水量 =1.13071e + 009

　　单位: m³

51. 淡水湖泊比例 =0.4

　　单位: 无量纲

52. 湖泊总氮 =INTEG（河流入流 + 废水氮排放量 – 水体反硝化 – 河流出流，1000）

　　单位: t

53. 湖泊氮含量 = 湖泊总氮 / 湖泊水库总水量

　　单位: 无量纲

54. 湖泊水库总水量 =1.95696e + 009

　　单位: m³

55. 湖泊面积 =26.18

　　单位: km²

56. 空气减排投入 = 投入因子（总氮）

　　单位: 万元

57. 自然作用 =0.7

　　单位: t

58. 草地固氮 = 草地固氮能力 × 草地面积

　　单位: t

59. 草地固氮能力 =0.5

单位: t/ km^2

60. 草地面积 =1596

单位: km^2

61. 陆地 =INTEG（氮肥沉积量 + 沉降 – 植物固氮 – 河流入流，0）

单位: t

A9　酸化效应物质排放量预测系统动力模型

1. 模拟的最后时间 =50

   单位：年

2. GDP 总量 =1057.7× 年度 × 年度 – 18441× 年度 + 39981

   单位：亿元

3. 模拟的初始时间 =0

   单位：年

4. 输出存储频率 = 模拟的时间步长

   单位：年 [0，设定的模拟年限]

5. SO_2 排放量 =GDP 总量 × 单位 GDP 排放系数

   单位：t

6. SO_2 计算年度 = 年度 – 19

   单位：年

7. 模拟的时间步长 =1

   单位：年 [0，设定的模拟年限]

8. 单位 GDP 排放系数 =2057×（SO_2 计算年度 ^（ – 1.537））

   单位：t/ 亿元

9. 年份累积 =1

   单位：年

10. 年度 =INTEG（年份累积，35）

    单位：年

A10　酸化环境影响系统动力学模型

1. 模拟的最后时间 =100

    单位: 年

2. GDP 总量 =1057.7× 年度 × 年度 – 18441× 年度 + 39981

    单位: 亿元

3. 模拟的初始时间 =0

    单位: 年

4. 输出存储频率 = 模拟的时间步长

    单位: 年 [0，设定的模拟年限]

5. SO_2 排放量 =GDP 总量 × 单位 GDP 排放系数

    单位: 万 t

6. SO_2 计算年度 = 年度 – 19

    单位: 年

7. 模拟的时间步长 =1

    单位: 年 [0，设定的模拟年限]

8. 人为排放 =SO_2 排放量 /10000

    单位: 万 t

9. 农作物吸收 = 农作物吸收系数 × 耕地面积

    单位: 万 t/ 万 km^2

10. 农作物吸收系数 =0.326

    单位: 万 t/ 万 km^2

11. 单位 GDP 排放系数 =2057× （SO_2 计算年度 ^ （ – 1.537 ））

    单位: 年

12. 国土面积 =942

    单位: 万 km^2

13. 土壤中的硫 =INTEG（干湿沉降 – 农作物吸收 – 地表径流 – 林地吸收 – 草地吸收，356 ）

    单位: 万 t

14.　地表径流 = 土壤中的硫 × 径流吸收系数

单位：万 t

15.　大气中的硫 =INTEG（人为排放 – 大气钙离子中和 – 大气铵离子中和 – 干湿沉降，25.28）

单位：万 t

16.　大气钙离子中和 = 大气中的硫 × 钙离子中和系数

单位：万 t

17.　大气铵离子中和 = 大气中的硫 × 铵离子中和系数

单位：万 t

18.　干湿沉降 = 大气中的硫 × 沉降系数

单位：万 t

19.　年份累积 =1

单位：年

20.　年度 =INTEG（年份累积，35）

单位：年

21.　径流吸收系数 =0.1

单位：无量纲

22.　径流总量 =15543

单位：亿 m^3

2016 中国统计年鉴

23.　最低负荷 =1.6

单位：t/kma

24.　林地吸收 = 林地吸收系数 × 林地面积

单位：万 t

25.　林地吸收系数 =0.66

单位：t/km^2

26.　林地面积 =252.992

单位：万 km^2

27.　氨氮中和 = 氨氮中和系数 × 氨氮排放量

单位：万 t

28. 氨氮中和系数 =1.55

   单位: 无量纲

29. 氨氮排放量 =229.914

   单位: 万 t

30. 水体中的硫 =INTEG（地表径流 – 氨氮中和 – 水体吸收 – 汇入海洋，92）

   单位: 万 t

31. 水体吸收 = 水体负荷指数 × 水域面积

   单位: 万 t

32. 水体硫浓度 = 水体中的硫 / 淡水总量

   单位: g/l

33. 水体硫负荷 = 水体中的硫 / 水域面积

   单位: 万 t

34. 水体负荷指数 =6.4

   单位: t/km^2

35. 水域面积 =14.23

   单位: 万 km^2

36. 汇入海洋 = 径流总量 × 水体硫浓度

   单位: 万 t

37. 沉降系数 =0.5775

   单位: 无量纲

38. 淡水总量 =27962.6

   单位: 亿 m^3

39. 硫负荷 = 土壤中的硫 / 国土面积

   单位: t/kma

40. 耕地面积 =134.999

   单位: 万 km^2

41. 草地吸收 = 草地吸收系数 × 草地面积

   单位: 万 t

42. 草地吸收系数 =0.595

   单位: 万 t/ 万 km^2

43. 草地面积 =219.421

单位: 万 km^2

44. 钙离子中和系数 =0.34

单位: 无量纲

45. 铵离子中和系数 =0.322

单位: 无量纲

A11　酸化效应治理系统动力模型

1. 模拟的最后时间 =50

    单位：年

2. 模拟的初始时间 =0

    单位：年

3. 输出存储频率 = 模拟的时间步长

    单位：年 [0，设定的模拟年限]

4. 模拟的时间步长 =1

    单位：年 [0，设定的模拟年限]

5. 人为减排量 = 污染减排投入 / 单位减排成本

    单位：万 t

6. 人为排放 = 人为排放量 – 人为减排量

    单位：万 t

7. 人为排放量 =1859.12

    单位：万 t

8. 农作物吸收 = 农作物吸收系数 × 耕地面积

    单位：万 t

9. 农作物吸收系数 =0.326

    单位：t/km^2

10. 单位减排成本 =0.63

    单位：亿元 / 万 t

11. 国土面积 =942

    单位：万 km^2

12. 土壤中的硫 =INTEG（干湿沉降 – 农作物吸收 – 地表径流 – 林地吸收 – 草地吸收，356）

    单位：万 t

13. 地表径流 = 土壤中的硫 × 径流吸收系数

    单位：万 t

14. 大气中的硫 =INTEG（人为排放 – 大气钙离子中和 – 大气铵离子中和 – 干湿

沉降，25.28）

　　单位：万 t

15. 大气钙离子中和 = 大气中的硫 × 钙离子中和系数

　　单位：万 t

16. 大气铵离子中和 = 大气中的硫 × 铵离子中和系数

　　单位：万 t

17. 干湿沉降 = 大气中的硫 × 沉降系数

　　单位：万 t

18. 年均减排投入 = 污染减排投入

　　单位：亿元

19. 径流吸收系数 =0.1

　　单位：无量纲

20. 径流总量 =15543

　　单位：亿 m³

21. 总投资额 =INTEG（年均减排投入，0）

　　单位：亿元

22. 投 入 因 子（[（0，0） -（11，2500）]，（0，0），（1.34557，230），（2.5，1500））

　　单位：无量纲

23. 林地吸收 = 林地吸收系数 × 林地面积

　　单位：万 t

24. 林地吸收系数 =0.66

　　单位：t/km²

25. 林地面积 =252.992

　　单位：万 km²

26. 氨氮中和 = 氨氮中和系数 × 氨氮排放量

　　单位：万 t

27. 氨氮中和系数 =1.55

　　单位：无量纲

28. 氨氮排放量 =229.914

　　单位：万 t

29. 水体中的硫 =INTEG（地表径流 − 氨氮中和 − 水体吸收 − 汇入海洋，92）

单位：万 t

30. 水体吸收 = 水体负荷指数 × 水域面积

单位：万 t

31. 水体硫浓度 = 水体中的硫 / 淡水总量

单位：g/L

32. 水体硫负荷 = 水体中的硫 / 水域面积

单位：万 t

33. 水体负荷指数 =6.4

单位：万 t/ 万 km^2

34. 水域面积 =14.23

单位：万 km^2

35. 汇入海洋 = 径流总量 × 水体硫浓度

单位：万 t

36. 污染减排投入 = 投入因子（硫负荷）

单位：亿元

37. 沉降系数 =0.5775

单位：无量纲

38. 淡水总量 =27962.6

单位：亿 m^3

39. 硫负荷 = 土壤中的硫 / 国土面积

单位：t/km^2

40. 耕地面积 =134.999

单位：万 km^2

41. 草地吸收 = 草地吸收系数 × 草地面积

单位：万 t

42. 草地吸收系数 =0.595

单位：t/km^2

43. 草地面积 =219.421

单位：万 km^2

44. 钙离子中和系数 =0.34

　　单位: 无量纲

45. 铵离子中和系数 =0.322

　　单位: 无量纲

A12 生态毒性系统动力模型

1. 模拟的最后时间 =50

   单位: 年

2. GDP 总量 =1057.7× 年度 × 年度 − 18441× 年度 + 39981

   单位: 亿元

3. 模拟的初始时间 =0

   单位: 年

4. 输出存储频率 = 模拟的时间步长

   单位: 年 [0，设定的模拟年限]

5. 模拟的时间步长 =1

   单位: 年 [0，设定的模拟年限]

6. 六价铬当量系数 =1/0.002

   单位: 无量纲

7. 六价铬总当量 = 六价铬当量系数 × 地表水六价铬总量 /1000

   单位: t

8. 六价铬排放量 =GDP 总量 × 单位 GDP 六价铬排放系数 /1000

   单位: kg

9. 单位 GDP 六价铬排放系数 =251.1×（计算年度 ^（− 1.099））

   单位: g

10. 单位 GDP 总铬排放系数 =617.71×（计算年度 ^（− 0.814））

    单位: g

11. 单位 GDP 挥发酚排放系数 =4.8268×（计算年度 ^（− 0.701））

    单位: kg/ 亿元

12. 单位 GDP 汞排放系数 =4.9323×（计算年度 ^（− 0.914））

    单位: g/ 亿元

13. 单位 GDP 石油类排放系数 =43.511×（计算年度 ^（− 0.391））

    单位: kg/ 亿元

14. 单位 GDP 砷排放系数 =301.77×（计算年度 ^（− 0.397））

    单位: g

15. 单位 GDP 铅排放系数 =299.7×（计算年度 ^（－0.669））

　　单位：g/ 亿元

16. 单位 GDP 镉排放系数 =76.063×（计算年度 ^（－0.748））

　　单位：g

17. 土壤累积 =INTEG（灌溉，0）

　　单位：kg

18. 地表水六价铬总量 =INTEG（六价铬排放量 － 径流六价铬流失，2.69×10^{10}）

　　单位：kg

19. 地表水六价铬浓度 = 地表水六价铬总量 / 地表水总量

　　单位：mg/L

20. 地表水总量 = 2.69×10^{12}

　　单位：L

21. 地表水总铬含量 =INTEG（总铬排放量 － 径流总铬流失，$1.345e \times 10^{12}$）

　　单位：g

22. 地表水总铬浓度 = 地表水总铬含量 / 地表水总量

　　单位：mg/L

23. 地表水挥发酚总量 =INTEG（挥发酚排放总量 － 径流挥发酚流失，$5.38e \times 10^{6}$）

　　单位：kg

24. 地表水挥发酚浓度 = 地表水挥发酚总量 ×1000/ 地表水总量

　　单位：mg/L

25. 地表水毒性当量总量 = 六价铬总当量 + 挥发酚总当量 + 汞总当量 + 石油类总当量 + 砷总当量 + 铅总当量量 + 铬总当量 + 镉总当量

　　单位：kg

26. 地表水毒性总当量 =INTEG（灌溉 － 生长作用，地表水毒性当量总量）

　　单位：kg

27. 地表水汞总量 =INTEG（汞排放量 － 径流汞流失，$1.345e + 008$）

　　单位：g

28. 地表水汞浓度 = 地表水汞总量 / 地表水总量

　　单位：mg/L

29. 地表水石油类总量 =INTEG（石油类排放量 － 径流石油类流失，$1.345e + 008$）

　　单位：kg

30. 地表水石油类浓度 = 地表水石油类总量 ×1000/ 地表水总量

单位: mg/L

31. 地表水砷总量 =INTEG（砷排放量 – 地表水砷流失，1.345e + 011）

单位: kg

32. 地表水砷流失 = 地表水砷浓度 × 年地表径流总量

单位: kg

33. 地表水砷浓度 = 地表水砷总量 / 地表水总量

单位: mg/L

34. 地表水铅总量 =INTEG（铅排放量 – 径流铅流失量，2.69e + 010）

单位: g

35. 地表水铅浓度 = 地表水铅总量 / 地表水总量

单位: mg/L

36. 地表水镉总量 =INTEG（镉排放量 – 径流镉流失，2.69e + 009）

单位: g

37. 地表水镉浓度 = 地表水镉总量 / 地表水总量

单位: mg/L

38. 年份累积 =1

单位: 年

39. 年地表径流总量 =0

单位: m^3

40. 年度 =INTEG（年份累积，35）

单位: 年

41. 径流六价铬流失 = 地表水六价铬浓度 × 年地表径流总量

单位: kg

42. 径流总铬流失 = 地表水总铬浓度 × 年地表径流总量

单位: g

43. 径流挥发酚流失 = 年地表径流总量 × 地表水挥发酚浓度 /1000

单位: kg

44. 径流汞流失 = 地表水汞浓度 × 年地表径流总量

单位: g

45. 径流石油类流失 = 年地表径流总量 × 地表水石油类浓度 /1000

　　单位: kg

46. 径流铅流失量 = 地表水铅浓度 × 年地表径流总量

　　单位: g

47. 径流镉流失 = 地表水镉浓度 × 年地表径流总量

　　单位: g

48. 总铬当量系数 =1/0.04

　　单位: 无量纲

49. 总铬排放量 =GDP 总量 × 单位 GDP 总铬排放系数 /1000

　　单位: t

50. 挥发酚当量系数 =1/0.008

　　单位: 无量纲

51. 挥发酚总当量 = 地表水挥发酚总量 × 挥发酚当量系数 /1000

　　单位: t

52. 挥发酚排放总量 =GDP 总量 × 单位 GDP 挥发酚排放系数

　　单位: kg

53. 水生动植物富集 =INTEG（生长作用，　0）

　　单位: kg

54. 汞当量系数 =1/0.0005

　　单位: 无量纲

55. 汞总当量 = 地表水汞总量 × 汞当量系数 /1000

　　单位: t

56. 汞排放量 =GDP 总量 × 单位 GDP 汞排放系数 /1000

　　单位: g

57. 灌溉 = 地表水毒性总当量 ×0.1

　　单位: t

58. 生长作用 = 地表水毒性总当量 ×0.001

　　单位: t

59. 石油类当量系数 =1/0.1

　　单位: 无量纲

60. 石油类总当量 = 地表水石油类总量 × 石油类当量系数 /1000

单位: t

61. 石油类排放量 =GDP 总量 × 单位 GDP 石油类排放系数

单位: kg

62. 砷当量系数 =1/0.002

单位: 无量纲

63. 砷总当量 = 地表水砷总量 × 砷当量系数 /1000

单位: t

64. 砷排放量 =GDP 总量 × 单位 GDP 砷排放系数 /1000

单位: t

65. 计算年度 = 年度 – 30

单位: 年

66. 铅当量系数 =1/0.025

单位: 无量纲

67. 铅总当量量 = 地表水铅总量 × 铅当量系数 /1000

单位: t

68. 铅排放量 =GDP 总量 × 单位 GDP 铅排放系数 /1000

单位: g

69. 铬总当量 = 地表水总铬含量 × 总铬当量系数 /1000

单位: t

70. 镉当量系数 =1/0.005

单位: 无量纲

71. 镉总当量 = 地表水镉总量 × 镉当量系数 /1000

单位: t

72. 镉排放量 =GDP 总量 × 单位 GDP 镉排放系数 /1000

单位: g

A13　固体废弃物环境影响系统动力模型

1. 模拟的最后时间 =50

   单位：年

2. GDP 总量 =1057.7× 年度 × 年度 − 18441× 年度 + 39981

   单位：亿元

3. 模拟的初始时间 =0

   单位：年

4. 输出存储频率 = 模拟的时间步长

   单位：年 [0，设定的模拟年限]

   输出存储频率

5. 模拟的时间步长 =1

   单位：年 [0，设定的模拟年限]

6. 单位 GDP 城市生活垃圾排放量 =0.1135×（计算年度 ^（ − 0.563））

   单位：万 t

7. 单位 GDP 工业固体废弃物排放系数 =0.7253×（2.7183^（ − 0.031× 计算年度））

   单位：万 t/ 亿元

8. 单位固体废弃物处理费用 =0.0016

   单位：亿元 / 万 t

9. 固体废弃物处理总费用 =INTEG（固体废弃物年处理费用，0）

   单位：亿元

10. 固体废弃物年处理费用 = 单位固体废弃物处理费用 × 固体废弃物排放总量

    单位：亿元

11. 固体废弃物排放总量 = 城市生活垃圾排放量 + 工业固体废弃物排放量

    单位：万 t

12. 土地占用总量 =INTEG（土地年占用量，0）

    单位：hm^2

13. 土地占用系数 =0.0532

    单位：万 t/hm^2

14. 土地年占用量＝固体废弃物排放总量 × 土地占用系数

    单位：hm^2

15. 城市生活垃圾排放量＝GDP 总量 × 单位 GDP 城市生活垃圾排放量

    单位：万 t

16. 工业固体废弃物排放量＝GDP 总量 × 单位 GDP 工业固体废弃物排放系数

    单位：万 t

17. 年份累积 =1

    单位：年

18. 年度 =INTEG（年份累积，35）

    单位：年

19. 计算年度 = 年度 – 23

    单位：年

A14　化石能源消耗系统动力模型

1. 模拟的最后时间 =50

   单位: 年

2. GDP 总量 =1057.7× 年度 × 年度 – 18441× 年度 + 39981

   单位: 亿元

3. 模拟的初始时间 =0

   单位: 年

4. 输出存储频率 = 模拟的时间步长

   单位: 年 [0, 设定的模拟年限]

   输出存储频率

5. 模拟的时间步长 =1

   单位: 年 [0, 设定的模拟年限]

   模拟的时间步长

6. 一次电力单位 GDP 生产系数 =0.2837×（计算年度 ^（ – 0.411））

   单位: 万 t 标准煤

7. 天然气消耗 GDP 当量系数 =0.4532×（计算年度 ^（ – 0.781））

   单位: 万 t 标准煤 / 亿元

8. 天然气消耗总量 =INTEG（年均天然气消耗总量, 0）

   单位: 万 t 标准煤

9. 年份累积 =1

   单位: 年

10. 年均一次电力产生总量 =GDP 总量 × 一次电力单位 GDP 生产系数

    单位: 万 t 标准煤

11. 年均化石能源消耗总量 = 年均天然气消耗总量 + 年均煤炭消耗总量 + 年均石油消耗总量

    单位: 万 t 标准煤

12. 年均天然气消耗总量 =GDP 总量 × 天然气消耗 GDP 当量系数

    单位: 万 t 标准煤

13. 年均煤炭消耗总量 =GDP 总量 × 煤炭消耗 GDP 当量系数

   单位：万 t 标准煤

14. 年均石油消耗总量 =GDP 总量 × 石油消耗 GDP 当量系数

   单位：万 t 标准煤

15. 年均能源消耗总量 =GDP 总量 × 总能源消耗 GDP 当量系数

   单位：万 t

16. 年度 =INTEG（年份累积，35）

   单位：年

17. 总能源消耗 GDP 当量系数 =3.9775×（2.7183^（－0.073× 计算年度））

   单位：万 t/ 亿元

18. 煤炭消耗 GDP 当量系数 =3.0105×（2.7183^（－0.078× 煤炭计算年度））

   单位：万 t/ 亿元

19. 煤炭消耗总量 =INTEG（年均煤炭消耗总量，0）

   单位：万 t 标准煤

20. 煤炭计算年度 = 年度－9

   单位：年

21. 石油消耗 GDP 当量系数 =0.7585×（2.7183^（－0.076× 计算年度））

   单位：万 t 标准煤

22. 石油消耗总量 =INTEG（年均石油消耗总量，0）

   单位：万 t 标准煤

23. 能源消耗总量 =INTEG（年均能源消耗总量，   0）

   单位：万 t 标准煤

24. 计算年度 = 年度－10

   单位：年

A15　金属矿产消耗系统动力模型

1. 模拟的最后时间 =50

   单位：年

2. GDP 总量 =1057.7× 年度 × 年度 – 18441× 年度 + 39981

   单位：亿元

3. 模拟的初始时间 =0

   单位：年

4. 输出存储频率 = 模拟的时间步长

   单位：年 [0，设定的模拟年限]

   输出存储频率

5. 模拟的时间步长 =1

   单位：年 [0，设定的模拟年限]

   模拟的时间步长

6. 单位 GDP 氧化铝生产系数 =16.007× ln（铝土计算年度）+ 41.519

   单位：t/ 亿元

7. 单位 GDP 生铁产量系数 =2035.3× （2.7183^（ – 0.054× 铁矿石计算年度））

   单位：t/ 亿元

8. 单位 GDP 铜生产系数 =13.726× （2.7183^（ – 0.02× 计算年度·））

   单位：t/ 亿元

9. 年份累积 =1

   单位：年

10. 年度 =INTEG（年份累积，35）

    单位：年

11. 年度氧化铝生产量 =GDP 总量 × 单位 GDP 氧化铝生产系数

    单位：万 t

12. 年度生铁生产量 =GDP 总量 × 单位 GDP 生铁产量系数

    单位：万 t

13. 年度铜生产量 =GDP 总量 × 单位 GDP 铜生产系数

    单位：万 t

14. 计算年度 = 年度 – 25

单位: 年

15. 铁矿石消耗总量 =INTEG（年度生铁生产量 ×2.8，0）

单位: 万 t

16. 铁矿石计算年度 = 年度 – 22

单位: 年

17. 铜矿消耗总量 =INTEG（年度铜生产量，0）

单位: 万 t

18. 铝土矿消耗总量 =INTEG（年度氧化铝生产量 ×2.5，0）

单位: 万 t

19. 铝土计算年度 = 年度 – 24

单位: 年

A16　玻璃硅质原料消耗系统动力模型

1. 模拟的最后时间 =100

   单位: 年

2. GDP 总量 =1057.7× 年度 × 年度 − 18441× 年度 + 39981

   单位: 亿元

3. 模拟的初始时间 =0

   单位: 年

4. 输出存储频率 = 模拟的时间步长

   单位: 年 [0，设定的模拟年限]

5. 模拟的时间步长 =1

   单位: 年 [0，设定的模拟年限]

6. 单位 GDP 平板玻璃产量系数 =124.82×（2.7183^（ − 0.062× 计算年度））

   单位: t/ 亿元

7. 单位 GDP 玻璃纤维产量系数 =1.9036×ln（计算年度） + 4.0515

   单位: t/ 亿元

8. 单位 GD 日用玻璃及包装生产系数 =49.1×（2.7183^（ − 0.02× 计算年度））

   单位: t/ 亿元

9. 平板玻璃消耗硅质原料总量 =INTEG（年度平板玻璃产量，0）

   单位: t

10. 年份累积 =1

    单位: 年

11. 年度 =INTEG（年份累积，35）

    单位: 年

12. 年度平板玻璃产量 =GDP 总量 × 单位 GDP 平板玻璃产量系数

    单位: t

13. 年度日用玻璃生产量 =GDP 总量 × 单位 GD 日用玻璃及包装生产系数

    单位: t

14. 年度玻璃纤维产量 =GDP 总量 × 单位 GDP 玻璃纤维产量系数

    单位: t

15. 日用玻璃消耗硅质原料总量 =INTEG（年度日用玻璃生产量，0）

单位: t

16. 玻璃硅质原料消耗总量 = 平板玻璃消耗硅质原料总量 + 日用玻璃消耗硅质原料总量 + 玻璃纤维消耗硅质原料总量

单位: 万 t

17. 玻璃纤维消耗硅质原料总量 =INTEG（年度玻璃纤维产量，0）

单位: t

18. 计算年度 = 年度 – 23

单位: 年

A17　其他矿产消耗系统动力模型

1. 模拟的最后时间 =50

   单位: 年

2. GDP 总量 =1057.7 × 年度 × 年度 − 18441 × 年度 + 39981

   单位: 亿元

3. 模拟的初始时间 =0

   单位: 年

4. 输出存储频率 = 模拟的时间步长

   单位: 年 [0, 设定的模拟年限]

5. 模拟的时间步长 =1

   单位: 年 [0, 设定的模拟年限]

   模拟的时间步长

6. 单位 GDP 水泥产量系数 =5869.8 ×（2.7183^（ − 0.045 × 水泥产量计算年度））

   单位: t/ 亿元

7. 单位 GDP 磷矿产量系数 =158.4 ×（2.7183^（0.0164 × 磷矿石产量计算年度））

   单位: t/ 亿元

8. 单位 GD 原盐生产系数 =320.24 ×（2.7183^（ − 0.068 × 原盐产量计算年度））

   单位: t/ 亿元

9. 原盐产量计算年度 = 年度 − 18

   单位: 年

10. 年份累积 =1

    单位: 年

11. 年度 =INTEG（年份累积，35）

    单位: 年

12. 年度原盐生产量 =GDP 总量 × 单位 GD 原盐生产系数

    单位: t

13. 年度磷矿产量 =GDP 总量 × 单位 GDP 磷矿产量系数

    单位: t

14. 年水泥产量 =GDP 总量 × 单位 GDP 水泥产量系数

　　单位: t/ 亿元

15. 水泥产量计算年度 = 年度 − 24

　　单位: 年

16. 水泥灰质岩矿石消耗 =INTEG（年水泥产量 ×1.3，0）

　　单位: t

17. 盐矿消耗总量 =INTEG（年度原盐生产量，0）

　　单位: 万 t

18. 磷矿石产量计算年度 = 年度 − 23

　　单位: 年

19. 磷矿石消耗总量 =INTEG（年度磷矿产量，0）

　　单位: 万 t

A18 未来用水量预测系统动力模型

1. 模拟的最后时间 =50

   单位: 年

2. GDP 总量 =1057.7 × 年度 × 年度 − 18441 × 年度 + 39981

   单位: 亿元

3. 模拟的初始时间 =0

   单位: 年

4. 输出存储频率 = 模拟的时间步长

   单位: 年 [0, 设定的模拟年限]

5. 模拟的时间步长 =1

   单位: 年 [0, 设定的模拟年限]

6. 农业用水总量 =INTEG（年农业用水量，0）

   单位: 万 m^3

7. 农业用水计算年度 = 年度 − 19

   单位: 年

8. 单位 GDP 农业用水系数 =541.27 ×（农业用水计算年度 ^（ − 0.937 ））

   单位: 万 m^3/ 亿元

9. 单位 GDP 工业用水系数 =98.466 ×（2.7183^（ − 0.129 × 工业用水计算年度 ））

   单位: 万 m^3/ 亿元

10. 单位 GDP 生态用水量 =7.6633 ×（生态用水计算年度 ^（ − 0.535 ））

    单位: 万 m^3/ 亿元

11. 单位 GD 生活用水系数 =60.297 ×（生活用水计算年度 ^（ − 0.598 ））

    单位: t/ 亿元

12. 工业用水总量 =INTEG（年工业用水量，0）

    单位: 万 m^3

13. 工业用水计算年度 = 年度 − 23

    单位: 年

14. 年份累积 =1

    单位: 年

15. 年农业用水量 =GDP 总量 × 单位 GDP 农业用水系数

单位: 万 m^3

16. 年工业用水量 =GDP 总量 × 单位 GDP 工业用水系数

单位: t/ 亿元

17. 年度 =INTEG（年份累积，35）

单位: 年

18. 年生态用水量 =GDP 总量 × 单位 GDP 生态用水量

单位: 万 m^3

19. 年生活用水量 =GDP 总量 × 单位 GD 生活用水系数

单位: 万 m^3

20. 生态用水总量 =INTEG（年生态用水量，0）

单位: 万 m^3

21. 生态用水计算年度 = 年度 – 19

单位: 年

22. 生活用水总量 =INTEG（年生活用水量，0）

单位: 万 m^3

23. 生活用水计算年度 = 年度 – 19

单位: 年

附录 B 常用建材环境影响基础数据

B1 铝材环境影响基础数据

项目	合计	分项指标								
		石油（kg）	天然气（kg）	原煤（kg）	洗精煤（kg）	其他洗煤（kg）	焦炭（kg）	原油（kg）	燃料油（kg）	电力（kg）
化石能源消耗　质量	标准煤（kg）5.344	0.941								13.8
矿产资源消耗　质量	铁矿石（kg）38.46	铝土矿（kg）4.64	铜矿（kg）	硅质原料（kg）	盐矿（kg）	灰质岩（kg）0.28	磷矿（kg）			
电力消耗　能量	电力消耗（kW·h）13.8									
水资源　质量	水消耗量（kg）32.14	生产消耗（kg）10.06	电力消耗（kg）22.08							
固体废弃物　质量	总量（kg）6.33	生产产生（kg）2.32	电力产生（kg）4.02							
温室效应影响　质量	CO_2（kg）	甲烷（kg）	一氧化二氮（kg）	四氯化碳（kg）	四氟化碳（kg）					电力（kg）

续表

分项指标

项目	合计	分项指标（指标：数值）
臭氧耗竭物质 质量	22.81	HCFCs(kg) 8.169；CFCs(kg) 0.002；HFCs(kg) 0；四氯化碳(kg) 0；氟氯化碳(kg) 1.528；哈龙(kg) 0.0029；HCFC 22(kg) 0；甲基溴(kg) 13.1
光化学烟雾物质 质量	0.01518	NO_x(kg) 0；呋喃(kg) 0；丁二烯(kg) 0；丙烯(kg) 0；二甲苯(kg) 0；丁烯(kg) 0；甲醛(kg) 0；丙醛(kg) 0；电力(kg) 0.01518
烟粉尘物质 质量	合计 PM10(kg) 0.010	微粒 PM10(kg) 0.003；微粒 PM2.5(kg) 0；硫氧化物(kg) 0；电力(kg) 0.006
富营养化物质 质量	合计 N(kg) 0.010	磷酸根(kg) 0.003；氨(kg) 0；氮(N)(kg) 0.00062；磷(P)(kg) 0.006；硝酸根(kg) 0；需氧量(kg) 0.00004；氨(NH_3)(kg) 0
酸化物质 质量	合计 SO_2(kg) 0.047151	硫酸(kg) 0；硫化氢(kg) 0.0000079；硫氧化物(kg) 0.000126；氮氧化合物(kg) 0.0000627；氟化氢(kg) 0.00096；氯化氢(kg) 0；氨(kg) 0.00004；氰化氢(kg) 0.0000236；电力(kg) 0.04692
生态毒性物质 质量	合计 Pb(kg) 0.011025	汞(kg) 0；铅(kg) 0；镉(kg) 0；六价铬(kg) 0；铬(kg) 0；砷(kg) 0.00000236；石油类(kg) 0.00315；挥发酚(kg) 0.00787；二噁英(kg) 0；苯并(a)芘(kg) 0；蒽(kg) 0

B2 钢材环境影响基础数据

项目		合计	分类指标									
化石能源消耗	质量	合计标准煤(kg) 0.648087	标准煤(kg) 0.58	石油(kg) 0	天然气(kg) 0	原煤(kg) 0	洗精煤(kg) 0	其他洗煤(kg) 0	焦炭(kg) 0	原油(kg) 0	燃料油(kg) 0	汽油(kg) 0
矿产资源消耗	质量	合计铁矿石(kg) 1.66201	铁矿(kg) 1.6	铝土矿(kg) 0	铜矿(金属)(kg) 0	玻璃用硅质原料(kg) 0	盐矿(kg) 0	水泥用灰质岩(kg) 0.06201	磷矿(kg) 0			
水资源	质量	水消耗量(kg) 7.241504	生产消耗(kg) 6.9	电力消耗(kg) 0.341504								
固体废弃物	质量	废弃物总量(kg) 0.490111	生产产生量(kg) 0.428	电力产生(kg) 0.062111								
土地资源占用	质量	合计草地(m^2) 0	草地(m^2) 0	森林(m^2) 0	湿地(m^2) 0	农田(m^2) 0	水域(m^2) 0	荒漠(m^2) 0	其他(m^2) 0			
	面积	0										
温室效应影响		合计CO_2(kg)	二氧化碳(kg)	甲烷(kg)	一氧化二氮(kg)	四氯化碳(kg)	四氟化碳(kg)	二氟二氯甲烷(kg)	三氯甲烷(kg)	$CHCl_3$(kg)	三氟溴甲烷(kg)	电力(kg)

续表

项目		合计	分类指标									
臭氧耗竭物质	名称	合计HCFCs（kg）	HCFCs（kg）	CFCs（kg）	HFCs（kg）	四氯化碳（kg）	氟氯化碳（kg）	哈龙（kg）	HCFC 22（kg）	甲基溴（kg）	三氯乙烷（kg）	电力（kg）
	质量	2.737459	2.309	0	0.225755	0	0	0	0	0	0	0.202704
光化学烟雾物质	名称	合计NOx（kg）	NOx（kg）	呋喃（kg）	丁二烯（kg）	丙烯（kg）	二甲苯（kg）	丁烯（kg）	丁烯醛（kg）	甲醛（kg）	丙醛（kg）	电力（kg）
	质量	0.001245	0	0	0	0	0	0	0	0	0	0.000235
烟粉尘物质	名称	合计PM10（kg）	微粒（PM10）（kg）	微粒（PM2.5）（kg）	硫氧化物（kg）	电力（kg）						
	质量	0.000862	0.000648	0	0.000108	0.000107						
富营养化物质	名称	合计N（kg）	磷酸根（kg）	氨（kg）	氮（kg）	磷（kg）	硝酸根（kg）	化学需氧量（kg）	氨（kg）	一氧化氮（kg）	二氧化氮（kg）	电力（kg）
	质量	0.001305	0	0.00000711	0.000155	0.0000532	0	0.000032	0.0000797	0	0.000253	0.000726
酸化物质	名称	合计SO2（kg）	硫酸（kg）	硫化氢（kg）	硫氧化物（kg）	氮氧化合物（kg）	氟化氢（kg）	氨（kg）	氯化氢（kg）	氯化氢（kg）	电力（kg）	
	质量	0.003155	0.001034	0.00000602	0	0.000571	0.001082	0	0	0	0.000463	
生态毒性物质	名称	合计Pb（kg）	汞（kg）	铝（kg）	镉（kg）	六价铬（kg）	铬（kg）	砷（kg）	石油类（kg）	挥发酚（kg）	镍（kg）	苯并蒽（kg）
	质量	0.072509	0.0105	0.0041	0.0025	0.003125	0.004688	0.003125	0.01735	0.003125	0.009396	0

B3 铜材环境影响基础数据

0.709 点	合计		分项									
化石能源消耗	标准煤（kg）		石油（kg）	天然气（kg）	原煤（kg）	洗精煤（kg）	其他洗煤（kg）	原油（kg）	燃料油（kg）	汽油（kg）	电力（kg）	
质量	0.63495	标准煤（kg）0.3	0	0	0	0	0	0	0	0	0.33495	
矿产资源消耗	铁矿石（kg）	铁矿（kg）	铝土矿（kg）	铜矿（金属）（kg）	玻璃用硅质（kg）原料	盐矿（kg）	水泥用灰质岩（kg）					
质量	2161.375	0	0	2161.375	0	0	0					
水资源	水消耗量（kg）	电力（kg）										
质量	1.68	1.68										
固体废弃物	废弃物总量（kg）	生产产生量（kg）	电力产生量（kg）									
质量	0.51555	0.21	0.30555									
土地资源占用	合计草地（m²）	草地（m²）	森林（m²）	湿地（m²）	农田（m²）	水域（m²）	荒漠（m²）	其他（m²）				
面积	0	0	0	0	0	0	0	0				
温室效应影响	CO₂（kg）	二氧化碳（kg）	甲烷（kg）	一氧化二氮（kg）	四氯化碳（kg）	四氟化碳（kg）	二氟二氯甲烷（kg）	CHCl₃（kg）	三氟溴甲烷（kg）	二氟一氯甲烷（kg）	电力（kg）	
质量	7.434313	3.67	0.906242	1.860886	0	0	0	0	0	0	0.997185	

续表

0.709 点	合计	分项									
臭氧耗竭物质 质量	HCFCs (kg) 0.000252	HCFCs (kg) 0	CFCs (kg) 0	HFCs (kg) 0	四氯化碳 (kg) 0.000209	氟氯化碳 (kg) 0.0000425	哈龙 (kg) 0	甲基溴 (kg) 0	三氯乙烷 (kg) 0		
光化学烟雾物质 质量	NO_x (kg) 0.007873	NO_x (kg) 0.006718	呋喃 (kg) 0	丁二烯 (kg) 0	丙烯 (kg) 0	二甲苯 (kg) 0	丁烯 (kg)	甲醛 (kg) 0	丙醛 (kg) 0	丙烯醛 (kg) 0	异丁醛 (kg) 0
烟粉尘物质 质量	PM10 0.006007	微粒 PM10 0.003931	PM2.5	硫氧化物	电力						
富营养化物质 质量	N (kg) 0.035406	磷酸根 (PO43 −) (kg) 0	氨 (NH4 +) (kg) 0.00632	氮 (N) (kg) 0.015	磷 (P) (kg) 0.00729	硝酸根 (NO3 −) (kg) 0	化学需氧量 (kg) 0.0000015	一氧化氮 (kg) 0.003225	二氧化氮 (kg) 0		
酸化物质 质量	SO_2 (kg) 0.021891	硫酸 (kg) 0.01491	硫化氢 (kg) 0	硫氧化物 (kg) 0	氮氧化物 (kg) 0.004703	氟化氢 (kg) 0	氨 (kg)	氰化氢 (kg)		电力 (kg) 0.00357	
生态毒性物质 质量	Pb (g) 0.003438	汞 (Hg) (g) 0.00005	铅 (Pb) (g) 0	镉 (g) 0.00005	六价铬 (g) 0	铬 (g) 0.000313	砷 (g) 0.000125	挥发酚 (g) 0	二噁英 (g) 0	苯并 (a) 蒽 (g) 0	钴 (co) (g) 0

B4　玻璃材料环境影响基础数据

0.709 点

化石能源消耗（质量）

合计标准煤(kg)	标准煤(kg)	石油(kg)	天然气(kg)	原煤(kg)	其他洗煤(kg)	焦炭(kg)	原油(kg)	燃料油(kg)	电力(kg)
15.6	15.6	0	0	0	0	0	0	0	0

矿产资源消耗（质量）

合计铁矿石(kg)	铁矿(kg)	铝土矿(kg)	铜矿（金属）(kg)	玻璃用硅质原料(kg)	水泥用灰质原岩(kg)	磷矿(kg)
11.27289	0	0	0	7.92064	3.35225	0

水资源（质量）

水消耗量(kg)	生产消耗(kg)	电力(kg)
0	0	0

固体废弃物（质量）

废弃物总量(kg)	生产产生量(kg)	电力产生量(kg)
0	0	0

土地资源（面积）

合计草地	草地(m²)	森林(m²)	湿地(m²)	农田(m²)	荒漠(m²)	其他(m²)
0	0	0	0	0	0	0

温室效应影响（质量）

合计 CO₂(kg)	二氧化碳(kg)	甲烷(kg)	二氧化氮(kg)	四氯化碳(kg)	二氟二氯甲烷(kg)	三氯甲烷(kg)	三氯溴甲烷(kg)	CHCl₃(kg)	HFC — 152a(kg)	电力(kg)
100.935	52.46	0	48.475	0	0	0	0	0	0	0

续表

0.709 点	合计	分项									
臭氧耗竭物质 质量	合计 HCFCs (kg) 0	HCFCs (kg) 0	CFCs (kg) 0	HFCs (kg) 0	四氯化碳 (kg) 0	哈龙 (kg) 0	HCFC 22 (kg) 0	甲基溴 (kg) 0	三氯乙烷 (kg) 0		
光化学烟雾物质 质量	合计 NOx (kg) 0.175	NOx (kg) 0.175	呋喃 (kg) 0	丁二烯 (kg) 0	丙烯 (kg) 0	丁烯 (kg) 0	丁烯醛 (kg) 0	甲醛 (kg) 0	丙醛 (kg) 0	丁醛 (kg) 0	异丁醛 (kg) 0
烟粉尘物质 质量	合计 PM10 (kg) 0.0358	微粒 (PM10) (kg) 0.015	微粒 (PM2.5) (kg) 0	硫氧化物 (SOx) (kg) 0.0208	电力 (kg) 0						
营养化物质 质量	合计 N (kg) 0.05425	磷酸根 (kg) 0	氨 (kg) 0	氮 (N) (kg) 0	磷 (kg) 0	化学需氧量 (kg) 0	氨 (kg) 0	二氧化氮 (kg) 0.05425			
酸化物质 质量	合计 SO2 (kg) 0.3225	SO2 (kg) 0.2	硫化氢 (kg) 0	硫氧化物 (kg) 0	氮氧化合物 (kg) 0.1225	氨 (kg) 0	硫化氢 (kg) 0	氯化氢 (kg) 0	电力 (kg) 0		
生态毒性物质 质量	合计 Pb (g) 0	汞 (g) 0	铅 (g) 0	镉 (g) 0	六价铬 (g) 0	砷 (g) 0	石油类 (g) 0	挥发酚 (g) 0	二噁英 (g) 0	镍 (g) 0	钴 (g) 0

B5　玻璃纤维材料环境影响基础数据

项目		合计	分项							
化石能源消耗	质量	合计标准煤（kg）1.447701	标准煤（kg）1.445149	石油（kg）0	天然气（kg）0	原煤（kg）0	洗精煤（kg）0	燃料油（kg）0	汽油（kg）0	
矿产资源消耗	质量	合计铁矿石（kg）0.226373	铁矿（kg）0	铝土矿（kg）0	铜矿（金属）（kg）0	玻璃用硅质原料（kg）0.159328	盐矿（kg）0			
水资源	质量	水消耗量（kg）0.0128	生产消耗 电力（kg）0.0128	电力产生量（kg）						
固体废弃物	质量	废弃物总量（kg）0.002328	生产产生量（kg）电力产生量（kg）0.002328							
土地资源	面积	合计草地（m²）0	草地（m²）0	森林（m²）0	湿地（m²）0	农田（m²）0	水域（m²）0			
温室效应影响	质量	合计 CO_2（kg）0	二氧化碳（kg）0	甲烷（kg）	二氧化氮（kg）	四氯化碳（kg）	四氟化碳（kg）	三氟溴甲烷（kg）	二氟一氯甲烷（kg）	HFC-152a（kg）／电力（kg）

续表

项目	合计	分项								
臭氧耗竭物质 质量	合计HCFCs（kg） 4.42808	HCFCs（kg） 3.339	CFCs（kg） 1.06597	HFCs（kg） 0.015512	四氯化碳（kg） 0	氟氯化碳（kg） 0	三氯乙烷（kg） 0	量（kg） 0.007598		
光化学烟雾物质 质量	合计NO_x（kg） 0.005864	NO_x（kg） 0.00544	呋喃（kg） 0	丁二烯（kg） 0	丙烯（kg） 0	二甲苯（kg） 0	丙醛（kg） 0	丙烯醛（kg） 0	丁醛（kg） 0	异丁醛（kg） 0
烟粉尘物质 质量	合计PM10（kg） 0.00295	微粒（PM10）（kg） 0.001965	微粒（PM2.5）（kg） 0	硫氧化物（SO_x）（kg） 0.000981	电力（kg） 0.000004					
富营养化物质 质量	合计N（kg） 0.001714	磷酸根（kg） 0	氨（kg） 0	氮（N）（kg） 0	磷（kg） 0	硝酸根（kg） 0	二氧化氮（kg） 0.001686	电力（kg） 0.0000272		
酸化物质 质量	合计SO_2（kg） 0.013256	SO_2（kg） 0.009431	硫化氢（kg） 0	硫氧化物（kg） 0	氟化氢（kg） 0	氮氧化物（kg） 0.003808	电力（kg） 0.0000174			
生态毒性物质 质量	合计Pb（g） 0	汞（g） 0	铅（g） 0	镉（g） 0	六价铬（g） 0	铬（g） 0	苯并（a）芘（g） 0	二噁英（g） 0	镍（g） 0	钴（g） 0

B6 膨胀珍珠岩材料环境影响基础数据

项目	合计		分项					
化石能源消耗	合计标准煤（kg）	标准煤（kg）	石油（kg）	天然气（kg）	原煤（kg）	洗精煤（kg）	燃料油（kg）	汽油（kg）
质量	1.179443	1.177	0	0	0	0	0	0
矿产资源消耗	合计铁矿石（kg）	铁矿（kg）	铝土矿（kg）	铜矿（金属）（kg）	玻璃用硅质原料（kg）	盐矿（kg）		
质量	0.318	0	0	0	0	0		
水资源	水消耗量（kg）	生产消耗（kg）	电力（kg）					
质量	0.012251	0.012251						
固体废弃物	废弃物总量（kg）	生产产生量（kg）	电力产生量（kg）					
质量	0.122228	0.12	0.002228					
土地资源	合计草地（m²）	草地（m²）	森林（m²）	湿地（m²）	农田（m²）	水域（m²）		
面积	0	0	0	0	0	0		
温室效应影响	合计 CO_2	二氧化碳	甲烷	二氧化氮	四氯化碳	四氟化碳	三氟溴甲烷	二氟一氯甲烷	HFC-152a	电力
质量	3.253957	3.236857	0.001914	0.007914	0	0	0	0	0.007272

续表

项目	合计	分项								
臭氧耗竭物质	合计 HCFCs (kg)	HCFCs (kg)	CFCs (kg)	HFCs (kg)	四氯化碳 (kg)	氟氯化碳 (kg)	三氯乙烷 (kg)			
质量	0	0	0	0	0	0	0			
光化学烟雾物质	合计 NO_x (kg)	NO_x (kg)	呋喃 (kg)	丁二烯 (kg)	丙烯 (kg)	二甲苯 (kg)	丙醛 (kg)	丙烯醛 (kg)	丁醛 (kg)	异丁醛 (kg)
质量	0.000108	0.0000286	0	0	0	0	0	0	0	0
烟粉尘物质	合计 PM10 (kg)	微粒 (PM10) (kg)	微粒 (PM2.5) (kg)	硫氧化物 (SO_x) (kg)	电力 (kg)					
质量	0.000914	0.000914	0	0.00000594	0.00000383					
富营养化物质	合计 N (kg)	磷酸根 (kg)	氨 (kg)	氨 (N) (kg)	磷 (kg)	硝酸根 (kg)	二氧化氮 (kg)	电力 (kg)		
质量	0.000924	0	0	0.00000914	0	0	0.00000886	0.000026		
酸化物质	合计 SO_2 (kg)	SO_2 (kg)	硫化氢 (kg)	硫氧化物 (kg)	氮氧化合物 (kg)	氟化氢 (kg)	电力 (kg)			
质量	0.0000349	0.0000571	0	0	0	0	0.0000166			
生态毒性物质	合计 Pb (g)	汞 (g)	铅 (g)	镉 (g)	六价铬 (g)	铬 (g)	二噁英 (g)	苯并 (a) 蒽 (g)	镍 (g)	钴 (g)
质量	0.0000938	0	0	0	0.000002	0	0	0	0	0

B7 岩棉材料环境影响基础数据

项目	分类	合计	分项
化石能源消耗	质量	合计标准煤(kg) 0.217928	标准煤(kg) 0.17145；石油(kg) 0；天然气(kg) 0；原煤(kg) 0；洗精煤(kg) 0；其他洗煤(kg) 0；焦炭(kg) 0；燃料油(kg) 0；汽油(kg) 0；电力(kg) 0.138
矿产资源消耗	质量	合计铁矿石(kg) 0.371	铁矿(kg) 0；铝土矿(kg) 0；铜矿(金属)(kg) 0；玻璃用硅质原料(kg)；盐矿(kg)；水泥用灰质岩(kg) 0.371；磷矿(kg)
水资源	质量	水消耗量(kg) 0.23312	生产消耗(kg) 0；电力(kg) 0.23312
固体废弃物	质量	废弃物总量(kg) 0.136399	生产产生量(kg) 0.094；电力产生量(kg) 0.042399
土地资源	面积	合计草地(m²) 0	草地(m²) 0；森林(m²) 0；湿地(m²) 0；农田(m²) 0；水域(m²) 0；荒漠(m²) 0；其他(m²) 0
温室效应影响	量	合计 CO_2(kg) 1.476171	二氧化碳(kg) 0.52065；甲烷(kg) 0；二氧化氮(kg) 0.81715；四氯化碳(kg) 0；四氟化碳(kg) 0；二氟二氯甲烷(kg) 0；三氯甲烷(kg) 0；三氟溴甲烷(kg) 0；二氟一氯甲烷(kg) 0

续表

项目	合计	分项									
臭氧耗竭物质	合计HCFCs（kg）	HCFCs（kg）	CFCs（kg）	HFCs（kg）	四氯化碳（kg）	哈龙（kg）	HCFC 22（kg）	三氯乙烷（kg）			
质量	0	0	0	0	0	0	0	0			
光化学烟雾物质	合计NOₓ（kg）	NOₓ（kg）	呋喃（kg）	丁二烯（kg）	丙烯（kg）	二甲苯（kg）	丁烯（kg）	丁烯醛（kg）	丙醛（kg）	丙烯醛（kg）	异丁醛（kg）
质量	0.00311	0.00295	0	0	0	0	0	0	0	0	0
烟粉尘物质	合计PM10（kg）	微粒（PM10）（kg）	微粒（PM2.5）（kg）	硫氧化物（kg）	电力（kg）						
质量	0.027649	0.02585	0.001726	0.0000729	0						
富营养化物质	合计N（kg）	磷酸根（kg）	氮（N）（kg）	磷（kg）	硝酸根（kg）	化学需氧量（kg）	氨（kg）	二氧化氮（kg）	电力（kg）		
质量	0.00141	0	0	0	0	0	0	0.000915	0.000495		
酸化物质	合计SO₂（kg）	SO₂（kg）	硫化氢（kg）	硫氧化物（kg）	氮氧化合物（kg）	氟化氢（kg）	氯化氢（kg）	氨（kg）	电力（kg）		
质量	0.018981	0.0166	0	0	0.002065	0	0	0	0.000316		
生态毒性物质	合计Pb（g）	汞（g）	铅（g）	镉（g）	六价铬（g）	铬（g）	砷（g）	石油类（g）	二噁英（g）	苯并（a）蒽（g）	钴（g）
质量	0	0	0	0	0	0	0	0	0	0	0

B8　塑料类材料环境影响基础数据

项目		合计	分项							
化石能源消耗	质量	合计标准煤（kg）3.78814	标准煤（kg）3.769	石油（kg）0	天然气（kg）0	原煤（kg）0	洗精煤（kg）0	其他洗煤（kg）0	燃料油（kg）0	汽油（kg）0
矿产资源消耗	质量	合计铁矿石（kg）0	铁矿（kg）0	铝土矿（kg）0	铜矿（金属）（kg）0	玻璃用硅质原料（kg）0	盐矿（kg）0	水泥用灰质岩（kg）0		
水资源	质量	水消耗量（kg）0.096	生产消耗（kg）	电力（kg）0.096						
固体废弃物	质量	废弃物总量（kg）1.20046	生产产生量（kg）1.183	电力产生量（kg）0.01746						
土地资源	面积	合计草地（m²）0	草地（m²）0	森林（m²）0	湿地（m²）0	农田（m²）0	水域（m²）0	荒漠（m²）0	其他（m²）0	
温室效应影响	质量	合计 CO_2（kg）9.51975	二氧化碳（kg）6.478	甲烷（kg）2.91718	一氧化二氮（kg）0.067588	四氯化碳（kg）0	四氟化碳（kg）0	二氟二氯甲烷（kg）0	二氟一氯甲烷（kg）0	电力（kg）0.056982

附加列（温室效应影响）：三氟三氯甲烷（kg）0　三氟溴甲烷（kg）0

续表

项目	合计	分项								
臭氧耗竭物质	合计 HCFCs (kg)	HCFCs (kg)	CFCs (kg)	HFCs (kg)	四氯化碳 (kg)	氟氯化碳 (kg)	哈龙 (kg)	三氯乙烷 (kg)		
质量	0	0	0	0	0	0	0	0		
光化学烟雾物质	合计 NO_x (kg)	NO_x (kg)	呋喃 (kg)	丁二烯 (kg)	丙烯 (kg)	二甲苯 (kg)	丁烯 (kg)	丙醛 (kg)	丙烯醛 (kg)	异丁醛 (kg)
质量	0.013458	0.013392	0	0	0	0	0	0	0	0
烟粉尘物质	合计 PM10 (kg)	微粒 (PM10) (kg)	微粒 (PM2.5) (kg)	硫氧化物 (SO_x) (kg)	电力 (kg)					
质量	0.007125	0.006747	0	0.000348	0.00003					
富营养化物质	合计 N	磷酸根 (kg)	氨 (kg)	氮 (N) (kg)	磷 (kg)	硝酸根 (kg)	化学需氧量 (kg)	二氧化氮 (kg)	电力 (kg)	
质量	0.004241	0	0	0	0	0	0.000081	0.003956	0.000204	
酸化物质	合计 SO_2 (kg)	SO_2 (kg)	硫化氢 (kg)	硫氧化物 (kg)	氮氧化合物 (kg)	氟化氢 (kg)	氨 (kg)	电力 (kg)		
质量	0.01206	0	0	0.002998	0.008932	0	0	0.00013		
生态毒性物质	合计 Pb (g)	汞 (g)	铅 (g)	镉 (g)	六价铬 (g)	铬 (g)	砷 (g)	二噁英 (g)	苯并 (a) 蒽 (g)	钴 (g)
质量	0	0	0	0	0	0	0	0	0	0

B9　水泥类材料环境影响基础数据

项目	指标	合计	分项
化石能源消耗	质量	合计标准煤 0.2309	标准煤(kg) 0.199；石油(kg) 0；天然气(kg) 0；原煤(kg) 0；洗精(kg)煤 0；其他洗煤(kg) 0；燃料油(kg) 0；汽油(kg) 0；电力(kg) 0.0319
矿产资源消耗	质量	合计铁矿石(kg) 0.3755	铁矿(kg) 0.031；铝土矿(kg) 0；铜矿(金属)(kg) 0；玻璃用硅质原料(kg) 0；盐矿(kg) 0；水泥用灰质岩(kg) 0.3445
水资源	质量	水消耗量(kg) 0.519	生产消耗(kg) 0.359；电力(kg) 0.16
固体废弃物	质量	废弃物总量(kg) 0.0291	生产产生(kg) 0.0291；电力产生量(kg)
土地资源	面积	合计草地(m²) 0	草地(m²) 0；森林(m²) 0；湿地(m²) 0；农田(m²) 0；水域(m²) 0；荒漠(m²) 0；其他(m²)
温室效应影响	质量	合计 CO_2 (kg) 1.31737	二氧化碳(kg) 0.89；甲烷(kg) 0；二氧化氮(kg) 0.3324；四氯化碳(kg) 0；四氯化碳(kg) 0；二氟二氯甲烷(kg) 0；二氟溴甲烷(kg) 0；二氟一氯甲烷(kg) 0；HFC-152a(kg) 0；电力(kg) 0.09497

续表

项目		合计	分项									
臭氧耗竭物质	质量	合计HCFCs (kg)	HCFCs (kg)	CFCs (kg)	HFCs (kg)	四氯化碳 (kg)		哈龙 (kg)	三氯乙烷 (kg)			
		0	0	0	0	0		0	0			
光化学烟雾物质	质量	合计NOx (kg)	NOx (kg)	呋喃 (kg)	丁二烯 (kg)	丙烯 (kg)	二甲苯 (kg)	丁烯 (kg)	丙醛 (kg)	丙烯醛 (kg)	丁醛 (kg)	异丁醛 (kg)
		0.00131	0.0012	0	0	0	0	0	0	0	0	0
烟粉尘物质	质量	合计PM10	微粒 (PM10) (kg)	微粒 (PM2.5) (kg)	硫氧化物 (kg)	电力 (kg)						
		0.002112	0.002	0	0.0000624	0.00005						
富营养化物质	质量	合计N	磷酸根 (kg)	氨 (kg)	氮 (N) (kg)	磷 (kg)	硝酸根 (kg)	化学需氧量 (kg)	二氧化氮 (kg)	电力 (kg)		
		0.000712	0	0	0	0.00084	0	0	0.000372	0.000217		
酸化物质	质量	合计SO2 (kg)	SO2 (kg)	硫化氢 (kg)	硫氧化物 (kg)	氮氧化合物 (kg)	氟化氢 (kg)	氨 (kg)	电力 (kg)			
		0.001657	0.0006	0	0	0	0	0	0.00034			
生态毒性物质	质量	合计Pb (g)	汞 (g)	铅 (g)	镉 (g)	六价铬 (g)	铬 (g)	砷 (g)	二噁英 (g)	苯并 (a) 蒽 (g)	镍 (g)	钴 (g)
		0.034185	0.003267	0.011598	0.00242	0	0	0	0	0	0	0

B10　保温砂浆环境影响基础数据

项目	合计		分项										
化石能源消耗	合计标准煤（kg）	标准煤（kg）	石油（kg）	原煤（kg）	洗精煤（kg）	其他洗煤（kg）	原油（kg）	燃料油（kg）	汽油（kg）	电力（kg）			
质量	0.13261	0.1039	0	0	0	0	0	0	0	0.02871			
矿产资源消耗	合计铁矿石（kg）	铁矿（kg）	铝土矿（kg）	铜矿（金属）（kg）	玻璃用硅质原料（kg）	盐矿（kg）	水泥用灰质岩（kg）						
质量	0.3445	0	0	0	0	0	0.3445						
水资源	水消耗量（kg）	生产消耗（kg）	电力（kg）										
质量	0.144	0	0.144										
固体废弃物	废弃物总量（kg）	生产产生量（kg）	电力产生量（kg）										
质量	0.07619	0.05	0.02619										
温室效应影响	合计 CO_2（kg）	二氧化碳（kg）	甲烷（kg）	二氧化氮（kg）	四氯化碳（kg）			$CHCl_3$（kg）	三氟溴甲烷（kg）	二氟一氯甲烷（kg）			
质量	0.843048	0.318992	0	0.438583	0			0	0	0			
臭氧耗竭物质	合计 HCFCs（kg）	HCFCs（kg）	CFCs（kg）	HFCs（kg）	四氯化碳（kg）			哈龙（kg）	三氯乙烷（kg）	电力（kg）			
										0.0854			

续表

物质类别	光化学烟雾物质	烟粉尘物质	富营养化物质	酸化物质	生态毒性物质
质量	合计NOx (kg) 0.001682	合计PM10 (kg) 0.000389	合计N (kg) 0.000801	合计SO2 (kg) 0.0054	合计Pb (g) 0.0000167
	NOx (kg) 0.001583	微粒PM10 (kg) 0.000342	磷酸根 (kg) 0	SO2 (kg) 0	汞 (g) 0
	呋喃 (kg) 0	微粒PM2.5 0	氨 (kg) 0	硫化氢 (kg) 0	铅 (g) 0
	丁二烯 (kg) 0	硫氧化物 0.00000173	氮(N) (kg) 0.00000173	硫氧化物 0	镉 (g) 0
	丙烯 (kg) 0	电力 0.000045	磷 (kg) 0.000000045	氮氧化合物 (kg) 0.001108	六价铬 (g) 0
	二甲苯 (kg) 0		硝酸根 (kg) 0	氟化氢 (kg) 0.00408	铬 (g) 0
	丁烯 (kg) 0		化学需氧量 (kg) 0.000000583	氨 (kg) 0	砷 (g) 0
	甲醛 (kg) 0		一氧化氮 (kg) 0.000004	氰化氢 (kg) 0	挥发酚 (g) 0
	丙醛 (kg) 0		二氧化氮 (kg) 0.000491	电力 0.000195	二噁英 (g) 0
	丙烯醛 (kg) 0		电力 (kg) 0.000306		苯并(a)蒽 (g) 0
	异丁醛 (kg) 0				钴 (g) 0

B11 沙石类材料环境影响基础数据

化石能源消耗

项目	合计	分项									
	合计标准煤（kg）	标准煤（kg）	石油（kg）	天然气（kg）	原煤（kg）	洗精煤（kg）	其他洗煤（kg）	原油（kg）	燃料油（kg）	汽油（kg）	电力消耗标准煤（kg）
质量	0.000665	0	0	0	0	0	0	0	0	0	0.000665

矿产资源消耗

项目	合计	分项					
	合计铁矿石（kg）	铁矿（kg）	铝土矿（kg）	铜矿（金属）（kg）	玻璃用硅质原料（kg）	盐矿（kg）	水泥用灰质岩（kg）
质量	0.33125	0	0	0	0	0	0.33125

水资源

项目	合计	分项	
	水消耗量（kg）	生产消耗（kg）	电力（kg）
质量	0.000232	0.000232	

固体废弃物

项目	合计	分项	
	废弃物总量（kg）	生产产生量（kg）	电力产生量（kg）
质量	0.0000422	0	0.0000422

温室效应影响

项目	合计	分项									
	合计CO$_2$（kg）	二氧化碳（kg）	甲烷（kg）	二氧化氮（kg）	四氯化碳（kg）	四氯化碳（kg）	二氟二氯甲烷（kg）	四氯化碳（kg）	二氟一氯甲烷（kg）	三氟溴甲烷（kg）	CHCl$_3$（kg）	电力（kg）
质量	0.001871	0.001733	0	0	0	0	0	0	0	0	0	0.000138

臭氧耗竭物质

项目	合计	分项						
	合计HCFCs（kg）	HCFCs（kg）	CFCs（kg）	HFCs（kg）	氟氯化碳（kg）	哈龙（kg）	甲基溴（kg）	三氯乙烷（kg）
质量	0	0	0	0	0	0	0	0

续表

类别	合计										
光化学烟雾物质 质量	合计 NOₓ（kg）	NOₓ（kg）	呋喃（kg）	丁二烯（kg）	丙烯（kg）	二甲苯（kg）	丁烯（kg）	甲醛（kg）	丙醛（kg）	丙烯醛（kg）	异丁醛（kg）
	0.0000163	0.0000163	0	0	0	0	0	0	0	0	0
烟粉尘物质 质量	合计 PM10（kg）	PM10（kg）	PM2.5（kg）	硫氧化物（kg）	电力（kg）						
	0.00000265	0.00000258	0	0	0.0000000725						
富营养化物质 质量	合计 N（kg）	磷酸根（kg）	氨（kg）	氮（N）（kg）	磷（kg）	硝酸根（kg）	化学需氧量（kg）	一氧化氮（kg）	二氧化氮（kg）	电力（kg）	
	0.00000363	0	0	0.00000313	0	0	0	0	0	0.000000493	
酸化物质 质量	合计 SO₂（kg）	SO₂（kg）	硫化氢（kg）	硫氧化物（kg）	氮氧化合物（kg）	氟化氢（kg）	氨（kg）	氰化氢（kg）	电力（kg）		
	0.00000234	0.00000203	0	0	0	0	0	0	0.000000315		
生态毒性物质 质量	合计 Pb（g）	汞（g）	铅（g）	镉（g）	六价铬（g）	铬（g）	砷（g）	挥发酚（g）	二噁英（g）	苯并（a）蒽（g）	钴（g）
	0	0	0	0	0	0	0	0	0	0	0

B12　EPS 环境影响基础数据

项目		合计	分项								
化石能源消耗		合计标准煤（kg）	标准煤（kg）	石油	天然气（kg）	原煤（kg）	焦炭（kg）	原油（kg）	燃料油（kg）	汽油（kg）	电力（kg）
	质量	3.457976	0.05616	2.762257	0.44918	0	0	0	0	0	0.190379
矿产资源源消耗		合计铁矿石（kg）	铁矿（kg）	铝土矿（kg）	铜矿（金属）（kg）	玻璃用硅质原料（kg）	磷矿（kg）				
	质量	0	0	0	0	0	0				
电力		电力消耗 kWh	电力（kg）								
	能量	0.5968									
水资源		水消耗总量（kg）	生产消耗	电力（kg）							
	质量	1.21488	0.26	0.95488							
固体废弃物		废弃物总量（kg）	生产产生	电力产生（kg）							
	质量	0.173669	0	0.173669							
温室效应影响		合计 CO_2（kg）	二氧化碳（kg）	甲烷（kg）	一氧化二氮（kg）	四氯化碳（kg）	三氯甲烷（kg）		三氟溴甲烷（kg）	二氟一氯甲烷（kg）	电力（kg）
	质量	2.020081	1.4533	0	0	0	0	0	0	0	0.566781

续表

项目	合计	分项								
化石能源消耗	合计标准煤（kg）	标准煤（kg）	石油	天然气（kg）	原煤（kg）	焦炭（kg）	原油（kg）	燃料油（kg）	汽油（kg）	电力（kg）
臭氧耗竭物质	HCFCs（kg）	HCFCs（kg）	CFCs（kg）	HFCs（kg）	四氯化碳（kg）	HCFC（kg）	甲基溴（kg）		三氯乙烷（kg）	
质量	0	0	0	0	0	0	0	0		
光化学烟雾物质	合计 NO_x（kg）	NO_x（kg）	呋喃（kg）	丁二烯（kg）	丙烯（kg）	丁烯醛（kg）	甲醛（kg）	丙醛（kg）	丙烯醛（kg）	电力（kg）
质量	0.000656	0	0	0	0	0	0	0	0	0.000656
烟粉尘物质	合计 PM10（kg）	PM10（kg）	PM2.5（kg）	硫氧化物（kg）	电力（kg）					
质量	0.016938	0	0	0.01664	0.000298					
富营养化物质	合计 N（kg）	磷酸根（PO43－）（kg）	氨（NH4＋）（kg）	氨（N）（kg）	磷（P）（kg）	氨（NH_3）（kg）	一氧化氮（NO2）（kg）	二氧化氮（NO_2）（kg）	电力（kg）	
质量	0.149259	0	0.12798	0	0	0	0	0	0	
酸化物质	合计 SO2（kg）	硫酸（kg）	硫化氢（kg）	硫氧化物（kg）	氮氧化合物（kg）	氯化氢（kg）	氯化氢（kg）	电力（kg）		
质量	0.129295	0	0	0.128	0	0	0	0.001295		
生态毒性物质	合计 Pb（g）	汞（g）	铅（g）	镉（g）	六价铬（g）	石油类（g）	挥发酚（g）	二噁英（g）	苯并（a）芘（g）	钴（g）
质量	0.040291	0	0	0	0	0.030125	0.010166	0	0	0

B13　材料环境成本数据

项目 材料*	化石能源消耗（kg）	矿产资源消耗（kg）	水资源消耗（kg）	固体废弃物（kg）	土地资源（m²）	温室效应影响（kg）	臭氧耗竭影响（kg）	光化学烟雾（kg）	烟粉尘物质（kg）	富营养化物质（kg）	酸化物质（kg）	生态毒性（g）
铝材	6.909921	0.234968	0.182234	0.034277	0	3.409363	0.697981	0.11385	0.061824	0.907792	0.232203	0.021168
钢材	0.837977	0.010155	0.041059	0.002652	0	0.40925	0	0.00934	0.005174	0.025132	0.019847	0.139216
铜	0.82099	13.206	0.009526	0.002789	0	1.11143	0.060532	0.059048	0.036043	0.681674	0.137695	0.0066
玻璃	20.1708	0.068877	0	0	0	15.08978	0	1.3125	0.2148	1.044475	2.028525	0
EPS	4.71163	0	0.006888	0.00094	0	0.302002	0	0.004924	0.10163	6.339226	0.813266	0.077358
膨胀珍珠岩	1.525019	0.001943	0.0000695	0.000661	0	0.486467	0	0.000809	0.005543	0.000672	0.00059	0
岩棉	0.281781	0.002267	0.001322	0.000738	0	0.220688	0	0.023327	0.165896	0.027144	0.119392	0
保温砂浆	0.171465	0.002105	0.000816	0.000412	0	0.126036	0	0.012618	0.002332	0.01543	0.033968	0
砂石	0.00086	0.002024	0.00000132	0.000000228	0	0.00028	0	0.000124	0.0000159	0.0000698	0.0000147	0
水泥	0.298554	0.002294	0.002943	0.000157	0	0.196947	0	0.009825	0.012674	0.013708	0.010423	0.065634
塑料	4.898065	0	0.000544	0.006494	0	1.423203	0	0.100935	0.042751	0.081644	0.075856	0
玻璃纤维	1.871877	0.001383	0.0000726	0.0000126	0	0.661998	0	0.043982	0.017699	0.032992	0.083383	0

* 表中数据均为生产 1kg 材料的消耗。

B14 电力生产环境影响基础数据

项目		合计	分项									
化石能源消耗		合计标准煤（kg）	标准煤（kg）	石油（kg）	原煤（kg）	洗精煤（kg）	其他洗煤（kg）	焦炭（kg）	原油（kg）	燃料油（kg）	汽油（kg）	煤油（kg）
	质量	0.319	0.319	0	0	0	0	0	0	0	0	0
矿产资源消耗		合计铁矿石（kg）	铁矿（kg）	铝土矿（kg）	铜矿（金属）（kg）	玻璃用硅质原料（kg）	盐矿（kg）	水泥用灰质岩（kg）	磷矿（kg）			
	质量	0	0	0	0	0	0	0	0			
水资源		水消耗量（kg）	电力生产消耗（kg）									
	质量	1.6	1.6									
固体废弃物		废弃物产生量（kg）	电力产生量（kg）									
	质量	0.291	0.291									
温室效应影响		合计 CO_2（kg）	二氧化碳（kg）	甲烷（kg）	二氧化氮（kg）	四氯化碳（kg）	四氯化碳（kg）	二氟二氯甲烷（kg）	三氯甲烷 $CHCl_3$（kg）	二氯甲烷（kg）	三氟溴甲烷（kg）	二氟一氯甲烷（kg）
	质量	0.9497	0.645	0	0.3047	0	0	0	0	0	0	0
臭氧耗竭物质		合计 HCFCs（kg）	HCFCs（kg）	CFCs（kg）	HFCs（kg）	氟氯化碳（kg）	氟氯化碳（kg）	哈龙（kg）	HCFC 22（kg）	甲基溴（kg）	三氯乙烷（kg）	溴甲烷（kg）
	质量	0	0	0	0	0	0	0	0	0	0	0

续表

项目		合计	分项										
光化学烟雾物质	质量	合计 NO_x (kg) 0.0011	NO_x (kg) 0.0011	呋喃 (kg) 0	丁二烯 (kg) 0	丙烯 (kg) 0	二甲苯 (kg) 0	丁烯 (kg) 0	丁烯醛 (kg) 0	甲醛 (kg) 0	丙醛 (kg) 0	丙烯醛 (kg) 0	二甲苯 (kg) 0
烟粉尘物质	质量	合计 PM10 (kg) 0.00035	微粒(PM10) (kg) 0.00035	微粒(PM2.5) (kg)	硫氧化物 (kg) 0.000146								
富营养化物质	质量	合计 N (kg) 0.000496	磷酸根 (kg) 0	氨 (kg) 0	氮(N) (kg) 0	磷 (kg) 0	硝酸根 (kg) 0	化学需氧量 (kg) 0	氨 (kg) 0	二氧化氮 (kg) 0.000341			
酸化物质	质量	合计 SO_2 (kg) 0.000341	SO_2 (kg) 0	硫化氢 (kg) 0	硫氧化物 (kg) 0	氮氧化合物 (kg) 0.0007	氟化氢 (kg) 0	氨 (kg) 0	氯化氢 (kg) 0	氰化氢 (kg) 0			
生态毒性物质	质量	合计 Pb (g) 0.002	汞 (g) 0.001	铅 (g) 0	镉 (g) 0	六价铬 (g) 0	铬 (g) 0	砷 (g) 0	0				

B15 自来水生产环境影响基础数据

项目		合计	分项								
能源消耗	名称	合计标准煤（kg）	标准煤（kg）	石油（kg）	天然气（kg）	原煤（kg）	洗精煤（kg）	其他洗煤（kg）	焦炭（kg）	原油（kg）	电力（kg）
	质量	0.000082	0.000082	0	0	0	0	0	0	0	0
矿产资源消耗	名称	合计铁矿石（kg）	铁矿（kg）	铝土矿（kg）	铜矿（金属）（kg）	玻璃用硅质原料（kg）	盐矿（kg）	水泥用灰质岩（kg）	磷矿（kg）		
	质量	0	0	0	0	0	0	0	0		
水资源	名称	水消耗量（kg）	生产消耗（kg）	电力（kg）〔电力产生量（kg）〕							
	质量	1.0002	1.0002	0							
固体废弃物	名称	废弃物总量（kg）	生产产生量（kg）								
	质量	0.000004	0.000004								
温室效应影响	名称	合计CO₂（kg）	二氧化碳（kg）	甲烷（kg）	二氧化氮（kg）	四氯化碳（kg）	四氯化碳（kg）	二氟二氯甲烷（kg）	二氯甲烷（kg）	三氯甲烷 CHCl₃（kg）	HFC-152a（kg）
	质量	0.00134	0.001063	0	0.000277	0	0	0	0	0	0
臭氧耗竭物质	名称	合计HCFCs（kg）	HCFCs（kg）	CFCs（kg）	HFCs（kg）	四氯化碳（kg）	氟氯化碳（kg）	哈龙（kg）	HCFC 22（kg）	甲基溴（kg）	电力（kg）
	质量	0	0	0	0	0	0	0	0	0	0

续表

光化学烟雾物质（质量）

合计	分项									
合计NO$_x$（kg）	NO$_x$（kg）	呋喃（kg）	丁二烯（kg）	丙烯（kg）	二甲苯（kg）	丁烯（kg）	丁烯醛（kg）	甲醛（kg）	丁醛（kg）	异丁醛（kg）
0.000001	0.000001	0	0	0	0	0	0	0	0	0

烟粉尘物质（质量）

合计	分项			
合计PM10（kg）	微粒（PM10）（kg）	微粒（PM2.5）（kg）	硫氧化物（SO$_x$）（kg）	电力（kg）
0.000000208	0	0	0.000000208	

富营养化物质（质量）

合计	分项							
合计N（kg）	磷酸根（kg）	氨（kg）	氮（N）（kg）	磷（kg）	硝酸根（kg）	化学需氧量（kg）	氨（kg）	一氧化氮（kg）
0.00000048	0	0	0	0	0	0.000000000027	0	0.0000048

酸化物质（质量）

合计	分项							
合计SO$_2$（kg）	SO$_2$（kg）	硫化氢（kg）	硫氧化物（kg）	氮氧化物（kg）	氟化氢（kg）	氟（kg）	氯化氢（kg）	氰化氢（kg）
0.0000027	0	0	0	0.000000027	0		0	

生态毒性物质（质量）

合计	分项									
合计Pb（g）	汞（g）	铅（g）	镉（g）	六价铬（g）	铬（g）	砷（g）	石油类（g）	挥发酚（g）	镍（g）	钴（g）
0	0	0	0	0.000007	0	0	0	0	0	0

B16　热力生产环境影响基础数据

项目		合计	分项								
化石能源消耗	质量	合计标准煤(kg) 0.047	标准煤(kg) 0.047	石油(kg) 0	天然气(kg) 0	原煤(kg) 0	洗精煤(kg) 0	其他洗煤(kg) 0	焦炭(kg) 0	原油(kg) 0	燃料油(kg) 0
矿产资源消耗(kg)	质量	合计铁矿石(kg) 0	铁矿(kg) 0	铝土矿(kg) 0	铜矿(金属)(kg) 0	玻璃用硅质原料(kg) 0	盐矿(kg) 0	水泥用灰质岩(kg) 0	磷矿(kg) 0		
水资源(kg)	质量	水消耗量(kg) 0	生产消耗(kg) 0	电力(kg) 0	电力产生量(kg)						
固体废弃物	质量	废弃物总量(kg) 0.023	生产产生量(kg) 0.023								
土地资源	面积	合计草地(m²) 0	草地(m²) 0	森林(m²) 0	湿地(m²) 0	农田(m²) 0	水域(m²) 0	荒漠(m²) 0	其他(m²) 0		
温室效应影响	质量	合计CO₂(kg) 0.142455	二氧化碳(kg) 0.09675	甲烷(kg) 0	二氧化氮(kg) 0.045705	四氯化碳(kg) 0	四氟化碳(kg) 0	二氟二氯甲烷(kg) 0	三氯甲烷(kg) 0	$CHCl_3$ 0	三氟溴甲烷(kg) 0

续表

项目	合计	分项								
臭氧耗竭物质	合计 HCFCs (kg)	HCFCs (kg)	CFCs (kg)	HFCs (kg)	四氯化碳 (kg)	氟氯化碳 (kg)	哈龙 (kg)	HCFC 22 (kg)	甲基溴 (kg)	三氯乙烷 (kg)
质量	0	0	0	0	0	0	0	0	0	0
光化学烟雾物质	合计 NO_x (kg)	NO_x (kg)	呋喃 (kg)	丁二烯 (kg)	丙烯 (kg)	二甲苯 (kg)	丁烯 (kg)	丁烯醛 (kg)	甲醛 (kg)	丙醛 (kg)
质量	0.000165	0.000165	0	0	0	0	0	0	0	0
烟粉尘物质	合计 PM10 (kg)	微粒 (PM10) (kg)	微粒 (PM2.5) (kg)	硫氧化物 (SO_x) (kg)						
质量	0.0000743	0.0000525								
富营养化物质	合计 N (kg)	氨 (N) (kg)	氨 (kg)	磷酸根 (kg)	磷 (kg)	硝酸根 (kg)	化学需氧量 (kg)			
质量	0.0000512	0.000218	0	0	0	0	0			
酸化物质	合计 SO_2 (kg)	SO_2 (kg)	硫化氢 (kg)	硫氧化物 (kg)	氮氧化合物 (kg)	氟化氢 (kg)	氨 (kg)	氯化氢 (kg)	一氧化氮 (kg)	二氧化氮 (kg)
质量	0.000326	0.00021	0	0	0.000116	0	0	0	0	0
生态毒性物质	合计 Pb (g)	汞 (g)	铅 (g)	镉 (g)	六价铬 (g)	铬 (g)	砷 (g)	石油类 (g)	挥发酚 (g)	二噁英 (g)
质量	0	0	0	0	0	0	0	0	0	0

B17 柴油生命周期环境影响基础数据

化石能源消耗

项目	合计		分项									
化石能源消耗	合计标准煤（kg）	标准煤（kg）	石油（kg）	天然气（kg）	原煤（kg）	其他洗煤（kg）	焦炭（kg）	原油（kg）	燃料油（kg）	汽油（kg）	柴油（kg）	
质量	1.4571	0	0	0	0	0	0	0	0	0	1.4571	

矿产资源消耗

项目	合计	分项					
矿产资源消耗	合计铁矿石（kg）	铁矿（kg）	铝土矿（kg）	铜矿（金属）（kg）	玻璃用硅质原料（kg）	水泥用灰质岩（kg）	磷矿（kg）
质量	0	0	0	0	0	0	0

水资源

项目	合计	分项	
水资源	水消耗量（kg）	生产消耗（kg）	电力（kg）
质量	0	0	0

固体废弃物

项目	合计	分项	
固体废弃物	废弃物总量（kg）	生产产生量（kg）	电力产生量（kg）
质量	1.4	1.4	0

土地资源

项目	合计	分项					
土地资源	合计草地（m²）	草地（m²）	森林（m²）	湿地（m²）	农田（m²）	荒漠（m²）	其他（m²）
面积	0	0	0	0	0	0	0

温室效应影响

项目	合计	分项										
温室效应影响	合计 CO_2（kg）	二氧化碳（kg）	甲烷（kg）	二氧化氮（kg）	四氯化碳（kg）	二氟二氯甲烷（kg）	三氯甲烷（kg）	$CHCl_3$（kg）	三氟溴甲烷（kg）	二氟一氯甲烷（kg）	二氯甲烷（kg）	HFC—152a（kg）
质量	5.315316	4.050881	0.406166	0.858269	0	0	0	0	0	0	0	0

续表

分项

项目		合计	HCFCs（kg）	CFCs（kg）	HFCs（kg）	四氯化碳（kg）	哈龙（kg）	HCFC 22（kg）	甲基溴（kg）	三氯乙烷（kg）		
臭氧耗竭物质	质量	合计 HCFCs（kg） 0	0	0	0	0	0	0	0	0		

项目		合计	NOx（kg）	呋喃（kg）	丁二烯（kg）	丙烯（kg）	丁烯（kg）	丁烯醛（kg）	甲醛（kg）	丙醛（kg）	丙烯醛（kg）	丁醛（kg）
光化学烟雾物质	质量	合计 NOx（kg） 0.05004	0.030984	0.002384	0	0	0	0	0.01667	0	0	0

项目		合计	PM10（kg）	PM2.5（kg）	硫氧化物（SOx）（kg）
烟粉尘物质	质量	合计 PM10（kg） 0.007904	0	0.007483	0.00042

项目		合计	磷酸根（kg）	氨（kg）	氮（N）	磷（kg）	化学需氧量（kg）	氨（kg）	一氧化氮（kg）	二氧化氮（kg）
富营养化物质	质量	合计 N（kg） 0.09452	0	0.00948	0.06	0.010935	0.0045	0	0	0.009605

项目		合计	SO2（kg）	硫化氢（kg）	硫氧化物（kg）	氮氧化合物（kg）	氨（kg）	氯化氢（kg）	氟化氢（kg）
酸化物质	质量	合计 SO2（kg） 0.00903	0.004041	0.00282	0	0.002169	0	0	0

项目		合计	汞（g）	铅（g）	镉（g）	六价铬（g）	砷（g）	石油类（g）	挥发酚（g）	二噁英（g）	苯并（a）芘（g）	镍（g）
生态毒性物质	质量	合计 Pb（g） 0.023863	0.00375	0.0015	0	0	0.000938	0.0075	0.002344	0	0.00000151	0.00783

B18 运输环境影响基础数据（t/100km）

分项

化石能源

项目	合计标准煤（kg）	标准煤（kg）	石油（kg）	天然气（kg）	原煤（kg）	其他洗煤（kg）	焦炭（kg）	原油（kg）	燃料油（kg）	煤油（kg）	柴油（kg）
质量	3.655864	0	0	0	0	0	0	0	0	0	3.655864

矿产资源消耗

项目	合计铁矿石（kg）	铁矿（kg）	铝土矿（kg）	铜矿（金属）（kg）	玻璃用硅质原料（kg）	水泥用灰质岩（kg）	磷矿（kg）
质量	0	0	0	0	0	0	0

水资源

项目	水消耗量（kg）	生产消耗（kg）	电力（kg）
质量	2.5	2.5	0

固体废弃物

项目	废弃物总量（kg）	生产产生量（kg）	电力产生量（kg）
质量	0	0	0

土地资源

项目	合计草地（m²）	草地（m²）	森林（m²）	湿地（m²）	农田（m²）	荒漠（m²）	其他（m²）
面积	0	0	0	0	0	0	0

温室效应影响

项目	合计 CO_2	二氧化碳	甲烷	二氧化氮	四氯化碳	二氟二氯甲烷	二氯甲烷	$CHCl_3$	三氟溴甲烷	溴甲烷	氯甲烷
质量	10.25856	7.8182	0.7839	1.65646	0	0	0	0	0	0	0

续表

臭氧耗竭物质

项目	合计 HCFCs (kg)	HCFCs (kg)	CFCs (kg)	HFCs (kg)	四氯化碳 (kg)	哈龙 (kg)	HCFC 22	甲基溴	三氯乙烷
质量	0	0	0	0	0	0	0	0	0

光化学烟雾物质

项目	合计 NOx (kg)	NOx (kg)	呋喃 (kg)	丁二烯 (kg)	丙烯 (kg)	丁烯 (kg)	丁烯醛 (kg)	甲醛 (kg)	丙醛 (kg)	二甲苯 (kg)	三甲苯 (kg)
质量	0.096577	0.0598	0.004602	0	0	0	0	0.032175	0	0	0

烟粉尘物质

项目	合计 PM10 (kg)	微粒 (PM10)(kg)	微粒 (PM2.5)(kg)	硫氧化物 (SOx)(kg)
质量	0.015254	0	0.014443	0.000811

富营养化物质

项目	合计 N (kg)	磷酸根 (kg)	氨 (kg)	氮 (N)(kg)	磷 (kg)	化学需氧量 (kg)	氨 (kg)	一氧化氮 (kg)	二氧化氮 (kg)
质量	0.380063	0	0.0158	0.32	0.018225	0.0075	0.0047	0	0.018538

酸化物质

项目	合计 SO2 (kg)	SO2 (kg)	硫化氢 (kg)	硫氧化物 (kg)	氮氧化合物 (kg)	氨 (kg)	氯化氢 (kg)	氰化氢 (kg)
质量	0.016686	0.0078	0.0047	0	0.004186	0	0	0

生态毒性物质

项目	合计 Pb (g)	汞 (g)	铅 (g)	镉 (g)	六价铬 (g)	砷 (g)	石油类 (g)	挥发酚 (g)	二噁英 (g)	苯 (g)	镍 (g)
质量	0.03977	0.00625	0.0025	0	0	0.001563	0.0125	0.003906	0	0.00000109	0.01305

B19　机械加工环境影响基础数据

项目		合计	分项								
化石能源消耗		合计标准煤（kg）	标准煤（kg）	石油（kg）	天然气（kg）	原煤（kg）	洗精煤（kg）	其他洗煤（kg）	焦炭（kg）	原油（kg）	燃料油（kg）
	质量	0.48	0.48	0	0	0	0	0	0	0	0
矿产资源消耗		合计铁矿石（kg）	铁矿（kg）	铝土矿（kg）	铜矿（金属）（kg）	玻璃用硅质原料（kg）	盐矿（kg）	其他洗煤（kg）	水泥用灰质岩（kg）	磷矿（kg）	
	质量	0	0	0	0	0	0	0	0	0	
水资源		水消耗量（kg）	生产消耗（kg）	电力（kg）							
	质量	0	0	0							
固体废弃物		废弃物总量（kg）	生产产生量（kg）	电力产生量（kg）							
	质量	0	0	0							
土地资源		合计草地（m²）	草地（m²）	森林（m²）	湿地（m²）	农田（m²）	水域（m²）	荒漠（m²）	其他（m²）		
	面积	0	0	0	0	0	0	0	0		
温室效应影响		合计 CO_2（kg）	二氧化碳（kg）	甲烷（kg）	二氧化氮（kg）	四氯化碳（kg）	四氟化碳（kg）	二氟二氯甲烷（kg）	三氯甲烷（kg）	$CHCl_3$（kg）	三氟溴甲烷（kg）
	质量	0.52455	0.0675	0	0.45705	0	0	0	0	0	0
臭氧耗竭物质		合计 HCFCs（kg）	HCFCs（kg）	CFCs（kg）	HFCs（kg）	氯氟化碳（kg）	哈龙（kg）	HCFC 22（kg）	甲基溴（kg）	三氯乙烷（kg）	
	质量	0	0	0	0	0	0	0	0	0	

续表

项目	合计	分项								
光化学烟雾物质	合计 NO$_x$ (kg)	NO$_x$ (kg)	呋喃 (kg)	丁二烯 (kg)	丙烯 (kg)	二甲苯 (kg)	丁烯 (kg)	丁烯醛 (kg)	甲醛 (kg)	丙醛 (kg)
质量	0.00165	0.00165	0	0	0	0	0	0	0	0
烟粉尘物质	合计 PM10 (kg)	微粒 PM10 (kg)	微粒 PM2.5 (kg)	硫氧化物 (SO$_x$) (kg)						
质量	0.000743	0.000525	0	0.000218						
富营养化物质	合计 N (kg)	磷酸根 (kg)	氨 (kg)	氮 (N) (kg)	磷 (kg)	硝酸根 (kg)	化学需氧量 (kg)			
质量	0.000512	0	0	0	0	0	0			
酸化物质	合计 SO$_2$ (kg)	SO$_2$ (kg)	硫化氢 (kg)	硫氧化物 (kg)	氨氮化合物 (kg)	氟化氢 (kg)	氯化氢 (kg)	氨 (kg)	一氧化氮 (kg)	二氧化氮 (kg)
质量	0.003255	0.0021	0	0	0.001155	0	0	0	0	0.000512
生态毒性物质	合计 Pb (g)	汞 (g)	铅 (g)	镉 (g)	六价铬 (g)	铬 (g)	砷 (g)	石油类 (g)	挥发酚 (g)	二噁英 (g)
质量	0	0	0	0	0	0	0	0	0	0

参考文献

［1］ UNEP. GEO5 – Global Environmental Outlook – Environment for the Future We Want[R] .Oxford University Press, 2012.

［2］ Vitousek P M, Melillo J M. Human domination of Earth's ecosystems[J]. Science, 1997, 277(5325):494-499.

［3］ Krausmann F, Gingrich S, Eisenmenger N, et al. Growth in global materials use, GDP and population during the 20th century[J]. Ecological Economics, 2009, 68(10):2696-2705.

［4］ Binningsbøa H M, Rustad SCA, Binningsbøa H M. Resource Conflicts, Wealth Sharing and Postconflict Peace [R]. International Peace Research Institute (PRIO), Oslo, 2009.

［5］ 高敏雪 . 综合环境经济核算 [M]. 北京: 经济科学出版社 , 2007.

［6］ Roodman D M, Lenssen M. A building revolution: How ecology and health concerns are transforming construction [J]. World watch Paper, 1995.

［7］ 中华人民共和国住房和城乡建设部 .GB/T50378—2014 绿色建筑评价标准 [S]. 北京: 中国建筑工业出版社，2014.

［8］ 朱文运，龚延风，孙晓文 . 绿色建筑在现有评价指标体系下的资源消耗量比较分析 [J]. 建筑学报（学术专刊）,2013（10）:159-163.

［9］ 刘加平 . 绿色建筑概论 [M] . 北京: 中国建筑工业出版社，2012.

［10］ Whitehead B, Andrews D, Shah A, et al. Assessing the environmental impact of data centres part 2: Building environmental assessment methods and life cycle assessment[J]. Building & Environment, 2015, 93:395-405.

［11］ Krozer J, Vis J C. ISO 14040: Environmental Management: Life Cycle Assessment : Principles and Framework[J]. International Standard Iso, 1997.

［12］ 陈拥军 , 池泉 , 涂斌 . 全生命周期成本分析在水泵系统中的应用 [J]. 水泵技术 , 2017(1):18-22.

［13］ Hou Q, Mao G, Zhao L, et al. Mapping the scientific research on life cycle assessment: a bibliometric analysis[J]. International Journal of Life Cycle Assessment, 2015, 20(4):541-555.

［14］ Bekker P C F. A life-cycle approach in building [J]. Building & Environment, 1982, 17(1):55-61.

［15］ Guinée J B, Haes H A U D, Huppes G. Quantitative life cycle assessment of products : 1:Goal definition and inventory[J]. Journal of Cleaner Production, 1993, 1(2):81-91.

［16］ Fava J A. Will the Next 10 Years be as Productive in Advancing Life Cycle Approaches as the Last 15 Years?[J]. International Journal of Life Cycle Assessment, 2006, 11(1 Supplement):6-8.

［17］ Buyle M, Braet J, Audenaert A. Life cycle assessment in the construction sector: A review[J]. Renewable & Sustainable Energy Reviews, 2013, 26(10):379−388.

［18］ Guinee J B. Handbook on life cycle assessment operational guide to the ISO standards[J]. International Journal of Life Cycle Assessment, 2003, 7(5):311−313.

［19］ Braet J. The environmental impact of container pipeline transport compared to road transport. Case study in the Antwerp Harbor region and some general extrapolations[J]. International Journal of Life Cycle Assessment, 2011, 16(9):886−896.

［20］ Sartori I, Hestnes A G. Energy use in the life cycle of conventional and low-energy buildings: A review article[J]. Energy & Buildings, 2007, 39(3):249−257.

［21］ Blom I, Itard L, Meijer A. Environmental impact of building-related and user-related energy consumption in dwellings[J]. Building & Environment, 2011, 46(8):1657−1669.

［22］ Ortiz O, Castells F, Sonnemann G. Sustainability in the construction industry: A review of recent developments based on LCA[J]. Construction & Building Materials, 2009, 23(1):28−39.

［23］ Toller S, Wadeskog A, Finnveden G, et al. Energy Use and Environmental Impacts of the Swedish Building and Real Estate Management Sector[J]. Journal of Industrial Ecology, 2011, 15(3):394–404.

［24］ Finnveden G, Åsa Moberg. Environmental systems analysis tools – an overview[J]. Journal of Cleaner Production, 2005, 13(12):1165−1173.

［25］ Goel H D, Herder P M, Weijnen M P C. Life Cycle Costing and Its Application in Design Selection[J]. Chemie Ingenieur Technik - CIT, 2015, 73(6):622−622.

［26］ Olubodun F, Kangwa J, Oladapo A, et al. An appraisal of the level of application of life cycle costing within the construction industry in the UK[J]. Structural Survey, 2010, 28(28):254−265.

［27］ Korpi E, Ala - Risku T. Life cycle costing: a review of published case studies[J]. Managerial Auditing Journal, 2008, 23(3):240−261.

［28］ 孙玉芳.基于全寿命周期成本理论的节能建筑成本管理研究 [D]. 淄博：山东理工大学, 2014.

［29］ Zuo J, Pullen S, Rameezdeen R, et al. Green building evaluation from a life-cycle perspective in Australia: A critical review[J]. Renewable & Sustainable Energy Reviews, 2017, 70:358−368.

［30］ Haapio A, Viitaniemi P. A critical review of building environmental assessment tools[J]. Environmental Impact Assessment Review, 2008, 28(7):469−482.

［31］ Rajagopalan N, Bilec M M, Landis A E. Life cycle assessment evaluation of green product labeling systems for residential construction[J]. International Journal of Life Cycle Assessment, 2012, 17(6):753−763.

［32］ 朱建君, 陈雪艳, 王栋华, 等.基于支付意愿法的建筑物化环境影响量化研究 [J]. 土木建筑与环境工程, 2016, 38(4):72−77.

［33］ Trusty W B, Mell J K, Norris G A. ATHENA: an LCA decision support tool. Application results and issues[J]. Architectural Design, 1997，14（129）.

［34］ Watson P, Jones D. Redefining life cycle for a building sustainability assessment framework[R]. Crc for Construction Innovation, 2005.

［35］ Bozkurt E. Life Cicyle Assessment (LCA) based home rating model for İzmir (HRM-İzmir) [D]. School of Engineering and Sciences of Izmir Institute of Technology, 2007.

［36］ Cho Y S, Kim J H, Hong S U, et al. LCA application in the optimum design of high rise steel structures[J]. Renewable & Sustainable Energy Reviews, 2012, 16(5):3146−3153.

［37］ Sato M, Murakami S, Ikaga T, et al. Outline of the approach to low carbonisation by strengthening CASBEE for new construction (2010 edition)[J]. International Journal of Sustainable Building Technology & Urban Development, 2012, 3(1):15−20.

［38］ http://www.impactwba.com/page.jsp?id=5

［39］ 许嘉桢, 季亮, 乔正珺. 建筑全生命周期碳排放量的计算研究——以中南地区某办公建筑为例 [J]. 动感 : 生态城市与绿色建筑, 2014(3):56−59.

［40］ Basbagill J, Flager F, Lepech M, et al. Application of life-cycle assessment to early stage building design for reduced embodied environmental impacts[J]. Building & Environment, 2013, 60(60):81−92.

［41］ Cole R J. Changing context for environmental knowledge[J]. Building Research & Information, 2004, 32(2):91−109.

［42］ Omrany H, Marsono A. National Building Regulations of Iran Benchmarked with BREEAM and LEED: A Comparative Analysis for Regional Adaptations[J]. British Journal of Applied Science & Technology, 2016, 16(6):1−15.

［43］ Awadh O. Sustainability and green building rating systems: LEED, BREEAM, GSAS and Estidama critical analysis[J]. Journal of Building Engineering, 2017, 11:25−29.

［44］ Brendan O, Christina M. LEED v4 Impact Category and Point Allocation Process Overview [S]. USGBC. 2014.

［45］ 黄辰鳃, 彭小云, 陶贵. 美国绿色建筑评估体系 LEED V4 修订及变化研究 [J]. 建筑节能, 2014(7):94-95.

［46］ Ferreira J, Pinheiro M D, Brito J D. Portuguese sustainable construction assessment tools benchmarked with BREEAM and LEED: An energy analysis[J]. Energy & Buildings, 2014, 69(2): 451−463.

［47］ Mateus R, Bragança L. Sustainability assessment and rating of buildings: Developing the methodology SBTool PT –H[J]. Building & Environment, 2011, 46(10):1962−1971.

［48］ 于靓, 王海玉. 日本建筑环境综合性能评价体系 CASBEE——既有建筑 (简易版) 简析 [C] // 既有建筑改造技术交流研讨会 . 2015.

［49］ 严静, 龙惟定. 关于绿色建筑评估体系中权重系统的研究 [J]. 建筑科学, 2009, 25(2):16−19.

［50］ 计永毅, 张寅. 可持续建筑的评价工具——CASBEE 及其应用分析 [J]. 建筑节能, 2011, 39(6):62−66.

［51］ 李建平. LEED 标准和《绿色建筑评价标准》的应用评价与差别 [J]. 建筑节能, 2010, 38(5):64−66.

［52］ 褚廷明, 白莉, 常文涛, 等. 新旧版绿色建筑评价标准体系的差异性表现及与 LEED 体系对比研究 [J]. 吉林建筑大学学报, 2016, 33(3):49−52.

［53］ Reed R, Bilos A, Wilkinson S, et al. International comparison of sustainable rating tools[J]. Journal of Sustainable Real Estate, 2009, 1(1):1−22.

［54］ Li Y, Chen X, Wang X, et al. A review of studies on green building assessment methods by comparative analysis[J]. Energy & Buildings, 2017, 146.

［55］ 支家强，赵靖，辛亚娟. 国内外绿色建筑评价体系及其理论分析[J]. 城市环境与城市生态，2010（4）：43−47.

［56］ Van Vuuren D P, Smeets E M W, de Kruijf H A M. The ecological footprints as indicator for sustainable development- results of an international case study[R]. 2002.

［57］ Scofield J H. Do LEED-certified buildings save energy? Not really…[J]. Energy & Buildings, 2009, 41(12):1386−1390.

［58］ 郭英玲. 绿色制造技术的分析及评价方法研究 [D]. 北京：机械科学研究总院，2009.

［59］ Cole R J. Building environmental assessment methods: redefining intentions and roles[J]. Building Research & Information, 2005, 33(5):455−467.

［60］ 张光碧，董建华. 建筑材料 [M]. 北京：中国电力出版社，2015.

［61］ 陈柏林，梁喜琴. 2016 年水泥行业经济运行分析及 2017 年展望 [J]. 中国水泥，2017(2)：7−13.

［62］ 高迪. 石灰石矿山精细化配矿系统解决方案的应用 [C] // 中国水泥矿山年会暨生物多样性矿山恢复论坛. 2013.

［63］ 高天明. 水泥生产过程资源消耗与二氧化碳排放研究 [D]. 北京：中国科学院大学，2013.

［64］ 魏治文，方坤河，张凡. 基于生命周期评价的两种水泥环境协调性比较 [J]. 水泥工程，2007(1):84−86.

［65］ 韩梦泽，李沣展. 建筑用水泥对空气污染的影响研究 [J]. 江苏科技信息，2017(24)：73−74.

［66］ 高坤龙. 新型干法水泥厂大气污染物排放特征研究 [D]. 合肥：合肥工业大学，2015.

［67］ 袁文献，陈章水，曹伟. 从水泥生产工艺探讨粉尘对大气的污染 [C] // 中国硅酸盐学会 2004 环保学术年会. 2004:32−38.

［68］ 王小龙. 水泥生产过程中汞的排放特征及减排潜力研究 [D]. 杭州：浙江大学，2017.

［69］ 林少敏. 水泥窑 Pb 等重金属的逸放污染及防治研究 [D]. 广州：华南理工大学，2006.

［70］ 孙海鹏，李哲，孙凯. 玻璃窑炉烟气治理技术探析 [J]. 中国环保产业，2017(4):33−35.

［71］ 杨海涛. 优质浮法玻璃生产中原料稳定性与产品稳定性关系研究 [D]. 秦皇岛：燕山大学，2016.

［72］ 严玉廷，刘晶茹，丁宁，等. 中国平板玻璃生产碳排放研究 [J]. 环境科学学报，2017，37(8):3213−3219.

［73］ 徐俊，王东歌. 玻璃熔窑烟气深度减排技术对策研究 [J]. 环境科技，2017, 30(4):42−45.

［74］ 张辰，杨丽，朱金伟，等. 玻璃窑炉烟气可持续深度处理的可行性分析 [J]. 环境工程技术学报，2015, 5(3):205−208.

［75］ 朱翠翠, 辜海芳. 2016 年我国钢铁行业运行特点及产品进出口情况分析 [J]. 中国钢铁业, 2017(6):17-23.

［76］ 李小玲, 孙文强, 赵亮, 等. 典型钢铁企业物能消耗与烟粉尘排放分析 [J]. 东北大学学报 (自然科学版), 2016, 37(3):352-356.

［77］ 仝永娟, 蔡九菊, 王连勇. 钢铁综合企业的水流模型及吨钢综合水耗分析 [J]. 钢铁, 2016, 51(6):82-86.

［78］ 张利平, 唐秋华, Floudas CA, 等. 面向吨钢综合能耗预测的基因表达式编程方法 [J]. 机械设计与制造, 2017(2):176-179.

［79］ 刘宏强, 付建勋, 刘思雨, 等. 钢铁生产过程二氧化碳排放计算方法与实践 [J]. 钢铁, 2016, 51(4):74-82.

［80］ 张临峰, 黄导. 钢铁工业大宗固体废物综合利用综述 [J]. 冶金管理, 2017(4):27-32.

［81］ 环境保护部, 国家质量监督检验检疫总局. 钢铁工业水污染物排放标准: GB 13456—2012[S]. 北京: 中国环境科学出版社, 2012.

［82］ 环境保护部, 国家质量监督检验检疫总局. 铁矿采选工业污染物排放标准: GB 28661—2012[S]. 北京: 中国环境科学出版社, 2012.

［83］ 王祝堂. 2011 ~ 2016 年上半年世界原铝产量回顾 [J]. 轻金属, 2017(1):1-4.

［84］ 张言璐. 我国电解铝与再生铝生产的生命周期评价 [D]. 济南: 山东大学, 2016.

［85］ 李贵奇. 基于生命周期思想的环境评估模型及其在铝工业中的应用 [D]. 长沙: 中南大学, 2011.p113

［86］ 环境保护部, 国家质量监督检验检疫总局. 铝工业污染物排放标准: GB 25465—2010 [S]. 北京: 中国环境科学出版社, 2010.

［87］ 环境保护部, 国家质量监督检验检疫总局. 合成树脂工业污染物排放标准: GB 31572—2015 [S]. 北京: 中国环境科学出版社, 2015.

［88］ 环境保护部, 国家质量监督检验检疫总局. 石油炼制工业污染物排放标准: GB 31570—2015 [S]. 北京: 中国环境科学出版社, 2015.

［89］ 李书华. 电动汽车全生命周期分析及环境效益评价 [D]. 长春: 吉林大学, 2014.

［90］ 欧阳斌, 凤振华, 李忠奎, 等. 交通运输能耗与碳排放测算评价方法及应用——以江苏省为例 [J]. 软科学, 2015(1):139-144.

［91］ 贾顺平, 毛保华, 刘爽, 等. 中国交通运输能源消耗水平测算与分析 [J]. 交通运输系统工程与信息, 2010, 10(1):22-27.

［92］ 杨情操, 朱晓, 张飞. 柴油车排放污染物标准应对策略研究 [J]. 重型汽车, 2017(1):13-15.

［93］ 帅小根. 建设项目隐性环境影响评价的量化研究 [D]. 武汉: 华中科技大学, 2009.

［94］ 杨倩苗. 建筑产品的全生命周期环境影响定量评价 [D]. 天津: 天津大学, 2009.

［95］ 中华人民共和国环保部. 2014 年全国生态环境质量报告 [R]. 环保部, 2015.

［96］《中国电力年鉴》编辑委员会. 中国电力年鉴 [M]. 北京: 中国电力出版社, 2016.

［97］ 裴莹莹, 王晓, 张型芳, 等. 电力行业能耗和污染物排放特征及节能减排的影响因素分析 [J]. 生态经济 (中文版), 2016, 32(12):146−149.

［98］ 韩松芳, 金文标, 涂仁杰, 等. 基于城市污水资源化的微藻筛选与污水预处理 [J]. 环境科学, 2017, 38(8):3347−3353.

［99］ 赵斌. 对建筑供热采暖方式探讨 [J]. 经济技术协作信息, 2017(19):74−74.

［100］ 李兵. 低碳建筑技术体系与碳排放测算方法研究 [D]. 武汉: 华中科技大学, 2012.

［101］ 宋鹏飞, 侯建国, 王秀林, 等. 煤制天然气对降低大气污染的贡献分析 [J]. 煤化工, 2016, 44(1):15−18.

［102］ 环境保护部, 国家质量监督检验检疫总局. 再生铜、铝、铅、锌工业污染物排放标准: GB 31574—2015 [S]. 北京: 中国环境科学出版社,2015.

［103］ Rockström J, Steffen W, Noone K, et al. A safe operating space for humanity [J]. Nature, 2009, 461(7263):472−475.

［104］ Owen s J, et al. SETAC, Life-Cycle Impact Assessment: The State-of-the-Art [R].1997.

［105］ Norris G A. Impact Characterization in the Tool for the Reduction and Assessment of Chemical and Other Environmental Impacts [J]. Journal of Industrial Ecology, 2008, 6(3 - 4):79−101.

［106］ Bare J C, Norris G A, Pennington D W, et al. TRACI: the tool for the reduction and assessment of chemical and other environmental impacts [J]. Environmental Microbiology, 2003, 6(6).

［107］ Bare J. TRACI 2.0: the tool for the reduction and assessment of chemical and other environmental impacts 2.0[J]. Clean Technologies and Environmental Policy, 2011, 13(5):687-696.

［108］ Bare J. Tool for Reduction and Assessment of Chemicals and Other Environmental Impacts (TRACI)[R]. TRACI 2.1. US EPA, OAR ,2015.

［109］ 王思敬, 王恩志. 地圈动力学的 THMCB 多元关联过程及其分析 [J]. 工程地质学报, 2006, 14(1):1−4.

［110］ 袁勤俭, 宗乾进, 沈洪洲. 德尔菲法在我国的发展及应用研究——南京大学知识图谱研究组系列论文 [J]. 现代情报, 2011, 31(5):3−7.

［111］ 张冬梅, 曾忠禄. 德尔菲法技术预见的缺陷及导因分析 : 行为经济学分析视角 [J]. 情报理论与实践, 2009, 32(8):24−27.

［112］ 曾照云, 程晓康. 德尔菲法应用研究中存在的问题分析——基于 38 种 CSSCI(2014-2015) 来源期刊 [J]. 图书情报工作,2016,60(16):116−120.

［113］ 谭秀凤. 中国木材供需预测模型及发展趋势研究 [D]. 北京: 中国林业科学研究院, 2011.

［114］ Forrester J W. Industrial Dynamics: A Major Breakthrough for Decision Makers[J]. Harvard Business Review, 1958, 36(4).

［115］ Richmond B, Peterson S. Stella II: An Introduction to Systems Thinking[R]. 1994.

［116］ Wolstenholme E F. System enquiry: a system dynamics approach[J]. Journal of the Operational Research Society, 1990, 42(10):906−907.

［117］ Richardson G P, Otto P. Applications of system dynamics in marketing: Editorial ☆ [J]. Journal of Business Research, 2008, 61(11):1099-1101.

［118］ 成洪山, 王艳, 李韶山, 等. 系统动力学软件 STELLA 在生态学中的应用 [J]. 华南师范大学学报 (自然科学版), 2007(3):126-131.

［119］ 李明玉. 能源供给与能源消费的系统动力学模型 [D]. 沈阳: 东北大学 , 2009.

［120］ WU M R, Zhao M, et al. The Dynamic Relationship between Energy Consumption, Environmental Pollution and Economic Growth——Based on the Time Series Data of China from the Year 1990 to 2014[J]. Technoeconomics & Management Research, 2016.

［121］ 夏凌娟. 基于系统动力学的中国能源消费与经济增长的关系研究 [D]. 北京: 中国地质大学 (北京), 2016.

［122］ https://data.oecd.org/gdp/gdp-long-term-forecast.htm#indicator-chart

［123］ 涂瑞和.《联合国气候变化框架公约》与《京都议定书》及其谈判进程 [J]. 环境保护 , 2005(3):65-71.

［124］ 李海鹰. 浅谈巴黎气候大会后中国碳减排问题 [J]. 江苏商论 , 2017(11).

［125］ 陈俊武, 陈香生. 试论本世纪末全球实现二氧化碳"净零排放"的难度 [J]. 中外能源 , 2016, 21(6):1-7.

［126］ Elzen M D, Höhne N. Reductions of greenhouse gas emissions in Annex I and non-Annex I countries for meeting concentration stabilisation targets[J]. Climatic Change, 2008, 91(3):249-274.

［127］ IPOC Change. Climate Change 2014 Synthesis Report[J]. Environmental Policy Collection, 2014, 27(2):408.

［128］ 崔学勤, 王克, 邹骥. 2℃和1.5℃目标对中国国家自主贡献和长期排放路径的影响 [J]. 中国人口·资源与环境 , 2016, 26(12):1-7.

［129］ Levin I. Earth science: The balance of the carbon budget[J]. Nature, 2012, 488(7409):35-36.

［130］ 李绚丽, 谈哲敏. 大气圈碳循环的模拟研究进展 [C] // 新世纪 新机遇 新挑战——知识创新和高新技术产业发展 . 2001:400-412.

［131］ 石广玉, 郭建东. 全球二氧化碳循环的一维模式研究 [J]. 大气科学 , 1997, 21(dq):413-425.

［132］ Magazzino C. The relationship between real GDP, CO_2 emissions, and energy use in the GCC countries: A time series approach[J]. Social Science Electronic Publishing, 2016, 4(1).

［133］ 宋鹏臣, 姚建, 苏维, 等. 中国固体废弃物增长与经济增长的数量关系分析 [J]. 环境科学与管理 , 2007, 23(9):72-75.

［134］ 陈平. 两个点过程之间的相关系数的计算 [D]. 长沙: 湖南师范大学 , 2011.

［135］ WMO.2012 年温室气体公报 [R]. 2012.

［136］ http://data.worldbank.org.cn/indicator/EN.ATM.CO2E.KT

［137］ Bergamaschi P, Houweling S, Segers A, et al. Atmospheric CH4 in the first decade of the 21st century: Inverse modeling analysis using SCIAMACHY satellite retrievals and NOAA surface measurements[J]. Journal of Geophysical Research Atmospheres, 2013, 118(13):7350-7369.

〔138〕 秦大河, Stocker T. IPCC 第五次评估报告第一工作组报告的亮点结论 [J]. 气候变化研究进展, 2014, 10(1):1−6.

〔139〕 Metz B, Davidson O, de Coninck H，et al. Carbon Dioxide Capture and Storage [R]. Intergovernmental Panel on Climate Change,2005.

〔140〕 王红丽. 上海市大气挥发性有机物化学消耗与臭氧生成的关系 [J]. 环境科学, 2015(9):3159−3167.

〔141〕 Carter W PL. Development of Ozone Reactivity Scales for Volatile Organic Compounds[J]. Air Repair, 1994, 44(7):881−899.

〔142〕 Zhao P, Dong F, Yang Y, et al. Characteristics of carbonaceous aerosol in the region of Beijing, Tianjin, and Hebei, China[J]. Atmospheric Environment, 2013, 71(3):389−398.

〔143〕 Chen P, Quan J, Zhang Q, et al. Measurements of vertical and horizontal distributions of ozone over Beijing from 2007 to 2010[J]. Atmospheric Environment, 2013, 74(2):37−44.

〔144〕 Shao M, Zhang Y, Zeng L, et al. Ground-level ozone in the Pearl River Delta and the roles of VOC and NO(x) in its production[J]. Journal of Environmental Management, 2009, 90(1):512−8.

〔145〕 边际. 生态环境保护规划对"十三五"VOCs 排放作出严格规定 [J]. 上海化工, 2017, 42(1):47−47.

〔146〕 邱凯琼. 工业源挥发性有机物减排潜力及其对空气质量的影响研究 [D]. 广州：华南理工大学, 2014.

〔147〕 Qiu K, Yang L, Lin J, et al. Historical industrial emissions of non-methane volatile organic compounds in China for the period of 1980–2010[J]. Atmospheric Environment, 2014, 86(3):102−112.

〔148〕 李博伟, 黄 宇, 何世恒, 等. 我国大气中挥发性有机物的分布特征 [J]. 地球环境学报, 2017, 8(3).

〔149〕 中华人民共和国国家统计局. 中华人民共和国国民经济和社会发展统计公报 [R]. 2016.

〔150〕 王宇飞, 刘昌新, 程杰, 等. 工业 VOCs 经济手段和工程技术减排对比性分析 [J]. 环境科学, 2015, 36(4):1507−1512.

〔151〕 刘睿劼, 张智慧. 中国工业烟尘排放状况研究 [J]. 生态环境学报, 2012, 21(4):694−699.

〔152〕 李晋昌, 董治宝. 大气降尘研究进展及展望 [J]. 干旱区资源与环境, 2010, 24(2):102−109.

〔153〕 张军, 王圣. 我国长江流域中三角区域大气污染物排放特征研究 [J]. 中国环境管理, 2017, 9(3):83−88.

〔154〕 天津市环境保护局办公室. 市环保局关于印发烟尘和一般性粉尘排污费征收标准调整及收费实施细则（试行）的通知. 2015.

〔155〕 吴金秀. HFCs、PFCs 和 SF 的辐射强迫和全球增温潜能的研究 [D]. 南京：南京信息工程大学, 2008.

〔156〕 IPCC-TEAP 特别报告 - 保护臭氧层和全球气候系统.

〔157〕 王艮. 中国正式发布禁止 CFCs 物质令 [J]. 制冷, 2007(3):9−9.

〔158〕 环保部. HCFCs 替代品推荐目录征求意见 [J]. 中国石油和化工, 2016(10):79−79.

［159］ Velders G J M, Fahey D W, Daniel J S, et al. Future atmospheric abundances and climate forcings from scenarios of global and regional hydrofluorocarbon (HFC) emissions[J]. Atmospheric Environment, 2015, 123:200−209.

［160］ 谢雄飞, 肖锦. 水体富营养化问题评述 [J]. 四川环境, 2000, 19(2):22−25.

［161］ 姜永军, 丁敏, 丁磊. 水体富营养化控制因子及其污染途径研究 [J]. 甘肃科技, 2003, 19(10):91−92.

［162］ 饶群. 大型水体富营养化数学模拟的研究 [D]. 南京: 河海大学, 2002.

［163］ 中华人民共和国国家统计局. 中国统计年鉴 2016[M]. 北京: 中国统计出版社, 2016.

［164］ 陈迪, 刘金吉. 关于《地表水环境质量标准》(GB 3838—2002) 应修订的相关问题探讨 [J]. 污染防治技术, 2013(2):79−84.

［165］ 国家环保总局、国家质量监督检验检疫总局. 地表水环境质量标准 (GB-3838-2002) [S]. 北京: 中国环境出版社.2003.

［166］ Pretty J N, Mason C F, Nedwell D B, et al. Environmental costs of freshwater eutrophication in England and Wales [J]. Environmental Science & Technology, 2003, 37(2):201−8.

［167］ 赵忠. 森林土壤酸化及其对林木生长的影响 [J]. 土壤学进展, 1988(2):3−8.

［168］ 张红, 邹毅. 酸雨的成因、危害及控制策略 [J]. 环境与生活, 2014(12):227−230.

［169］ 国家环境保护总局. 2016 年中国环境状况公报 [R]. 2016.

［170］ 谢绍东, 郝吉明, 周中平. 柳州地区酸沉降临界负荷的确定 [J]. 环境科学, 1996, 2(5):1−4.

［171］ 陶福禄, 冯宗炜. 生态系统的酸沉降临界负荷及其研究进展 [J]. 中国环境科学, 1999(2):123−126.

［172］ Kauppi P. Acidification in Europe: A Simulation Model for Evaluating Control Strategies[J]. Ambio, 1987, 16(5):232−245.

［173］ 王代长, 蒋新, 卞永荣, 等. 酸沉降下加速土壤酸化的影响因素 [J]. 生态环境学报, 2002, 11(2):152−157.

［174］ 许亚宣, 段宁, 柴发合, 等. 中国硫沉降数值模拟 [J]. 环境科学研究, 2006, 19(5):3−12.

［175］ 曹丽花, 石盛莉, 潘根兴. 不同植被下森林地表系统水相硫的分布与迁移 [J]. 地球与环境,2015,43(01):8−13.

［176］ 吴金水, 肖和艾. 土壤微生物对硫素转化及有效性的控制作用 [J]. 安徽农业大学学报, 2000, 20(s1):109−113.

［177］ 段雷, 郝吉明, 谢绍东, 等. 中国硫沉降目标负荷的研究 [J]. 清华大学学报 (自然科学版), 1999, 39(6):95−98.

［178］ Ingri J, Torssander P, Andersson P S, et al. Hydrogeochemistry of sulfur isotopes in the Kalix River catchment, northern Sweden[J]. Applied Geochemistry, 2016, 12(4):483−496.

［179］ 刘文静. 进水氨氮浓度对同步脱氮除硫的影响试验研究 [D]. 西安: 西安建筑科技大学,2013.

［180］ 叶雪梅, 郝吉明, 段雷, 等. 中国南方 80 个地表水体的酸沉降临界负荷计算 [J]. 清华大学学报 (自然科学版), 2001, 41(12):89−91.

［181］ 叶雪梅，郝吉明，段雷，等．中国地表水酸化敏感性的区划 [J]. 环境科学，2002, 23(1): 16−21.

［182］ 王之正，王利斌，裴贤丰，等．高硫煤热解脱硫技术研究现状 [J]. 洁净煤技术，2014, 20(2):76−79.

［183］ 张信芳，黎瑞波．火电厂烟气脱硫设施成本费用综合分析 [J]. 海南师范大学学报 (自然科学版)，2014, 27(2):219−221.

［184］ 彭巾英．典型持久性有毒物质对铜锈环棱螺的分子生态毒理学效应 [D]. 吉首：吉首大学，2012.

［185］ Haes H U D, Finnveden G, Goedkoop M, et al. Life-Cycle Impact Assessment: Striving Towards Best Practice[M]. SETAC-Press, 2002.

［186］ Hertwich E G, Mateles S F, Pease W S, et al. Human toxicity potentials for life-cycle assessment and toxics release inventory risk screening [J]. Environmental Toxicology & Chemistry, 2001, 20(4):928−939.

［187］ 陈新学，王万宾，陈海涛，等．污染当量数在区域现状污染源评价中的应用 [J]. 环境监测管理与技术，2005, 17(3):41−-43.

［188］ 王勇，王庆九，吴勇，等．污染物治理成本测算方法及排污费征收标准调整方案研究——以南京市排污费征收标准调整为例 [J]. 环境科技，2015, 28(3):72−75.

［189］ http://www.unep.org/newscentre/Default.aspx?DocumentID=27088

［190］ 纪丹凤．城市生活垃圾处理处置的生命周期与环境经济评价 [D]. 北京：北京化工大学，2010.

［191］ 裴建国．北方小城镇垃圾填埋场设计与优化 [D]. 石家庄：河北科技大学，2010.

［192］ 李洪．基于国民经济视角建筑垃圾处理费用效果分析 [D]. 成都：西华大学，2013.

［193］ 夏传勇．经济系统物质流分析研究述评 [J]. 自然资源学报，2005, 20(3):415−421.

［194］ U.S. Department of the Interior, Bureau of Mines. Mineral Commodity Summary [R].1994.

［195］ 中华人民共和国国土资源部．2016 中国国土资源公报 [R].2016.

［196］ 蒂坦伯格，刘易斯．环境与自然资源经济学 [M]. 第 10 版．北京：中国人民大学出版社，2016.

［197］ 国家发展改革委．可再生能源发展"十三五"规划 [J]. 上海建材，2017(1):78-78. http://www.chinapower.com.cn/informationzxbg/20160825/49677.html

［198］ 霍志红．我国火力发电能耗状况研究及展望 [J]. 经济管理：全文版，2016(6):00312−00312.

［199］ 王育宝，胡芳肖．非再生资源开发中价值补偿的途径 [J]. 中国人口·资源与环境，2013, 23(03):1−11.

［200］ Ando A W, Baylis K. Spatial Environmental and Natural Resource Economics [M]. Springer Berlin Heidelberg, 2014.

［201］ 刘铁敏．中国粗钢及铁矿石需求计量经济预测 [D]. 沈阳：东北大学，2007.

［202］ 陈祺，关慧勤，熊慧．世界铝工业资源——铝土矿、氧化铝开发利用情况 [J]. 世界有色金属，2007(01):27−33.

［203］ 王春秋 . 河南省铝土矿资源潜力与发展战略研究 [D]. 北京 : 中国地质大学 (北京), 2007.

［204］ 计峰 . 浅析平板玻璃行业矿产资源消耗状况及对策 [J]. 中国建材 , 2013(7):116-118.

［205］ 刘洪积 . 关于开发淮安盐矿为建连云港碱厂建立原料基地的设想 [J]. 纯碱工业 ,1988,(02):4-8.

［206］ 殷爱贞 , 薛晓彤 , 满影 , 等 . 油气资源开发中的资源耗竭补偿标准 [J]. 中国石油大学学报 (社会科学版), 2016, 32(6):6-9.

［207］ Dietsche E. Mining Royalties: A Global Study of Their Impact on Investors, Government, and Civil Society[J]. World Bank Publications, 2015, 2(2):297-300.

［208］ Costanza R, Cumberland J H, Daly H E, et al. An Introduction to Ecological Economics[M]. St.Lucie Press, 1998.

［209］ 李飞 . 恢复生态学视角下的土地利用优化研究 [D]. 长春 : 吉林大学 , 2016.

［210］ 谢高地 , 张彩霞 , 张昌顺 , 等 . 中国生态系统服务的价值 [J]. 资源科学 , 2015, 37(9): 1740-1746.

［211］ 呼永锋 , 丁晓珏 . 海水淡化工艺设计与经济分析 [J]. 山西建筑 , 2016(6):110-112.

［212］ 国务院 . 国务院关于实行最严格水资源管理制度的意见 . 国发〔2012〕3 号 .

［213］ 廖慧璇 , 籍永丽 , 彭少麟 . 资源环境承载力与区域可持续发展 [J]. 生态环境学报 , 2016, 25(7):1253-1258.

［214］ 郭亚军 . 综合评价理论与方法 [M]. 北京 : 科学出版社 , 2002.

［215］ 王一华 . 中国大陆图书情报专业期刊的综合评价——基于熵权法、主成分分析法和简单线性加权法的比较研究 [J]. 情报科学 , 2011(6):943-947.

［216］ 李光旭 , 彭怡 , 寇纲 . 不确定幂加权几何平均算子的动态多目标决策 [J]. 系统工程理论与实践 , 2015, 35(7):1855-1862.

［217］ 董旭 , 魏振军 . 一种加权欧氏距离聚类方法 [J]. 信息工程大学学报 , 2005, 6(1):23-25.

［218］ 刘瑞元 . 加权欧氏距离及其应用 [J]. 数理统计与管理 , 2002, 21(5):17-19.

［219］ 范英宏 , 杨志峰 , 杨晓华 , 等 . 基于层次分析的方差赋权法的理论及其应用 [J]. 环境科学与技术 , 2008, 31(6):141-144.

［220］ 马辉 . 综合评价系统中的客观赋权方法 [J]. 合作经济与科技 , 2009(17):50-51.

［221］ 王学军 , 郭亚军 , 赵礼强 . 一种动态组合评价方法及其在供应商选择中的应用 [J]. 管理评论 , 2005, 17(12):40-43.

［222］ 张立军 , 林鹏 . 基于序关系法的科技成果评价模型及应用 [J]. 软科学 ,2012,26(02):10-12.

［223］ 郭亚军 . 综合评价理论、方法及应用 [M]. 北京 : 科学出版社 , 2007.

［224］ 任仁 . 温室气体及其全球增暖潜势 [J]. 大学化学 , 1996, 11(5):26-30.

［225］ International Panel on Climate Change (IPCC), Report of Scientific Assessment Working Group of IPCC[R]. 2014.

［226］ Heijungs R, Guinée J B. Environmental life cycle assessment of products [M]. Centre of Environmental Science, 1992.

［227］ 曾强 , 李国星 , 张磊 , 等 . 大气污染对健康影响的疾病负担研究进展 [J]. 环境与健康杂志 , 2015, 32(1):85−90.

［228］ U.S. Environmental Protection Agency. TRACI benzene equivalents have been converted to toluene equivalents[R]. TRACI, 2003.

［229］ 谢高地 , 张彩霞 , 张雷明 , 等 . 基于单位面积价值当量因子的生态系统服务价值化方法改进 [J]. 自然资源学报 , 2015(8):1243−1254.

［230］ 陈勇 . 中国能源与可持续发展 [M]. 北京 : 科学出版社 , 2007.

［231］ 熊跃华 , 李久明 . 铝合金窗和塑钢窗性能比较分析 [J]. 井冈山大学学报 (自然科学版), 2006, 27(6):9−10.

［232］ 黄婧奕 , 卢斌 . 建筑保温材料生命周期与环境经济效益评价 [J]. 四川水泥 , 2016(11): 92−92.

［233］ 李纪伟, 王立雄, 郭娟利 . 格栅式太阳能空气集热器集热效率研究 [J]. 建筑新技术 , 2016, 7:11−16.

［234］ 梁彩凤 , 侯文泰 . 大气腐蚀与环境 [J]. 装备环境工程 , 2004, 1(5):49−52.

［235］ 苏醒 , 张旭 , 黄志甲 . 基于生命周期评价的钢结构与混凝土结构建筑环境性能比较 [J]. 环境工程 , 2008(s1):290−294.

后 记

绿色建筑技术是绿色建筑的重要构成部分，是推动绿色建筑发展和进步的重要手段，是建筑产业实现资源节约和环境可持续发展的关键。本书针对目前国内外绿色建筑技术评价现状，提出了从绿色建筑本质出发，以资源、环境影响为基础，客观量化并评价绿色建筑环境性能的理论，并建立了与之对应的评价体系。本书从材料生产、建设施工、运营维护、废弃拆除等阶段对建筑生命周期的资源环境影响进行了分析，提炼出了建筑生命周期内的主要资源要素和环境要素。以客观研究为基础，构建了绿色建筑技术评价体系，该评价体系以资源、环境综合效益为目标，以客观量化评价为导向，避免了传统评价方法的主观性，使评价结果更加接近绿色建筑的本质要求。本书编制了绿色建筑技术评价工具，初步构建了水泥、玻璃等常用建筑材料及电力、热力等非建筑材料资源、环境数据库，并将评价程序进行了应用验证，该评价程序能够对不同建筑技术手段的资源环境效益进行比较，实现对不同绿色建筑技术手段的评价和优选。

在具体应用本书的评价方法进行评价时，建筑师和相关工程设计师需要按照以下流程进行：首先需要确定被评价的技术，之后明确技术的主要功能效果，选取需要比较的不同技术手段，将不同技术手段的具体资源环境信息录入评价系统中，得到评价结果，最后根据评价结果对被评价技术进行优选，选出资源环境综合效益最好的技术手段。在作为教材使用时也应遵循此原则。

由于时间的限制和笔者的精力有限，本书的评价方法和技术还不够系统和完善，还有很多工作需要进一步开展研究，敬请各位读者批评指正。